中国建筑教育
Chinese Architectural Education

2011全国建筑院系建筑学优秀教案集

Collection of Teaching Plan for Architecture Design and Theory in Architectural School of China 2011

全国高等学校建筑学专业指导委员会 编
Compiled by National Supervision Board of Architectural Education

中国建筑工业出版社
CHINA ARCHITECTURE & BUILDING PRESS

图书在版编目（CIP）数据

2011全国建筑院系建筑学优秀教案集／全国高等
学校建筑学专业指导委员会编.—北京：中国建筑
工业出版社，2012.7
ISBN 978-7-112-14470-9

Ⅰ.①2… Ⅱ.①全… Ⅲ.①建筑学–教案（教
育）–高等学校 Ⅳ.①TU–42

中国版本图书馆CIP数据核字（2012）第147197号

责任编辑：徐　纺　滕云飞
责任设计：王誉欣　刘　钰

中国建筑教育
2011 全国建筑院系建筑学优秀教案集
全国高等学校建筑学专业指导委员会　编
*
中国建筑工业出版社出版、发行（北京西郊百万庄）
各地新华书店、建筑书店经销
北京嘉泰利德公司制版
北京方嘉彩色印刷有限责任公司印刷
*
开本：880×1230毫米　1/16　印张：14³⁄₄　字数：450千字
2012年8月第一版　2012年8月第一次印刷
定价：**120.00**元（含光盘）
ISBN 978-7-112-14470-9
　　　（22550）

建筑设计教学的实质性探索
——2011年全国建筑院系建筑设计教案和教学成果观摩与评选的感悟

仲德崑

进行了九年的"全国大学生建筑设计作业观摩与评选"终于在2010年10月在黄浦江畔的同济大学落下了帷幕。2011年金秋，我们在塞外草原的内蒙古工业大学成功地举办了"全国建筑院系建筑设计教案和教学成果观摩与评选"的活动。

在2002至2010年的九年当中，我们根据全国大学生建筑设计作业观摩与评选章程的规定，每年对全国高等学校建筑院系建筑学专业当学年的一至五年级学生作业（包括毕业设计）进行观摩和评选。这是对全国建筑教学成果的全面检阅。从中我们不仅看到了各个年级的建筑设计教学的过程，我们更可以体验一个建筑系学生成长的全过程。持续了九年的作业观摩和评选是一种很好的交流形式，对于全国建筑院校的建筑设计教学起到了十分重要的指导和提升作用。

在《2010Revit 杯全国大学生建筑设计优秀作业集》的综合评介中，我说过，我们发现同一个规则反复运作多年以后，我们需要一个新的开端，才能适应当今建筑教育多元创新的局面。所以，为促进全国各建筑院系的建筑学教学的交流，提高各校的本科教育水平和教学质量，激发全国各建筑院系建筑学专业教学热情和竞争意识，促进优秀的、有创新能力的建筑设计后备人才的培养，全国高等学校建筑学学科专业指导委员会决定从2011起在全国建筑院系中进行"建筑设计教案和教学成果"的观摩活动。

根据新的章程规定，全国各建筑院系每年在当学年的一至五年级建筑设计课程（暂不包括毕业设计）题目中，选送2~3个题目的教案和教学成果，进行观摩和评选。每个教案随附教学成果的综合表达，包含能较好说明教案成果的学生作业（未必是优秀作业）；同时，每一教案可随附2份完整的优秀学生作业。选送教案成果为一至五年级的建筑设计题目教案，由各院系自行考虑各年级的平衡。对于选送教案的命题类型不作硬性规定，由各院系根据自己的教学计划自行安排。

2011年全国建筑院系建筑设计教案和教学成果观摩与评选可以说是一个大胆的尝试，可能它并不是十全十美，但是通过这次观摩和评选，我们可以真切地感悟到全国各建筑院系对于我们的建筑学教案的精心设计、认真贯彻和良好表现。我们还可以看到我们的教师对于教学研究的热情和投入。我们有理由相信，通过对教案和教学成果的综合观摩，我们能够对建筑设计教学的规律、过程和方法进行实质性探索。而这势必会更好地推动全国建筑教育的发展和设计教学水平的提升。

感谢全国各建筑院校以及教师和大学生们的热情参与和积极支持。2011全国高等院校建筑设计教案及成果观摩和评选是一个全新的开端。我想再一次说，我们有理由相信，通过我们一代人的努力奋斗，中国将会成为世界建筑教育的中心。我们也有理由相信，中国的建筑教育的明天是美好的，中国的城市和建筑是美好的。我们更有理由相信，中华民族的未来必定是美好的。

仲德崑：南京工学院硕士，英国诺丁汉大学博士，全国高等学校建筑学学科专业指导委员会主任，东南大学建筑系教授、博士生导师

目　录
Contents

评委会剪影

社区（师生）活动中心设计教案

Design Studio：Community Center for Teachers and Students
（一年级）

教案简要说明

1.东南大学一年级建筑设计基础教学的特点

建筑设计基础作为建筑学院的专业基础课，是建筑学、城市规划、景观学、历史遗产保护等各专业的入门课程。其教学目的主要为：帮助学生树立符合时代特征的建筑价值观；建立以模型研究为主要工具，以观察、讨论为推动的研究方法；建立和泛建筑学科（建筑学、城市规划、景观学、历史遗产保护）相关的知识体系框架。以此帮助学生了解各个专业方向，培养专业兴趣，为未来的专业方向选择和进一步学习提供基础。

以往的建筑教学模式普遍为教师"教"、学生"学"的"传授"过程，这一过程往往被描述为"熏陶"，可以说教学过程以教师为核心。我们目前的建筑设计基础课程则试图建立以学生为核心的教学模式，将学生作为设计研究、发展的主角，将培养学生发现问题、分析问题、解决问题的能力作为首要的教学目标。在教学的不同阶段，教案中设置了多项不同内容及表现方式的专题练习，引导学生通过观察、体验和操作掌握知识要点和设计技能，达到教学目标。

此外，周期较长的设计作业设置中期、末期答辩，邀请院外评委参加，以促进学生对课业进行阶段性的总结和反思，并起到拓宽视野的作用。结合一年级设计教学具有启蒙性，教学要点密集的特点，督促学生制作设计手册对设计过程及心得加以记录，帮助其理清思路。

2.师生/社区活动中心教案的编制特色

作为一年级阶段最后以及最为综合的一个设计练习，师生/社区活动中心设计延续了整学年的设计教学特色，将12周的教学周期划分为多个阶段，每阶段分别对应城市环境、使用与体验、材料与结构等重要设计问题，并设置相应的小练习。同时强调设计理念在整个过程中的一致性，要求设计的发展清晰连贯，从而训练学生对于设计问题的综合能力。

2.1 城市与场所

强调对真实基地环境的观察与分析。两处基地分处学校内外，在空间特征、周边交通、使用人群、环境景观等方面有明显差异，分别用于师生活动中心及社区活动中心。要求在用地中添加新建建筑，并使其与周边建筑形成协调的体量关系。对基地进行环境设计，形成积极的室外活动场所。

阶段成果：基地环境分析图、场地与体量布局模型等。

2.2 使用与体验

引导学生通过课外调研和文献阅读，关注人的尺度、行为方式与空间的关系，学习流线、功能、空间的基本组织方法。

阶段成果：功能分析图、功能配置模型、空间概念模型等。

2.3 材料与结构

学习轻型木结构的构造原理，通过环境观察和体验关注空间与结构、界面材料的关系。通过对结构、材料及构造的研究深化设计。

阶段成果："材料观察"图、材料区分模型、结构体系模型等。

2.4 设计方法与成果要求

强调以手工模型作为主要的设计探索手段，在设计过程中针对各设计要点制作不同比例、不同材料及不同研究目标的手工模型。计算机建模作为辅助手段能够提高学生空间构思的能力，便于多角度观察，结合空间素描、拍照等方式，使学生掌握观察和记录空间的工作方法。图纸要求手绘完成，学习手绘草图、尺规作图的方法和技巧。设计过程中及完成后通过工作手册的制作对设计过程进行记录、整理和总结。

社区活动中心设计　设计者：黄菲柳
社区活动中心设计　设计者：郑钰达
师生活动中心设计　设计者：温子申
指导老师：单踊　张彧
编撰/主持此教案的教师：张嵩　王海宁　顾震弘　单踊

一年级建筑设计基础
Architecture Design Basis , 1st Year

教学框架

建筑设计基础作为建筑学院的专业基础课，是建筑学、城市规划、景观学、历史遗产保护等各专业的入门课程。其教学目的主要为：帮助学生树立符合时代特征的建筑价值观；建立以模型研究为主要工具，以观察、讨论为推动的研究方法；建立和泛建筑学科（建筑学、城市规划、景观学、历史遗产保护）相关的知识体系框架。以此帮助学生了解各个专业方向，培养专业兴趣，为未来的专业方向选择和进一步学习提供基础。

以往的建筑教学模式普遍为教师"教"学生"学"的"传授"过程，这一过程往往被描述为"熏陶"，可以说教学过程以教师为核心。我们目前的建筑设计基础课程则试图建立以学生为核心的教学模式，将学生作为设计研究、发展的主角，将培养学生发现问题、分析问题、解决问题的能力作为首要的教学目标。

阶段1 PHASE1	阶段2 PHASE2	阶段3 PHASE3
操作／体验 operation/experience	专题练习 studio exercises	综合设计 integrated design
空间生成 generation ／ 实验建造 construction	空间组织 organization ／ 空间操作 operation	城市建筑 urban ／ 空间建构 tectonic
绘画空间　木构空间	建筑师工作室　空间立方体	师生活动中心／社区活动中心

空白 — 入门

关键问题：空间 建造 功能 形式 环境

空间与体验

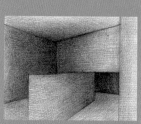

空间与建造

空间与环境

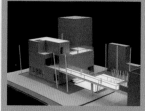

师生活动中心
社区活动中心
University Center or
Communit Center

1、两处基地分处学校内外，在空间特征、周边交通、使用人群、环境景观等方面有明显差异，分别用于师生活动中心及社区活动中心。要求在用地中添加新建建筑，并使其与周边建筑形成协调的体量关系。对基地进行环境设计，形成积极的室外活动场所。两种设计要求及地形任选一。

2、关注人的尺度，行为方式与空间的关系，学习流线、功能、空间的基本组织方法。

3、学习轻型木结构的构造原理，关注空间与结构、界面材料的关系。通过对结构、材料及构造的研究深化设计。

4、以手工模型为主，计算机为辅提高学生空间构思的能力。并通过素描、拍照等方式培养学生观察和记录空间的工作方法。图纸要求手绘完成。

5、设计过程中及完成后通过工作手册的制作对设计过程进行记录、整理和总结。

東南大學

基地选择

任务书要求

1、场地要求
（1）A地块（师生活动中心）位于四牌楼校区老东门保卫处旁；B地块（社区活动中心）位于进香河菜场西北角道路拐角处。
（2）在用地范围内建立3.6米为单元的网格，依据网格在用地中添加建筑体量，对用地进行软硬质地面面积划分。限定出不小于20个连续地面方格（硬质铺地）的室外活动空间。根据基地条件，选择场地入口，合理组织基地周边及内部交通。
（3）B地块须设置连接菜市场二楼平台的公共楼梯。

2、建筑要求

A地块的活动中心为教师服务，B地块的活动中心则为附近居民服务。活动中心为木构建筑，须提供以下功能空间：
活动室：20-30平方米，两间，考虑棋牌、戏曲、舞蹈、健身等活动。
办公室：15-20平方米，两间，为管理、办公用房。
储藏间：6平方米，1-2间。
卫生间：3平方米一间，数量根据具体情况确定
茶室：30-60平方米，提供茶水饮料，是社区居民交流的场所。
另需考虑提供一定面积的展览区域或墙面，举办小型展览，展示文体活动作品。

3、成果要求
成图版面为A1图纸，单色。（平时成果要求详见课程进度安排表）
（1）总平面图　　　　1：300
（2）平面图、立面图、剖面图　1：100
（3）构造节点剖轴侧图　1：30
（4）室内外透视图　　幅面大于A4
（5）分析图及模型照片　若干
（6）模型　　　　　　1：50

建筑层高为1.2米的整数倍，楼梯梯段宽度不小于1.1米。

教学进程安排

城市与场所

讲课：城市环境认知
讲课：环境设计与体量操作
教师带领学生勘察基地
学生绘制场地分析图、制作基地模型

使用与体验

讲课：功能解读及配置
教师分组指导
学生绘制分析草图、制作空间配置模型

材料与结构

讲课：轻型木结构选型
讲课：空间与建构
教师分组指导
学生完成"材料观察"图纸、制作结构与构造模型

深化与表达

讲课：设计与表达
教师分组指导
学生选取透视图、添加配景，完成模型及最终图纸

答辩与讲评

由本校教师与外请评委共同参与各阶段评图与答辩

记录与总结

对设计各阶段模型进行拍照、扫描草图、图纸，对设计过程进行记录、整理和总结，制作完成工作手册。

社区活动中心

社区活动中心

师生活动中心设计

青年旅社设计
Design Studio：Youth Hotel
（二年级）

教案简要说明

东南大学建筑学院二年级的建筑设计课程在整体设置上秉承了现代建筑设计及教学研究的传统，以建筑的3个基本问题——环境、空间、建构为主要线索，由浅入深地设置若干设计练习：包括空间分化、空间单元、空间进程及空间复合等4个以空间为主线的练习，并匹配不同类型的场地环境、使用功能和材料结构，在抽象的空间形式语言与具体的建筑问题之间相互促动，以此作为建筑设计教学的基本范式，使学生建立基本的建筑观，掌握相应的设计思维和操作方法。

在完成一年级建筑设计基础课程的准备和启蒙阶段之后，二年级的建筑设计课程是学生入门学习的开始。

作为二年级的第二个设计课程，青年旅社代表了空间单元组织的一种类型，反映了某种经久的空间组织结构在当前城市特定肌理中的重新呈现。在该项设计练习中，围绕"空间与结构"的主题，展开对于"房间单元"与"组织架构"的讨论，以理解"开间与进深"、"框架与墙板"、"网格与线性"、"交通与服务"、"层级与疏密"等基本空间与结构组织问题。

在这种讨论中，结构一方面视为物质系统的组织，另一方面也视为空间系统的组织，由此联系了具体的物质构成与抽象的空间组织。

青年旅社设计作业1　设计者：李梓源
青年旅社设计作业2　设计者：汤晓骏
青年旅社设计作业3　设计者：林云瀚
指导老师：朱雷　陈秋光　屠苏南
编撰/主持此教案的教师：朱雷　陈秋光　屠苏南　韩晓峰

二年级建筑设计
Architectural Design , 2nd Year

教学框架

该课程设置秉承了现代建筑空间设计及教学研究的传统,以空间为核心,并以建筑的三个基本问题——场地、使用、建构为主要线索,由浅入深地设置若干设计练习:包括空间分化、空间单元、空间进程及空间复合等四个以空间为主线的练习,并匹配不同类型的场地环境、使用功能和材料结构,在抽象的空间形式语言与具体的建筑问题之间相互促动,以此作为建筑设计教学的基本范式,使学生建立基本的建筑观,掌握相应的设计思维和操作方法。

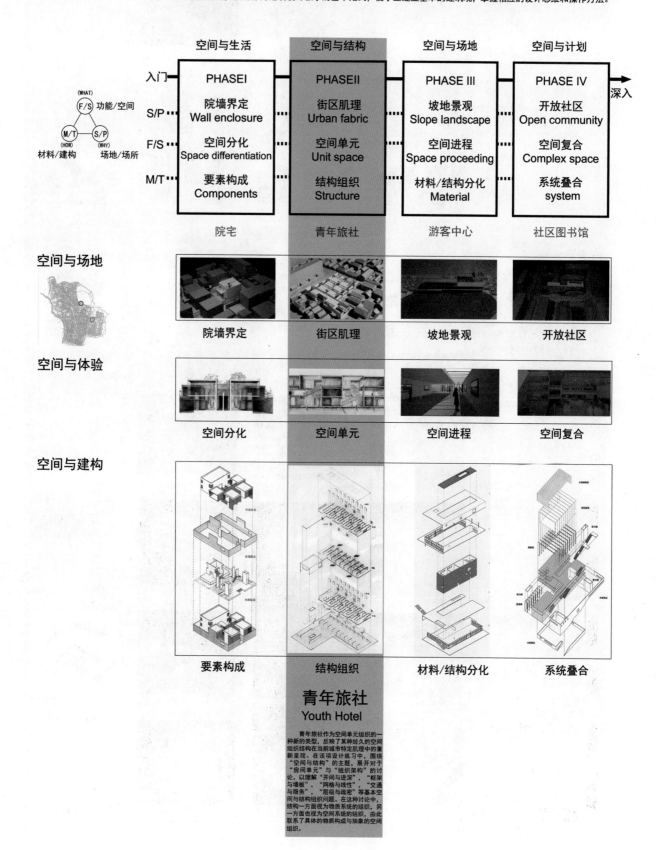

	空间与生活	空间与结构	空间与场地	空间与计划
入门	PHASE I	PHASE II	PHASE III	PHASE IV
S/P	院墙界定 Wall enclosure	街区肌理 Urban fabric	坡地景观 Slope landscape	开放社区 Open community
F/S	空间分化 Space differentiation	空间单元 Unit space	空间进程 Space proceeding	空间复合 Complex space
M/T	要素构成 Components	结构组织 Structure	材料/结构分化 Material	系统叠合 system
	院宅	青年旅社	游客中心	社区图书馆

(WHAT)
F/S 功能/空间

M/T   S/P
(HOW)   (WHY)
材料/建构   场地/场所

深入

空间与场地

院墙界定   街区肌理   坡地景观   开放社区

空间与体验

空间分化   空间单元   空间进程   空间复合

空间与建构

要素构成   结构组织   材料/结构分化   系统叠合

青年旅社
Youth Hotel

青年旅社作为空间单元组织的一种新的类型,反映了某种经久的空间组织结构在当前城市特定肌理中的重新呈现。在该项设计练习中,围绕"空间与结构"的主题,展开对于"房间单元"与"组织架构"的讨论,以理解"开间与进深","框架与墙板","网格与线性","交通与服务","层级与疏密"等基本空间与结构组织问题。在这种讨论中,结构一方面被视为物质系统的组织,另一方面也被视为空间系统的组织,由此联系了具体的物质构成与抽象的空间组织。

案例分析

凡.艾克:阿姆斯特丹市立孤儿院　路易斯.康:印度管理学院　博塔：Morbio Inferiore学校　妹岛和世:熊本市再春馆制药厂宿舍

场地设置

位于旧城区南捕厅地段的两块基地。现有树木，可考虑保留(详见地形图)。基地内部必须满足消防及退让要求，建筑红线退让距离≥3米. 汽车停放由社区解决，场地内应考虑道路、绿化的布置。

街道　　　　　巷道　　　　　院落　　　　　居间

任务要求

1. 双人间，四人间各14-18间，总床位数90-100床，600-800平方米（每人一床1000*2000*500，一柜500*1000*2000）
2. 茶餐厅150-200 平方米，活动用房200平方米
3. 物管用房60-80平方米，盥洗 浴室及洗衣120-150平方米
4. 交通部分（含门厅，连廊，楼梯间等）。面积自定。
5. 室外空间，必须考虑室外活动场地与景观绿地结合及互动设计。

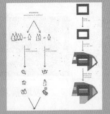 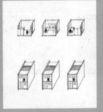  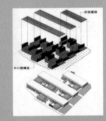

行为　　　　　单元　　　　　组织　　　　　结构

操作过程

 第1周

讲课一：单元空间

场地分析
单元研究
空间构思

 第2周

场地模型（1/200）　构思模型（1/500）　单元构思模型（1/50）　构思草图（1/500）

 第3周

讲课二：结构空间

空间结构设计

 第4周

中期评图

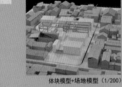

体块模型+场地模型（1/200）　空间模型（1/200）　单元发展模型（1/50）　平立剖面草图（1/200）

第5周

讲课三：建筑典例

设计调整
设计深化
单元设计

第6周

结构模型+场地模型（1/200）　结构模型（1/200）　单元组团模型（1/100）　轴侧分解图

第7周

讲课四：建筑绘图

制图
排版（A2）
模型整理

第8周

终期评图

建筑模型+场地模型（1/100）　建筑模型（1/200）　单元模型（1/50）　建筑图（1/200）

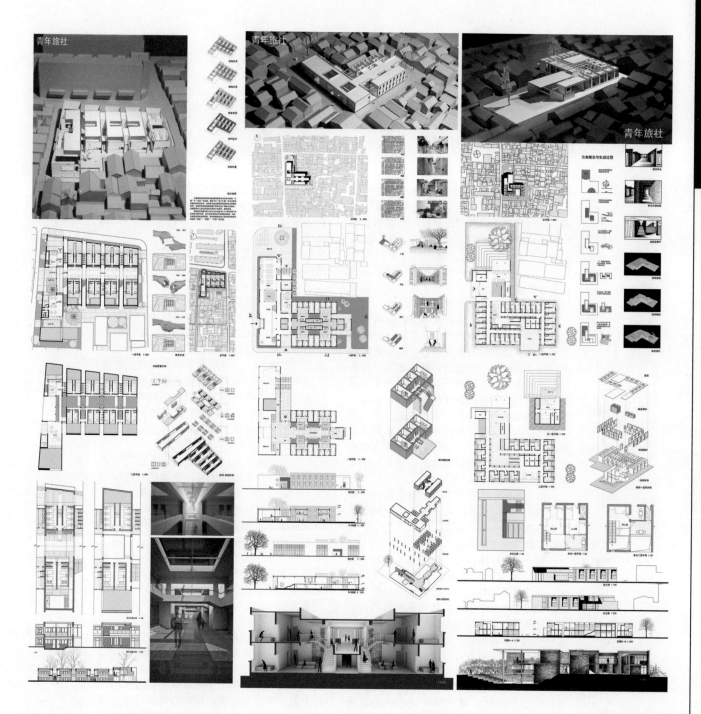

文化艺术中心设计教案

Design Studio：Culture and Art Center
（三年级）

教案简要说明

2003年起，东南大学创造性地建构了"建筑设计"课程"3+2"的整体框架，成为系统性贯通四年建筑设计课与一年毕业设计的主体教学结构，一至三年级为第一阶段（即基础的"3"）。三年级是学生进行设计提高和初步综合能力训练的阶段，也是以通识教育和基本专业知识、基本设计能力的教学为主的一阶段设计教学的收官阶段。

课程教案以现代建筑及其当代发展的理论与实践为背景，秉承现代建筑设计教学研究的传统，以空间研究为核心，基于建筑的三个基本问题——功能、环境、建构设置多线并进的系列综合设计练习。在分析设计问题和建立相应的空间模式的基础上，强调空间概念的物质性建构和人本性体验及其实现手段的学习和探索，使学生建立整体的建筑观，并初步掌握大中型建筑的设计方法和综合能力，培养学生掌握职业所应具备的基本知识和能力。

整个教案包括四个课题。每个课题围绕一个特定的空间主题，在功能、结构和场地要素方面有相应的关键词，并选择相应的建筑类型作为训练载体。

第一个课题是以秩序性空间为主题的实验研究中心设计。基地位于相对单纯的校园，周边环境明确。课题要求学习分析类型载体的流程和分析场地内外关系的技巧，学习功能配置与结构配置结合的技巧，学习构建空间模式，组织空间秩序的技巧。初步掌握一般实验建筑的设计原理并扩大公共建筑设计的基本知识。

第二个课题是以仪式性空间为主题的和平纪念中心设计。基地位于城墙边的自然坡地，自然环境和城市景观要素并存。课题要求学习纪念建筑的仪式和流线特点、学习利用坡地塑造空间的技巧、学习构思空间原型，并学习研究重点部分（如祭堂）特殊的光线设计与结构设计的技巧。初步掌握一般纪念建筑的设计原理，了解坡地建筑设计的基本方法，培养利用空间表现仪式的构思能力以及对气氛、光线和结构设计的敏感能力。

第三个课题是以多义性空间为主题的创意中心设计，关注既有建筑适应性再利用。基地位于厂区或校园，希冀将原本功能单一的厂房或教学楼改扩建为综合性的设计创意中心，以初步掌握功能复合的公共建筑设计原理和基本知识。课题要求学习分析新旧建筑关系的技巧，学习功能配置与结构选型相结合的技巧，并了解既有建筑功能置换、性能化改造以及适应性再利用的策略、方法和技术细节，学习建筑细部处理和构造设计互动的技巧。

第四个课题是以交互性空间为主题的文化艺术中心，基地位于城市主城区的建成环境，周边交通环境与建筑环境较为复杂。课题要求关注建筑与城市的关系，学习复杂的行为流线、复合的空间功能、特殊的结构形式与致密的城市机理之间互动的设计方法，学习构建不同层面的互动空间模式。初步掌握观演类建筑的设计原理及规范要求，以及复合型公共建筑设计的基本方法。学习利用计算机技术辅助观演空间声学及视线的技术性设计。

贯穿于三年级整个教案的是空间、功能、结构、场地互动的设计方法的训练，同时培养利用手工模型进行方案推进的能力，运用不同比例的模型逐轮解决不同层次的设计问题，并结合计算机辅助设计进行方案深化。在设计练习过程中培养图纸、手工模型、计算机模型与设计对象之间的同步推进与相互补充的敏感性和想象力。

作业1文化艺术中心　设计者：朱博文
作业2文化艺术中心　设计者：袁成龙
作业3文化艺术中心　设计者：陈毓璇
指导老师：唐斌　夏兵　刘捷　薛力　邓浩　陈宇　徐小东　沈旸　张慧　孙茹雁
编撰/主持此教案的教师：鲍莉　唐芃　钱强

三年级建筑设计
Architectural Design , 3rd Year

教学框架

(WHAT)
F/S 功能/空间
(HOW) M/T · S/T (WHY)
材料/建构 场地/场所

在完成二年级建筑设计入门的学习阶段之后，三年级的建筑设计课程是学生进行设计提高和初步综合能力训练的阶段，也是以通识教育和基本专业知识、基本设计能力的教学为主的一阶段设计教学的收官阶段。

本课程设置秉承了现代建筑设计及教学研究的传统，以空间设计为主线，基于建筑的三个基本问题——功能、环境、建构分主题、分阶段地设置系列设计练习。在分析设计问题和建立相应的空间模式的基础上，强调空间概念物质化实现手段的学习和探索，使学生建立整体的建筑观，并初步掌握大中型建筑的设计方法和综合能力，培养学生掌握职业建筑师所应具备的基本知识和能力。

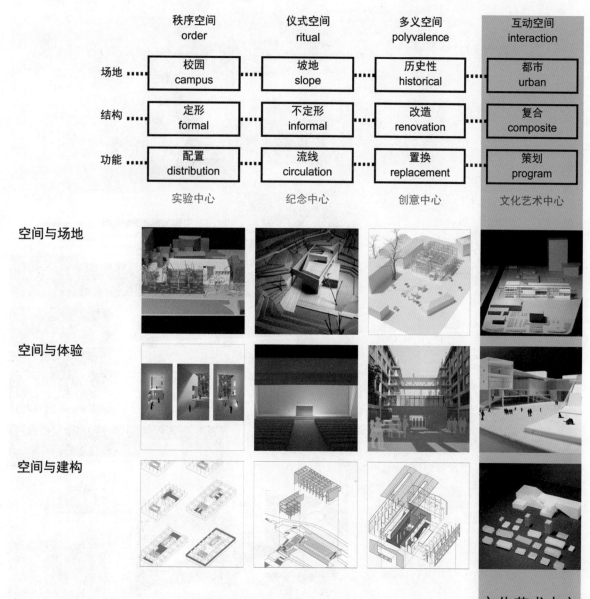

	秩序空间 order	仪式空间 ritual	多义空间 polyvalence	互动空间 interaction
场地	校园 campus	坡地 slope	历史性 historical	都市 urban
结构	定形 formal	不定形 informal	改造 renovation	复合 composite
功能	配置 distribution	流线 circulation	置换 replacement	策划 program
	实验中心	纪念中心	创意中心	文化艺术中心

空间与场地

空间与体验

空间与建构

文化艺术中心
Culture & Art Center

1、基地位于城市主城区建成环境，基地两侧以上临城市主要交通干道，定位于区级文化艺术活动中心，两处地形可任选一处。

2、关注建筑与城市的关系，学习复杂的行为流线、复合的空间功能、特殊的结构形式与致密的城市机理之间互动的设计方法。

3、要求初步掌握观演类建筑的设计原理以及复合型公共建筑设计的基本方法。学习分析类型数体的流程和分析场地内外关系的技巧，学习功能配置与结构配置结合的技巧，学习建构不同层面的互动空间模式。

4、培养利用手工模型与计算机辅助设计结合进行方案深化的能力，学习利用计算机技术辅助观演空间声学及视线的技术性设计，掌握空间构思的技术实现能力。

基地选择

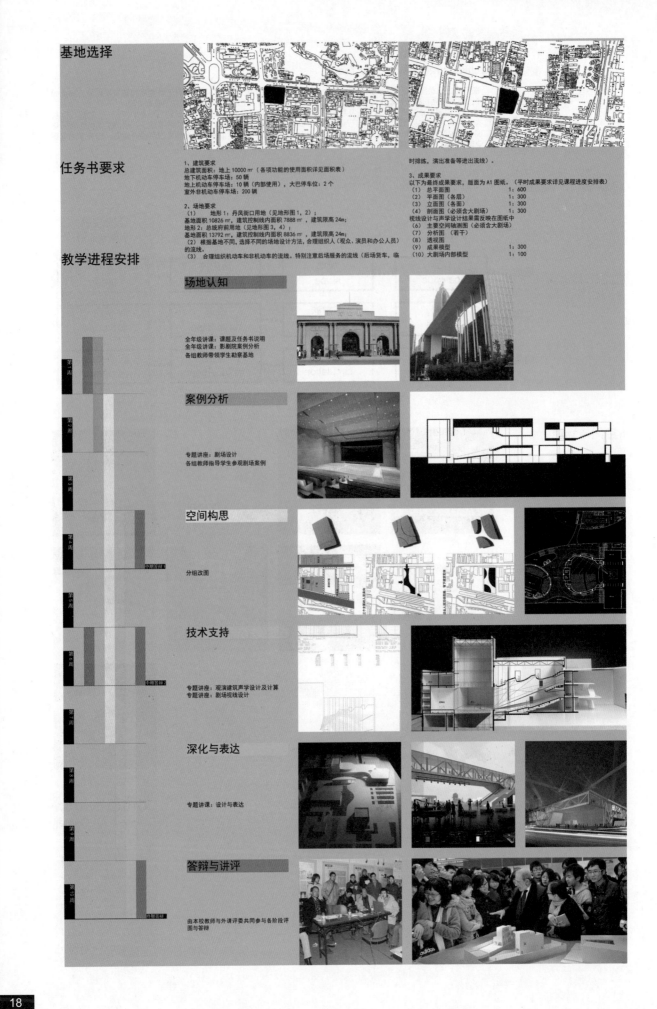

任务书要求

1、建筑要求
总建筑面积：地上 10000 ㎡（各项功能的使用面积详见面积表）
地下机动车停车场：50 辆
地上机动车停车场：10 辆（内部使用），大巴停车位：2 个
室外非机动车停车场：200 辆

2、场地要求
（1）　地形 1：丹凤街口用地（见地形图 1，2）；
基地面积 10826 ㎡，建筑控制线内面积 7888 ㎡，建筑限高 24m；
地形 2：总统府前用地（见地形图 3，4）；
基地面积 13792 ㎡，建筑控制线内面积 8836 ㎡，建筑限高 24m；
（2）　根据基地不同，选择不同的场地设计方法，合理组织人（观众、演员和办公人员）的流线。
（3）　合理组织机动车和非机动车的流线。特别注意后场服务的流线（后场货车，临

时排练，演出准备等进出流线）。

3、成果要求
以下为最终成果要求，版面为 A1 图纸。（平时成果要求详见课程进度安排表）
（1）总平面图　　　　　　　　　1：600
（2）平面图（各层）　　　　　　1：300
（3）立面图（各面）　　　　　　1：300
（4）剖面图（必须含大剧场）　　1：300
视线设计与声学设计结果需反映在图纸中
（6）主要空间轴测图（必须含大剧场）
（7）分析图（若干）
（8）透视图
（9）成果模型　　　　　　　　　1：300
（10）大剧场内部模型　　　　　　1：100

教学进程安排

场地认知

全年级讲课：课题及任务书说明
全年级讲课：影剧院案例分析
各组教师带领学生勘察基地

案例分析

专题讲座：剧场设计
各组教师指导学生参观剧场案例

空间构思

分组改图

技术支持

专题讲座：观演建筑声学设计及计算
专题讲座：剧场视线设计

深化与表达

专题讲课：设计与表达

答辩与讲评

由本校教师与外请评委共同参与各阶段评图与答辩

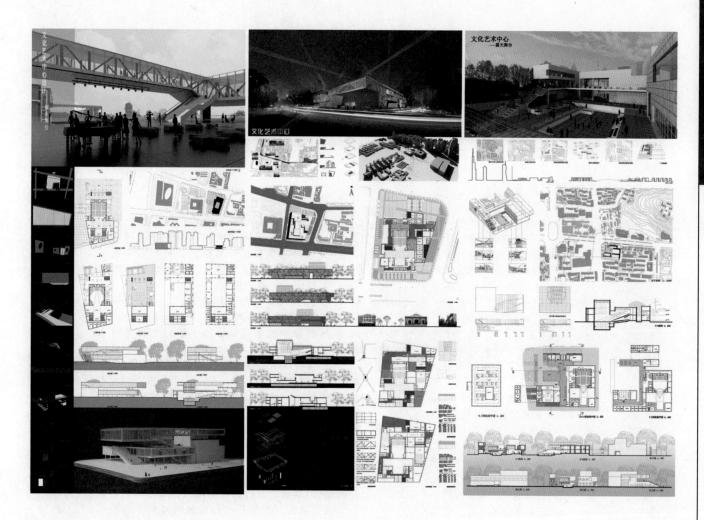

合肥工业大学

重基础、抓模型、强逻辑
——建筑大师作品解析教案

Analysis on Master Architects' Works

（一年级）

教案简要说明

1.教学目标

1.1 课程通过对大师代表性作品的介绍与分析，对各种建筑风格和流派有初步了解，初步了解建筑的生成背景，初步认识建筑与外部环境的关系，初步认识建筑的功能与形式的关系，初步了解建筑空间的创作方法。

1.2 通过各阶段模型的制作和分析，了解利用草模学习建筑的创作方法，培养学生从二维到三维空间的转换能力。通过最终的图纸表达，了解图示与图解的分析方法，了解形式美法则和表达方法，初步掌握图面构成与排版技巧。

1.3 通过对大师作品的学习和解读，逐步掌握建筑方案创作的基本步骤和方法，培养学生独立思考建筑问题的能力，培养学生分析问题和解决问题的能力，初步掌握中小型建筑方案设计的创造能力。

2.教学方法

2.1 强调基础，注重过程教学

教师在课堂教学中注重基本理论和基础知识的传授，通过课后一系列的作业和课堂点评，为学生打下扎实的专业基本功，注重过程成果的讨论和评定，引导学生分析问题和解决问题的能力。

2.2 强化模型，注重从二维向三维空间转换

教师在课程教学中，针对低年级学生空间想象力不足的特点，强调动手，尤其是草模的运用，强调从二维向三维空间的转换。

2.3 教学内容多样，激发学生兴趣

教师在课程教学中，注意引导学生选题的多样性，学生根据自己的兴趣和爱好，选择自己喜欢的大师和作品进行分析，内容丰富，信息量大，有利于学生之间的相互交流与学习，而且也更能激发学生的兴趣和热情。

2.4 教学手段多样灵活

教师在课程教学中，以教师为主导，既有集中的多媒体课程讲解，也有分组的指导和讨论，还有学生的多媒体汇报和模型展示，教学形式多样灵活。

3.作业点评

3.1 4×4 HOUSE：作业通过建筑师与业主的对话以及周边环境的思考，追寻大师的设计构思，深入了解建筑的生成逻辑，并对建筑的形态特征和空间特征作了细致的分析，运用图示分析和模型来表达设计意图、逻辑清晰、表达细腻、掌握了分析作为学习的方法。

3.2 光的旅程：作业通过对光在朗香教堂和光的教堂中运用的对比分析，追寻大师们对光的运用手法，探索了光在建筑空间设计中的重要性，在对比的过程中，理解了大师们不同的设计理念和设计逻辑，认识了大师们的个性特征和独特的创作手法。

3.3 乌尔姆展览馆：作业通过对乌尔姆展馆的分析，了解了大师从场所和总体环境的分析出发的设计手法，找到建筑的生成缘由，同时通过对建筑的建模，了解了大师的功能组织手法和空间创作手法，以及独特的材料运用手法和化体为面的形态设计手法。作业分析细致、逻辑清晰、表达和表现能力强。

光的旅程——从朗香教堂到光之教堂　设计者：张宇卿　孔维薇　高翔　王露航　唐永

乌尔姆会展中心　设计者：杨肇伦　张亚伟　姜澜　岳阳　张欣然

4×4 HOUSE　设计者：徐诗玥　李怡然　吴志鹍　高佳伟　霍潇楠

指导老师：苏剑鸣　陈丽华　严敏

编撰/主持此教案的教师：桂汪洋

重基础·抓模型·强逻辑 ——建筑大师作品解析教案

一、总体教学思路框图

总体教学思路

- **重**：重视拓宽基础与加强基础训练，重视全面素质的培养
- **放**：以开放式的教学，培养学生创造性思维能力与创造性设计能力紧密结合
- **强**：强化专业训练中的理想与现实，艺术与技术的有效结合
- **综**：联系实际，立足培养学生的综合设计能力及职业建筑师基本素质

一年级
二年级
三年级
四年级
五年级

基础训练阶段
注重学生对建筑和环境的认识，强调建筑设计入门方法的训练，重视基本艺术素养的培养，强化基本表现技能的训练，注重开发和保护学生的创新意识。

本阶段的教学目的是使学生了解建筑设计的程序和一般方法，了解空间、功能、尺度、体量等概念，初步培养学生的设计能力。

专业基础训练阶段
主要安排专业课、专业技术课程和实验环节的教学，教学计划中逐步扩大了建筑设计综合教学内容，加强理论素质的培养，提高学生的综合设计能力。

本阶段着重提高学生的方案设计能力，掌握由内到外的设计方法，通过建筑构造、建筑物理等相关课程知识的运用，增强学生的工程意识，提高分析问题、解决问题的能力。

综合训练阶段
主要安排专业课及实践教学环节，进一步培养学生的整体环境观，着力培养综合分析和解决建筑相关问题的能力，强调建筑师的职业训练，结合实际工作培养学生的全面创作和设计能力。

该阶段要使学生在设计过程中对所学到的技术、材料、设备、结构等各方面知识进行综合运用，使其进一步得到建筑师的基本技能训练，掌握与相关专业协调的方法，掌握建筑设计各阶段的工作内容、要求及其相互关系，提高在设计中综合解决实际问题的能力。

二、本课程的教学思路框架图

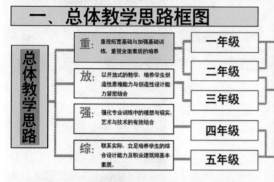

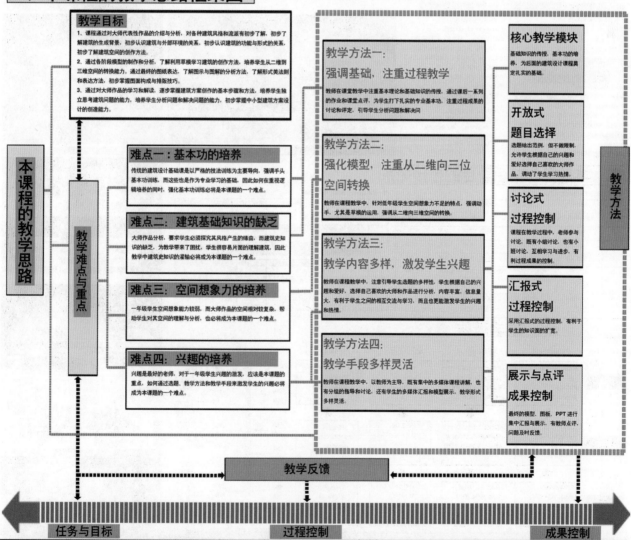

教学目标
1. 课程通过对大师代表性作品的介绍与分析，对各种建筑风格和流派有初步了解，初步了解建筑的生成背景，初步认识建筑与外部环境的关系，初步认识建筑的功能与形式的关系，初步了解建筑空间的创作方法。
2. 通过各阶段模型的制作和分析，了解利用草模学习建筑的创作方法，培养学生从二维向三维空间的转换能力。通过最终的图纸表达，了解图示与图解的分析方法，了解形式美法则和表达方法，初步掌握图面构成与排版技巧。
3. 通过对大师作品的学习和解读，逐步掌握建筑方案创作的基本步骤和方法，培养学生独立思考建筑问题的能力，培养学生分析问题和解决问题的能力，初步掌握中小型建筑方案设计的创造能力。

本课程的教学思路

教学难点与重点

难点一：基本功的培养
传统的建筑设计基础课是以严格的技法训练为主要导向，强调手头基本功训练，而这些也将是作为专业学习的基础，因此如何在重视逻辑培养的同时，强化基本功训练必将是本课题的一个难点。

难点二：建筑基础知识的缺乏
大师作品分析，要求学生必须探究其风格产生的缘由，而建筑史知识的缺乏，为教学带来了困扰，学生很容易靠片面的理解建筑，因此教学中建筑史知识的灌输必将成为本课题的一个难点。

难点三：空间想象力的培养
一年级学生空间想象能力较弱，而大师作品的空间相较复杂，帮助学生对其空间的理解与分析，也必将成为本课题的一个难点。

难点四：兴趣的培养
兴趣是最好的老师，对于一年级学生兴趣的激发，应该是本课题的重点。如何通过选题、教学方法和教学手段来激发学生的兴趣必将成为本课题的一个难点。

教学方法

教学方法一：强调基础，注重过程教学
教师在课堂教学中注重基本理论和基础知识的传授，通过课后一系列的作业和课堂点评，为学生打下扎实的专业基本功，注重过程成果的讨论和评定，引导学生分析问题和解决问题

教学方法二：强化模型，注重从二维向三位空间转换
教师在课程教学中，针对低年级学生空间想象力不足的特点，强调动手，尤其是草模的运用，强调从二维向三维空间的转换。

教学方法三：教学内容多样，激发学生兴趣
教师在课程教学中，注意引导学生选题的多样性，学生根据自己的兴趣和爱好，选择自己喜欢的大师和作品进行分析，内容丰富，信息量大，有利于学生之间的相互交流与学习，而且也更能激发学生的兴趣和热情。

教学方法四：教学手段多样灵活
教师在课程教学中，以教师为主导，既有集中的多媒体课程讲解，也有分组的指导和讨论，还有学生的多媒体汇报和模型展示，教学形式多样灵活。

核心教学模块
基础知识的传授，基本功的培养，为后面的建筑设计课程奠定扎实的基础。

开放式题目选择
选题给出范例，但不做限制，允许学生根据自己的兴趣和爱好选择自己喜欢的大师作品，调动了学生学习热情。

讨论式过程控制
课程在教学过程中，老师参与讨论，既有大组讨论，也有小班讨论，互相学习与进步，有利于过程成果的控制。

汇报式过程控制
采用汇报式的过程控制，有利于学生的知识面的扩宽。

展示与点评成果控制
最终的模型、图板、PPT进行集中汇报与展示，有教师点评，问题及时反馈。

教学方法

教学反馈

任务与目标　　过程控制　　成果控制

■ 一年级建筑基础课程之大师作品分析教案展示

01

重基础·抓模型·强逻辑 —— 建筑大师作品解析教案

三、设计题目的任务书

一、教学目标

1、课程通过对大师代表性作品的介绍与分析，对各种建筑风格和流派有初步了解，初步了解建筑的生成背景，初步认识建筑与外部环境的关系，初步认识建筑的功能与形式的关系，初步了解建筑空间的创作方法。

2、通过各阶段模型的制作和分析，了解利用草模学习建筑的创作方法，培养学生从二维到三维空间的转换能力。通过最终的图纸表达，了解图纸与模型的分析方法，了解形式美法则和表达方法，初步掌握图面构成与排版技巧。

3、通过对大师作品的学习和解读，逐步掌握建筑方案创作的基本步骤和方法，培养学生独立思考建筑问题的能力，培养学生分析问题和解决问题的能力，初步掌握中小型建筑方案设计的创造能力。

二、教学要求

教学分成三个阶段：

第一阶段，根据自己的兴趣选择大师作品，收集相关资料，努力寻找大师的思想核心和形成脉络，找到建筑作品的发展脉络，对其进行相关分析并汇报结果。

第二阶段，运用已经掌握的基本原理，加深实体模型的制作过程，熟悉该作品的形态特点和空间特征，掌握图纸表现与模型表现的方法。

第三阶段，课程要求同学通过对经典案例模型的研究，除了根据任务书规定的内容进行分析外，还必须根据自己的认识和理解进行各种分析，把分析的建筑层层剖析来。分析建筑生成的逻辑概念，学习并领会建筑设计的基本方法，并最终通过多媒体汇报、模型和图纸展示设计成果。

三、作品选择

建议选取现当代建筑代表人物，从西方到东方，从现代建筑四位建筑大师到当代国内外建筑大师和名家的作品，对他们的一系列的经典小型建筑作品进行研究分析。建议选取立、剖较齐全的作品，要求规模适中，以下供同学们参考：

四、分析内容

应在以下几方面做尝试去分析自己选定的大师作品，同时可根据自己理解增加分析内容：

点评与反馈

调整与修改

五、教学学时与进度安排

共计3.5周（第5周-第7.5周）

七、图纸要求

1. 过程模型和成果模型
2. Powerpoint 的ppt文件
3. A1 (594*841) 图纸2张：表现不限
1) 各层平面：1：100（绘制各层平面图）
2) 立面：1：100（视地段情况绘制2-3个）
3) 剖面：1：100（1 2个）
4) 相应的分析图（以图示和图例进行分析，辅以少量文字）

六、成果要求

每4-5个同学为一组。

任务一：共同完成资料收集、初步汇报和经典案例模型的制作。

任务二：每组完成相应阶段的分析图纸和模型。

任务三：每组对以上模型进行编辑，同时补充相应的文字和图片，并以powerpoint的形式作为成果。

任务四：绘制最终成果图和汇报。

八、参考书目

1、《世界建筑大师名作分析》
2、《建筑：形式、空间和秩序》
3、《建筑的设计策略——形式分析的方法》
4、《全国大学生优秀作业集》
5、《世界建筑师的思想和作品》
6、《现代建筑理论》中国建筑工业出版社

模型制作过程

模型制作过程

四、本题目与前后题目的衔接关系

第一学期建筑设计基础六大模块构成

序号	知识模块	具体内容	教学方式	对应学时	学时比例
1	建筑与环境认知	初识建筑、建筑概论	讲课	1.0 周	11%
2	徒手表达	钢笔画	讲课、指导	1.0 周	11%
3	工具表达	线条练习	示范、点评	1.0 周	11%
4	表现技法	水彩渲染	示范、点评	1.5 周	17%
5	模型表达	用规定面积的吹塑板制作承受一定重物的模型	讲课、指导、点评	2.0 周	22%
6	空间构成	空间构成练习	讲课、指导、点评、汇报	2.5 周	28%

第二学期建筑设计基础六大模块构成

序号	知识模块	具体内容	教学方式	对应学时	学时比例
7	设计表达	平、立、剖阶绘练习	讲课、指导	1.5 周	17%
8	基本空间单元设计（内部空间设计）	宿舍设计	讲课、指导、点评	2.0 周	22%
9	解读建筑	大师作品解析	讲课、指导、点评、汇报、讨论	3.5 周	39%
10	初步设计	小型公共建筑设计	讲课、指导	2.0 周	22%
11	建筑实测	建筑实测	点评	课后完成	不占学时
12	基础作业	钢笔画、表现技法	点评	课后完成	不占学时

模型展示

模型展示

五、教学过程

	教学内容	教学要求	教学方式	成果控制
第一周	多媒体集中讲课 资料收集方法介绍 PPT的制作 草模的制作和分析的方法	共同完成资料收集与整理 完成基础资料的绘制 完成初步汇报和经典案例 一草模型的制作	多媒体讲课 集中点评 分小组讨论	一草图纸的绘制 草模的制作 多媒体汇报文件
第二周	正模制作方法 分析图的绘制要领 分析的逻辑 汇报的逻辑	每组完成1:50-1:200的分析图纸和同比例的分析模型，以及相应的分析图	分小班教学 课堂讲解 分组讨论	分析图的绘制 分析模型的制作 初步排版
第三周	优秀案例讲解 排版的方法与逻辑 正图的绘制与表现方法 模型的拍摄技巧	正模的制作与展示 正图的制作与点评 PPT的最终汇报	集中点评 集中点评 集中授课	正模的制作 正图的绘制 最终PPT汇报

手绘表现

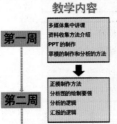

开始 → 任务书发放 / 资料收集 → 讲课 → 引导 → 点评与讨论 → 图纸绘制 / 资料收集 → 草模制作 → 分析 / 判断 → 点评与讨论 → 图纸绘制 / 资料汇报 → 正模制作 / 成果展示 → 分析判断 → 点评与讨论 → 教师评价 → 最终成果

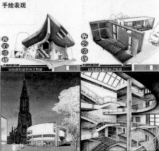

■ 一年级建筑基础课程之大师作品分析教案展示

02

重基础·抓模型·强逻辑 —— 建筑大师作品解析教案

六 作业点评

4×4住宅 ——Ando

作业通过建筑师与业主的对话以及周边环境的思考，追寻大师的设计构思，深入了解建筑的生成逻辑，并对建筑的形态特征和空间特征做了细致的分析，运用图示分析和模型来表达设计意图，逻辑清晰，表达细腻，掌握了分析作为学习的方法。

光的旅程 ——从朗香教堂到光之教堂

作业通过对光在朗香教堂和光之教堂中运用的对比分析，追寻大师们对光的运用手法，探索了光在建筑空间设计中的重要性，在对比的过程中，理解了大师们不同的设计理念和设计逻辑，认识了大师们的个性特征和独特的创作手法。逻辑清晰，表达细腻。

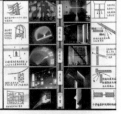

乌尔姆会展中心 ——Richard Meier

作业通过对乌尔姆展馆的分析，了解了大师从场所和总体环境的分析出发的设计手法，找到建筑的生成缘由，同时通过对建筑的建模，了解了大师的功能组织手法和空间创作手法，以及独特的材料运用手法和化体为面的形态设计手法。作业分析细致，逻辑清晰，表达和表现能力强。

施罗德住宅 ——Gerrit Rietveld

作业通过对施罗德住宅的分析，了解了大师的设计手法，简洁的体块明快的颜色，错落的线条，与荷兰风格派画家蒙特里安的绘画有极为相似的意趣。作业更多的关注了内部和外部空间设计风格的联系性分析，是比较好的分析方法，分析细致，表现有特色。

考夫曼沙漠别墅 ——Richard Neutra

作业在资料有限的情况下，通过各种手段收集资料，完成了对建筑师诺伊特拉的作品的分析，认识了他对钢和玻璃等现代材料和结构的运用，了解了室内外空间在视觉上互相渗透的方法，表现有特色，但分析欠细致和深入。

波尔多住宅 ——Rem Koolhaas

作业通过对当今明星建筑师雷姆·库哈斯的作品的分析，采用动画的形式汇报，开拓了同学们的视野，激发了工作热情，分析的内容较多，但逻辑和表现欠佳。

莫比乌斯住宅 ——Ben Van Berkel

作业通过对当今明星建筑师本·凡·比克的作品的分析，了解了莫比乌斯圈在建筑中的运用方法，独特的动线带来了独特的空间。选题有特色，分析较细致，但表现欠佳。

葛罗塔别墅 ——Richard Meier

作业通过对白色派大师迈耶的作品的分析，了解了建筑师的设计理念和设计手法，模型制作精细，注重建筑与环境的整体性，分析较细致，逻辑清晰，但表现欠佳。

水的教堂 ——Ando

作业通过对建筑大师安藤忠雄的水的教堂的分析，认识了大师的设计手法，模型意境的创作较有特色，但正模较为粗糙，分析较细致，表现欠佳。

优秀解析⇒

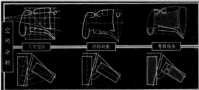

■ 一年级建筑基础课程之大师作品分析教案展示 03

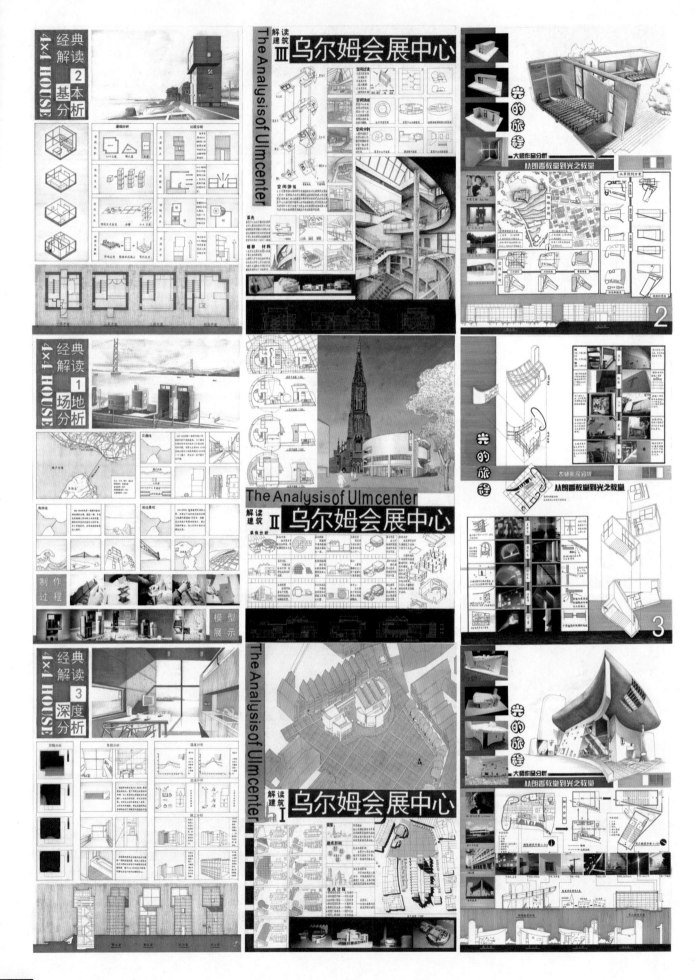

三十六班小学校园规划及单体建筑设计

Design & Planning Studio：36-Class Elementury School
（三年级）

教案简要说明

本次教学的重点是环境行为学与建筑设计的联系，公共空间的设计和规划设计与表达等。同时，三年级下学期，是我校教学计划中公共建筑设计向住区规划设计及城市设计等群体建筑设计教学的过渡阶段，从数量不多的小学校园规划和建筑设计入手，可以培养同学们的整体设计的思想和理念，也希望通过两人合作逐步培养团队合作的精神。

本教案共含"教学目标"、"教学的重点及难点"等9项内容，其中"授课内容"为本次图版的主要内容，另外，为了更好的完善教学方法，提高教学的效果，本教案增加了教学效果调查和学生信息反馈等内容，希望通过学生的作业情况及学生们在课程结束后的反映，来获得第一手的调查资料。

教学的设计的理念是：通过图文并茂的方式，利用简单易懂的图片或图式语言，把一些较为抽象的概念和方法呈现给同学们；教案还做一种课程设计教学的目录，同学们在拿到教案的时候，就能很清楚地知道如何安排时间，就能知道教学的重点是什么，该如何学习，同时，知道该如何查阅国内外的优秀的案例等等。

成长的空间——南方三十六班小学设计　设计者：叶南启　彭粲
"园"趣——南方三十六班小学规划及建筑设计　设计者：陈振　张峥
咫尺森林——三十六班小学设计　设计者：王晨雪　杨燊
指导老师：苏剑鸣　陈丽华　叶鹏　潘榕　刘阳
编撰/主持此教案的教师：叶鹏

中小学校规划及建筑设计教案　教案展示部分 01

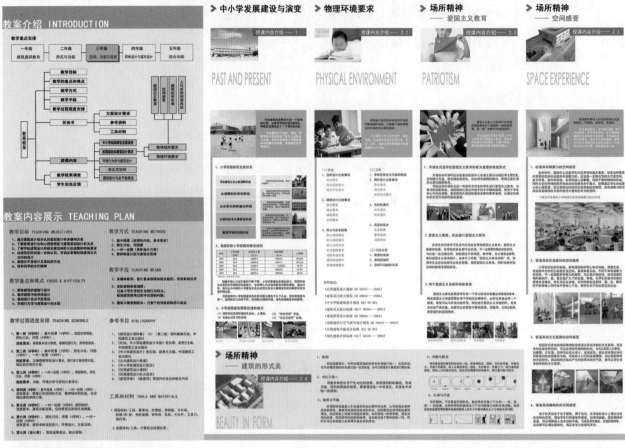

教案介绍 INTRODUCTION

中小学发展建设与演变　　物理环境要求　　场所精神——爱国主义教育　　场所精神——空间感受

PAST AND PRESENT　　PHYSICAL ENVIRONMENT　　PATRIOTISM　　SPACE EXPERIENCE

教案内容展示 TEACHING PLAN

教学目标 TEACHING OBJECTIVES　　教学方式 TEACHING METHODS

教学重点和难点 FOCUS & DIFFICULTY　　教学手段 TEACHING MEANS

教学过程进度安排 TEACHING SCHEDULE　　参考书目 BIBLIOGRAPHY

工具和材料 TOOLS AND MATERIALS

场所精神——建筑的形式美

BEAUTY IN FORM

中小学校规划及建筑设计教案　教案展示部分 02

任务书 TASK

场所精神——人与自然和谐共处　　环境心理学与建筑设计　　非正式空间设计　　规划设计与总平面表达

NATURAL VIEW　　PSYCHOLOGY　　UNOFFICAL SPACE　　MASTERPLAN

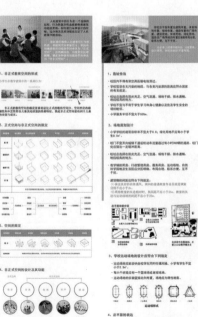

合肥工业大学

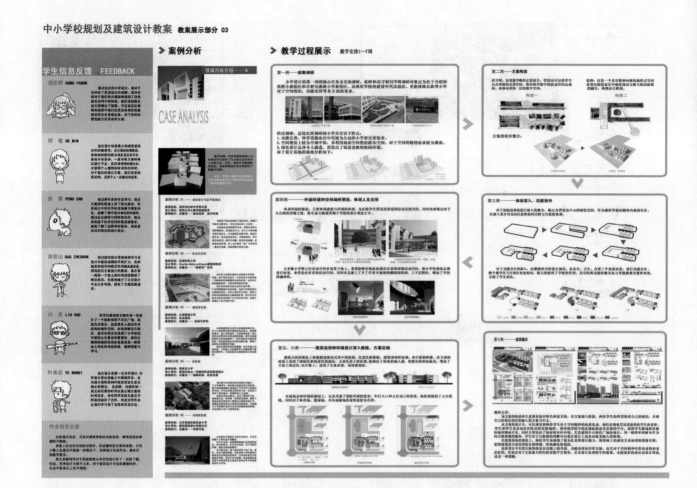

居住区规划设计教案

Design & Planning Studio：Housing and Community
（四年级）

教案简要说明

1.教学背景

居住区规划设计是集基本原理、设计方法与相关规范于一身，讲求住宅、公建、道路、绿化等多要素运用的综合性设计课程。对于建筑学四年级的学生来说，是在前面对建筑学学习的基础上，从单体转向群体、从建筑设计转向规划设计、从微观转向宏观的关键课程；而对于教师来说，这门课程同样也是一个充满挑战、值得钻研的"转型教学"的难题。

就现有教学安排而言，7周56个课时的教学过程，很难承载大量与"住区规划"相关的知识和完成综合化的技能培训的职责。而且近年来随着小区开发的飞速进行，居住区规划在实践层面已有大量经验；而在理论层面的总结很少。居住区规划教学中存在忽视城市、设计程序各阶段相互脱节、居住区基本术语和相关规范理解僵化等问题。对学生而言，无论是教材还是理论书籍都显得理念陈旧，很难做到直接指导设计的作用。因此，提出让学生跟踪社会发展，从案例积累和分析中学习。

2.教学方法与重难点

我们通过多年教学实践提出一条"以教学内容的重组为核心、以设计理念的创新为宗旨，以多样灵活的教学方法为保障"的教学改革途径。我们将教学内容分为以居住区规划设计基础知识为主的"核心内容模块"和在此基础上的"理念创新方法"。

我们打破传统住区规划教学题目设置方式，在命题中采用混合用地、综合容积率等概念，使学生打破以往住区规划中的硬性规定，创造出富有活力的城市空间；解放并调动学生的积极性；让他们自己去体验、发现城市居住问题。

教学过程中的每一过程均穿插教师专题讲座和学生汇报讨论环节，把最终成绩评定细化至教学全过程的控制，鼓励学生分析问题解决问题，有针对性地完成设计过程。由于居住区规划总量较大，故采取学生分组合作，每小组2~3人，弱化学生成绩意识，培养独立思考与兼容并蓄共融的专业意识。

在成果表达部分，强调设计成果表达围绕核心问题展开，最终设计成果与前期调研思考有严密的因果关联。

在此基本教学方法的基础上，通过调查研究强化学生"住区与城市关联"的意识，以学生为主体，调动积极性，并培养主动思考与研究的学术意识。同时要求学生掌握从"个案"归纳上升为"类型"的理性分析能力；对住区规划结构的把握应该具有此种意识，这也是从建筑单体设计过渡到群体设计、乃至城市设计的最基本方法。

新"活力样本"——旧城改造中混合开发与城市活力营造的探索　设计者：苏恒　陈晨
缝合　设计者：张文婷　李志晗
环城河边的新精神　设计者：钱立婧　李垚
指导老师：梅小妹　徐晓燕
编撰/主持此教案的教师：徐晓燕

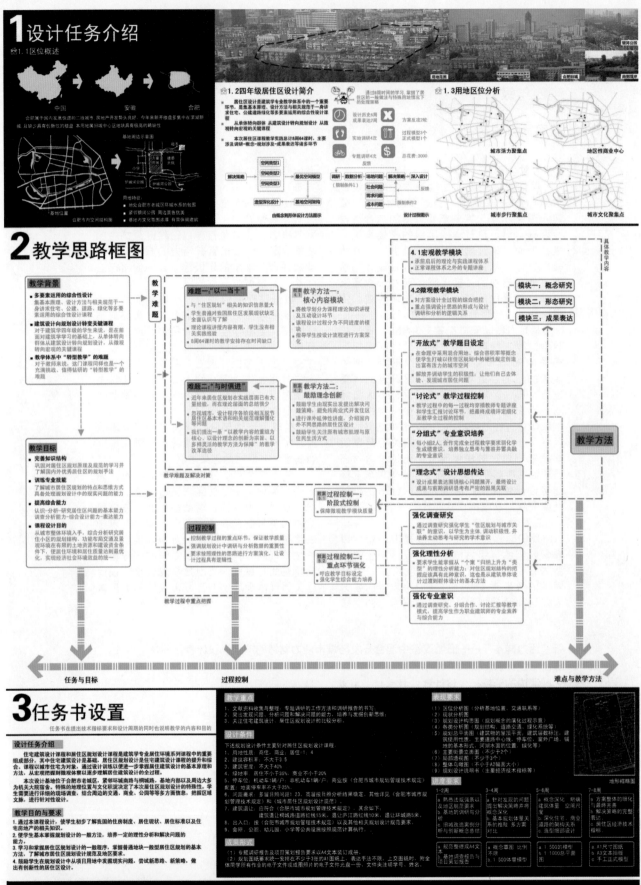

1 设计任务介绍

1.1 区位概述

1.2 四年级居住区设计简介

1.3 用地区位分析

2 教学思路框图

3 任务书设置

01 四年级居住区规划设计教案展示

4 教学方法 4.1 "核心内容模块"

4.1.1 宏观教学模块

4.1.2 微观教学模块

	主题	内容	目标	专题讲座	阶段成果
第一分模块	概念研究	1）选址调研	了解基地的区位、交通、人口、环境等条件	专题讲座1：调查研究科学方法	汇报讨论1：基地调研分析 上交成果1：基地调研报告
		2）定位调研	定位规划设计模式和主导产品	专题讲座2：房地产开发中的策划研究 专题讲座3：城市规划管理办法解读	汇报讨论2：收集合肥市近期楼盘信息及其分析 上交成果2：项目开发策划报告
		3）设计理念	确定城市与社区的二元关系和以人为本理念	专题讲座4："社区"与"新城市主义"	汇报讨论3：讨论社区模式如开放式、SOCO城中村等
第二分模块	形态研究	1）规划架构	空间架构、景观架构和交通架构的设计与总结	专题讲座5：用类型学方法抽象住区规划中的空间模式	汇报讨论4：总结不同模式类型的住区规划架构 上交成果3：空间架构归纳图
		2）结构布局形态操作	确定设计方案的空间布局与造型做法		教师与各组一对一改图、讨论 分组设计草图讨论
第三分模块	成果表达	1）成果表现 2）评价方法	培养综合表达能力与方案汇报能力	由高年级学长介绍排版经验及分析图做法	汇报讨论5：分小组汇报设计成果 教师点评 上交成果4：正图 正式模型

4.1.2-2 微观教学模块内容展示

法规教学

1. 国家强制性规范条文

《城市居住区规划设计规范》GB 50180—93
《住宅建筑规范》GB 50096-1999

居住区、道路用地、住宅建筑毛密度等术语释义
各种建筑用地面积及比例要求
规划布局与环境空间原则
住宅楼间距计算、日照时间要求
公共服务设施要求
居住区内绿化率计算方法及要求

2. 地方性法规条文

《合肥市技术规划管理规定》2008年实施
《合肥市技术规划管理规定》2007年实施

建筑退出桐城路红线 10米
建筑退出庐江路红线 10米
距离环城公园绿线50米以内不得新建建筑
基地距离城市干道交口70米以内不得设车行出口
车行比大于1:1，建议75%停车位进地库
日照间距计算中的特殊规定和要求
非牲宅建筑间距计算及要求
住宅建筑与各级道路间距要求
合肥市居住区配套设施最低要求
容积率上限以及公共空间设置量与容积率补偿之
间计算方法

案例教学 由上海江湾新城某居住区设计为例讲授居住区设计基本内容

居住区与城市关系

设计中需要关注：
与城市机理关系
与城市文脉关系
与城市交通关系
与城市景观关系
居住区对城市的逆影响

居住片区并非孤立存在，应与经济国共荣共存

区位分析
A 江湾天地
B 自然花园
C 中央公园
D 商业中心区
E 复旦校区

居住区客户定位

结合商业，地段，周边活动组成决定客户定位。
调查客源背景，由此制定开发理念，为社区提供发展规划。
江湾新城客源定位
由于地块邻近复旦新新校区，所以客源定位为高校教授及科研机构人员、外高桥区域高级管理用人员、白领企业人群，含留学归国人士（soho、一次置业群，归属感）
周边辐射区居住群体（二次及以上置业群）
客户喜好
OPEN社区（新片区居住模式）：高尚且有活力（古北的新意、浦东的反思一联评、失落的城市中心）；文化与生活性的结合：社区个性，附加值良好（上海的"硅谷"）；国际接轨的居住条件（环境、技术）
设计理念
重视环境中的人而不是建筑中的环境

现存小区存在问题

同质化严重
公共空间单调或缺少对人体尺度的思考
停车位紧张
景观设计单一，造成维护困难
商业定位失误造成商铺衰落

居住区空间与绿化景观设计

建筑围合户内外空间设计 景观设计与建筑空间的结合
高层低密度居住区内居民空间体验 集中绿地的设计思路
江湾新城景观定位
综合考虑基地周边景观现状，确定景观主轴为南
生态居性环境体现技术先进、四季分明的生态居性环境
利用水资源优势 考虑小区内部自然水系、硬质水系突出本地水的特色
环境空间的分级，形成入口广场、组团景观步道、组团绿化不同等级和特色的空间

新江湾文化广场—组团庭院
组团小公园—礼仪绿化广场
人工生态湖

实地调研注意内容

基地内现存建筑与重要节点
周边文脉环境 基地周边景观
周边建筑肌理
居住区商业方面问题
现有居民组成结构

居住区商业定位与开发

常见居住区开发中商业形式
居住区内点状分布商业—服务居住区内住户
沿街商铺
集中设置大型商业—服务于全体市民
结合旧区城市改造商业
江湾新城商业定位—服务于高智人群
消费群首象：文化、休闲、运动
休闲时间有足够充裕的活动场所（利用大社区的运动公园等），大型社区"心"
消费群特征：高品味、文化如知识主题
最佳商业形式：自由艺术广场，休闲商业走廊，LOFT工作创意空间

本项目设计的可能方向

由基地内已有老建筑的改造出发
由基地周边的城市文化出发
由创新空间空间架构出发
由基地业态整合出发

4.2 "鼓励理念创新"

方法	主要内容	此次教学过程中的做法（关键词）	效果与评价
"开放式"教学题目设定	1. 在命题中采用混合用地、综合容积率等概念； 2. 命题鼓励学生创造出富有活力的城市空间； 3. 要求学生自己去体验、发现城市居住问题	内城改造 现有剧院3座 临街商业氛围良好 面临景观公园 开放式 兼顾"商"与"住"	★★★ 题目综合性强难度大 有挑战性但同时也较难把握
"讨论式"教学过程控制	1. 教学各环节均穿插专题讲座和学生汇报讨论； 2. 成绩评定细化至教学全过程	专题讲座5次 PPT汇报5次	★★★★★ 综合效果好 受学生欢迎
"分组式"专业意识培养	1. 每小组2-3人 合作完成全过程教学要求； 2. 弱化市场成绩意识 培养独立思考与兼容并蓄共融的专业意识	2—3人为一组 工作量统计	分组较能培养合作意识 但也有效率不高 意见分歧等问题
"理念式"设计思想传达	1. 设计成果表达围绕核心问题展开 2. 最终成果与前期调研思考有严谨的因果关联	每个设计作业均有中心理念如"城市活力"、"缝合"等	★★★★ 提高了前期分析与后期解决问题的关联

4.2-2 理念创新内容

创新思路1 以强化城市活力为目标的"纵深开发模式"

在老城区中进行居住区开发时我们不应过度关注形态的标志性而应考虑持续发展的投资回报能力，即能否在该地区形成持续的活力，我们提出—"纵深开发模式"：在空间设计前预先规划地块的业态构成与人流组成、活动形式、文化交流氛围等因素，让产活力的空间场所、参与主体、活动内容达成一致。

出入口交通轴 基地分块概念 皮核概念示意图

创新思路2 缝合

基地位于合肥市旧城区内，特殊的用地状况以及建筑的特殊性。经过前期调研，我们提出了"缝合"的概念：缝合新建建筑空间、缝合历史的记忆与现代生活的体验、缝合住宅商业与公共文化空间。在确定这一思路后我们每个详细调研基地的历史空间，可量每一栋建筑保留的可能性与价值，试图在商业与公众体验中寻找平衡点。

确定保留建筑 确定架构主轴 确定功能分区

5 过程控制 5.1 阶段控制

5.1.1 阶段安排

阶段	内容	周次
		1 2 3 4 5 6 7
（1）调研阶段	A. 现场踏勘 B. 调研分析 C. 专题讲座1 D. 汇报讨论1	
（2）概念阶段	定位 A. 专题讲座2 研究 B. 汇报讨论3 设计 A. 汇报讨论3 理念	
（3）深化阶段	规划 A. 专题讲座3 架构 B. 汇报讨论4 形态 A. 草图深化 操作	
（4）成果表达	A. 汇报讨论5 B. 方案评价	

5.1.2 操作过程

调研阶段：调研包括实地考察、居委会调研、居民问卷调查、周边查看信息调研等

概念阶段：专教师集中对场地内现有建筑概况进行讨论，开阔设计思路 / 制作手工模型，反映出不同虚态的存在状况并讨论空间模式的优势

深化阶段：结合体量关系，验证设计思路对调研中得出的问题的反馈情况并及时调整

表达阶段：大家将设计成果进行交流，在听取他人的意见同时也确定自己的进度 / 分小组进行设计构思汇报，结合手工体量模型进行基地布局推演

教师点评：该组在居住区规划设计中提出了城市活力的理念并在此展开设计讨论，整体设计思路清晰有较强视觉冲击力。整体设计思路较好。 综合评定：✓✓✓✓✓

02 四年级居住区规划设计教案展示

5.1.3阶段成果

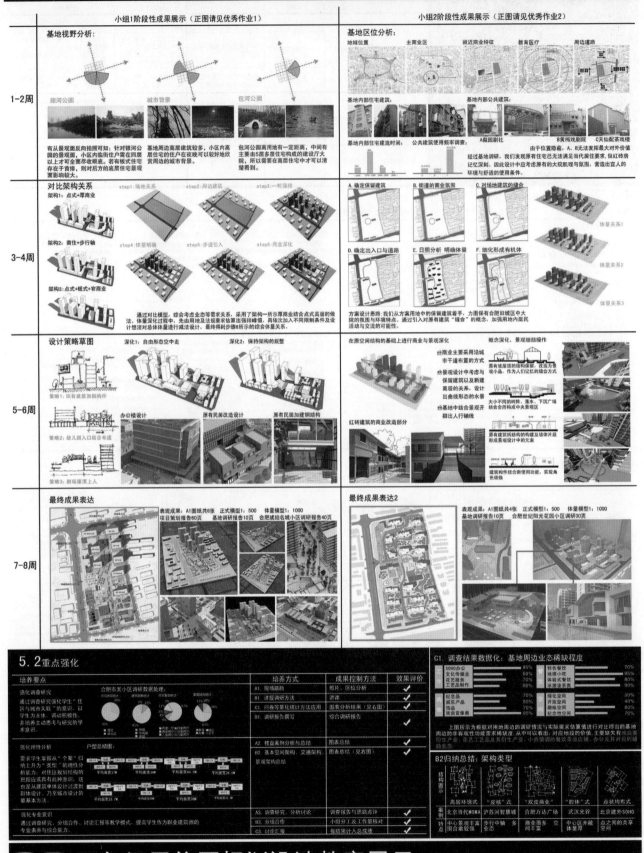

03 四年级居住区规划设计教案展示

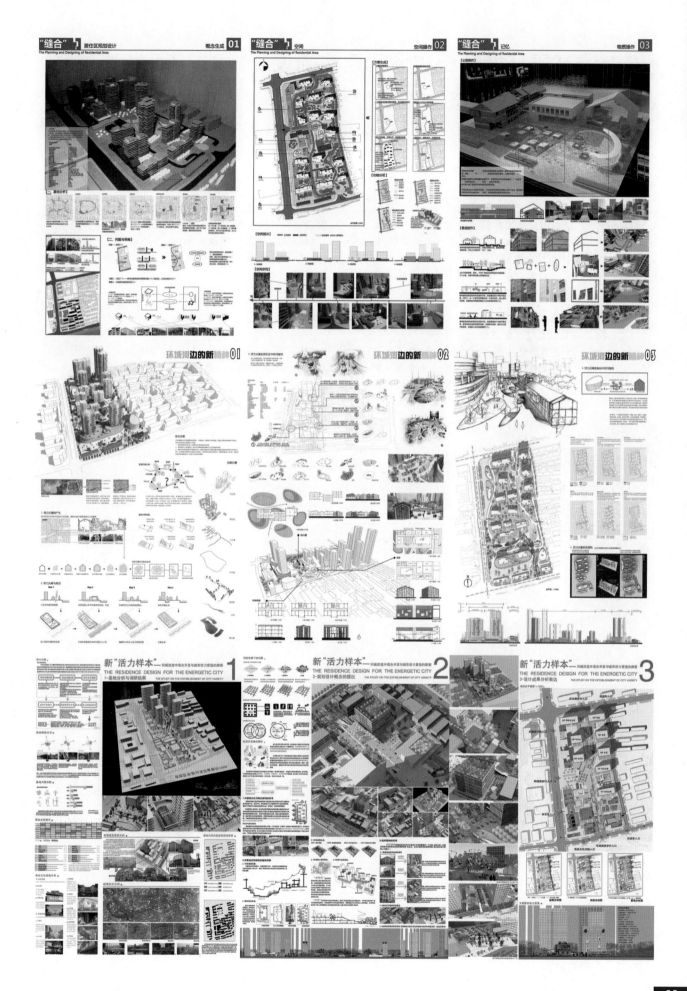

基于环境分析和场所建构的设计方法入门
——建筑形态构成教案
The Introduction of Design Method
（二年级）

教案简要说明

　　本学年度在题目设置上对往年教案作了适当调整，每学期增加一次半周快题，按10%计入学期成绩；长题目中，"大学生宿舍"改变了场地，"学者住宅"替换原"别墅设计"并改变场地，"高校餐厅"替换原"城市商业餐馆"并改变场地，"9班南方幼儿园"替换原"18班南方小学"并改变场地。

学者住宅　设计者：吴恩婷
高校餐厅　设计者：万思涵
9班南方幼儿园　设计者：李莹
指导老师：杜宏武　苏平　许吉航　钟冠球　肖毅强　郭谦　魏开　傅娟　费彦　徐好好　　　　　陈建华　廖若雯　王朔　张智敏　王静　胡林　张小星
编撰/主持此教案的教师：杜宏武

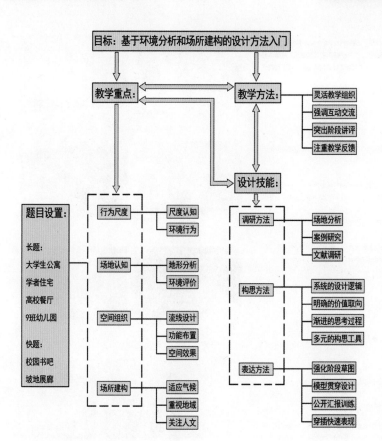

目标：基于环境分析和场所建构的设计方法入门

教学重点：

教学方法：
- 灵活教学组织
- 强调互动交流
- 突出阶段讲评
- 注重教学反馈

设计技能：

题目设置：

长题：
大学生公寓
学者住宅
高校餐厅
9班幼儿园

快题：
校园书吧
坡地展廊

行为尺度
- 尺度认知
- 环境行为

场地认知
- 地形分析
- 环境评价

空间组织
- 流线设计
- 功能布置
- 空间效果

场所建构
- 适应气候
- 重视地域
- 关注人文

调研方法
- 场地分析
- 案例研究
- 文献调研

构思方法
- 系统的设计逻辑
- 明确的价值取向
- 渐进的思考过程
- 多元的构思工具

表达方法
- 强化阶段草图
- 模型贯穿设计
- 公开汇报训练
- 穿插快速表现

1. 以"入门"为目标的课程内容和教学模式创新

1.1 二年级建筑设计课程（建筑设计一、二）的任务

课程任务是使学生在已学的建筑学专业相关知识的基础上进行建筑设计学习。针对建筑设计学习目的和要求的综合性特征注意培养学习的调研能力、分析能力、动手解决问题的能力，以及相关外围知识的拓展，使学生逐步掌握建筑设计的基本方法相关的基本知识以及基本的建筑设计表现技法。

1.2 层层推进的课程培养重点

四个长题和两个快题，从小型居住类建筑开始便于学生入门，逐渐过渡到中小型公共建筑的建筑单体及群体组合方案设计练习，课程重点由简到繁、层层递进。

1.3 全面素质培养的教学模式和训练内容

本课程包括理论讲授、教学参观、课程设计及相关课外作业等四个教学环节。教学中要求用工作模型配合方案构思和表达并贯穿设计课的全过程，在建筑设计表现技法中从单色的建筑表现过渡到全面的建筑设计方案色彩表现。

2. 过程优先的教学培养重点

2.1 "授人以渔"——重视系统逻辑方法的设计训练

从环境分析和调研入手，以草图和草模为媒介进行设计思维的启蒙训练，引导学生关注从环境到设计理念再到形式的生成与表达的逻辑过程，推进从"授人以鱼"到"授人以渔"方式的转变。

从手段上看，强化草图和工作模型贯穿设计的全过程。

● 场地分析

强化以真实地形基础上的现场调研分析，所有课程设计题目都选用真实场地，要求教师必须带各组学生现场调研讲解。

● 小组场地模型和调研报告

以小组（一般12人）为单位制作场地沙盘，作为设计过程中的共用工具，以小组为单位完成调研报告，包括案例调研和文献调研。

2.2 "循序渐进"——强调进阶练习的教学要求

学年从上学期基本的居住建筑（大学生公寓、学者住宅）设计训练入手，到下学期较为复杂的中小型公共建筑（高校餐厅幼儿园）设计练习，做进阶式的课题设置。通过各个阶段循序渐进的启蒙训练，逐步培养学生了解和掌握建筑设计的基本知识设计思维、操作方法和表达能力。

2.3 "过程表达"——全过程的综合能力培养与评价

注重建筑设计各个阶段的教学指导和全面的设计能力培养，通过理论讲授、分析调研、课程设计及课外作业等四个教学环节培养学生综合的研究能力、分析能力、动手能力和表达能力，突出现场调研、专题研究、汇报评图等阶段的草图、模型等方法的训练，强化设计过程中的分析、思维和方法的学习。强调价值取向、思维过程和设计方法的培养，而不局限于最终图纸和成果的表达和评判。强调理论教学、实地参观和案例调研相结合的授课模式。

长作业训练过程：

场地踏勘——文献调研、案例调研——一草——二草——修正图——正图

教师小组内讲评　　　　　合组讲评中的学生自讲

3. 专题导向的课程题目设置

全学年题目设置，上学期一般是"大学生宿舍"和"学者住宅"，下学期是"高校餐厅"和"幼儿园"，每学期各安排一个教师不辅导的半周快题，题目分别是"校园书吧"和"小型展厅"。

3.1 "突出重点"——针对性的课程练习题目

设计课题设置存在大致遵循"从简到繁"、"由易到难"、"由小到大"、"从单一到综合"的顺序关系，符合认识和技能学习的规律。使题目在保持某种稳定性的同时，着重在地形、情境设定等基本条件上保持一定的调整力度。表现出必要的灵活性和新鲜度。

长题目注重过程学习和师生互动，循序渐进；快题强调快速设计思维培养和快速表现，同时也是检验教学成果的手段。

3.2 "目标导向"——贯穿始终的专题式教学

教学课题设置在完整的类型建筑设计练习基础上强调特色的专题训练要求。在内容上表现为：上学期的基本人体尺度、环境行为专题；下学期的场地分析、环境设计专题。在能力上表现为：快速设计思维和表达的训练；模型思维和制作训练；汇报评图等沟通表达能力训练。

合组讲评前的草图观摩　　　　　教师评图过程1

3.3 题目特色："环境分析"＋"原理综合"

● 强调从真实的场地环境和地域气候特点入手，适当结合地域文化特色；
● 地形选择上较多强调南方丘陵地带高差地形，强化学生对地形的建造之间关系的认识与理解；
● 要求适当结合地域气候环境特点——通风、日照朝向与遮阳；
● 鼓励对地域文化和建筑特色的有机集合（较高要求）；
● 人体尺度、环境行为；
● 结构——理解基本的钢筋混凝土框架结构的要点和主要构造特征；
● 设备——了解粗浅的水电知识；
● 规范——《民用建筑设计通则》，《建筑设计防火规范》中涉及方案设计的关键性规范。

教师评图过程2　　　　　合组讲评中的教师组讲评

4. 多元复合的教学手段应用

设计课的教学组织强调互动式、灵活的多种教学方式的运用，在传统集中讲授和单独辅导之外，实地调研、文献调研、不同层面、不同阶段的讲评和汇报、外聘建筑师参与教学和评图等手段。每个长题都包含调研成果汇报（开始）、过程阶段汇报（中期）、最终成果讲评（结尾）三个必备的环节。

4.1 一对一讲解

作为教学的主要形式，便于教师直接指导设计，但有局限性。

4.2 小组讲评和合组讲评

小组讲评优势是面对面交流，效率较高，但不可避免地由于单个教师的理念差别和个人局限，形成一些教学过程的盲区。两、三个教师的学生组合并，可以填补上述两个尺度中间的空缺，有助于改善教学效果。强调系统课堂讲授和师生互动的多层次讲评的紧密结合。

4.3 年级大课、讲评和专题讲座

含开题、学生调研成果汇报、专题讲座和阶段讲评，适当集中，注重尝试合组讲评和师生互动、学生互动环节的运用。课堂讲授，无论是开题、专题讲座有其规范性强、效率高的特点，是必要性；其不足在于，对于动辄百余人甚至近两百人的大课堂，授课效果难尽人如意。

4.4 公开互动

学生的参与性讲评是师生互动、学生互动的重要环节，主要方式有：小组调研成果公开汇报、阶段性成果抽查公开汇报、学生互评交流等，活跃的、积极的课堂气氛能大大促进教学效果。

4.5 成果评优

我校二年级采用的方式仍是小组择优参加年级评优，一般也会把离优秀有差距但某方面突出的作业作为"特色作业"参与评优展示，少数情况下也会把最差作业拿出供年级组评判，以确定低通过标准。评优过程施行教师组投票和题目主持教师与资深教师的推荐与否决权相结合的原则，评优结果一定通过大课讲评方式公开，包括对某份作业的不同意见也会以部分教师随时简单点评的方式展示，也欢迎学生的现场意见，这对树立较全面和客观的建筑观有帮助。评图过程注意不偏离教学目标。

4.6 高效的教学信息反馈和调整机制

保持高效的信息反馈机制，在设计题目开题前、设计过程中和提交正图后都注意从学生和老师随时反映的新问题，形成完整、高效的信息交流和信息反馈机制。注意使教学组织和运行，学生认知和教学效果始终围绕教学目标。

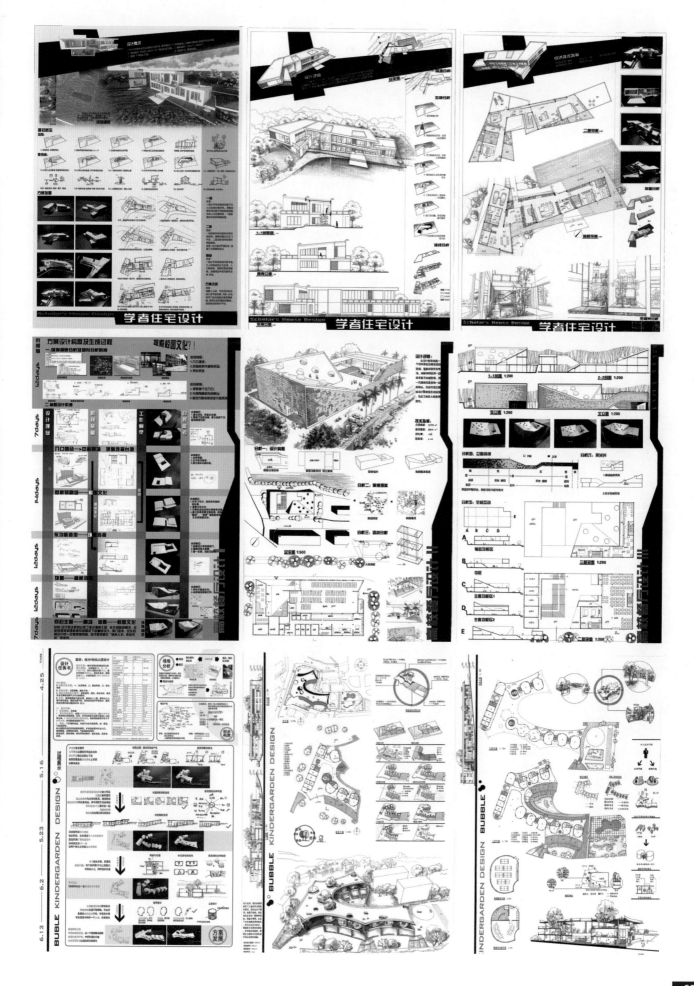

华南理工大学

基于地域特色的功能深化与技术整合
——艺术博物馆设计教案

Design Studio：Art Museum
（三年级）

教案简要说明

　　在整体学科发展的支持下，建筑设计课程逐步进行着纵向深化与横向拓展。按照国际通用专业教育标准，"启蒙、提高、拓展"成为三个明确的阶段培养目标。在此教学的大框架下，一年级至五年级的整体建筑设计课程选题范围逐渐从简单到复杂，从单体到群体，从简单环境到复杂环境，其设计深度逐步加深，设计的制约因素在逐年拓展，逐渐形成了在高度上不断上升，广度上逐渐拓展的复杂金字塔形格局。在一、二年级的基础上，三年级的建筑设计课处在深化和拓展的阶段。

　　功能和技术成为三年级建筑设计教学深化和拓展的重点，同时结合地域气候特色，强调功能、技术，并在此基础上引导空间的生成。在这个目标的指引下，功能深化、技术整合和空间形体强化成为教学的三个核心内容。整体教学框架即围绕这三个核心内容展开，成为一个相互作用的逐步深化的有机整体。同时，各核心内容也自成体系，与四个课程题目紧密相连，逐步加强难度和综合性，从而渐进培养学生的工作能力，并有目的地根据不同学生的知识水平探索了多种培养模式和较全面的评价体系。

光之回旋舞——艺术博物馆　设计者：林正豪
情寄山水、笔走游龙——艺术博物馆　设计者：林康强
岭南艺术博物馆　设计者：黎智枫
指导老师：周玄星　向科　李晋　周毅刚　遇大兴　邱坚珍
编撰/主持此教案的教师：李晋

一年级 认知与基础 · 二年级 环境与场所 · 三年级 功能与技术 · 四年级 城市与人文

框架与重点

功能决定形体、空间
技术决定形体、空间

课程题目	功能	技术	形体、空间	教学目标
深化的重点	拓展的重点	拓展		

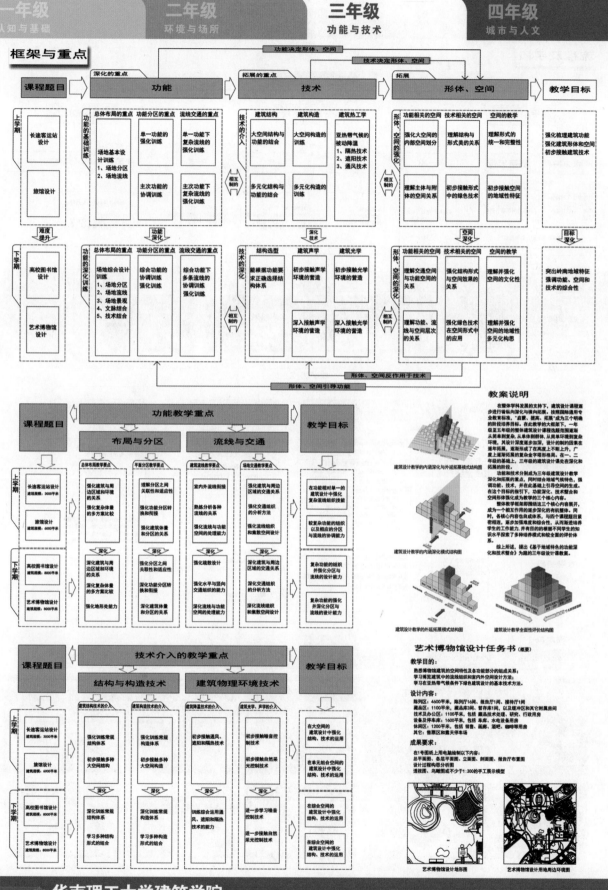

上学期

长途客运站设计 / 旅馆设计

功能的基础训练
- 场地基本设计训练
  1、场地分区
  2、场地流线

总体布局的重点：单一功能的强化训练、主次功能的协调训练
功能分区的重点：单一功能下复杂流线的强化训练、主次功能下复杂流线的强化训练
流线交通的重点

技术的介入
建筑结构：大空间结构与功能的结合、多元化结构与功能的结合
建筑构造：大空间构造的训练、多元化构造的训练
建筑热工学：亚热带气候的被动降温 1、隔热技术 2、遮阳技术 3、通风技术

形体、空间的强化
功能相关的空间：理解大空间的内部空间划分、理解主体与附体的空间关系
技术相关的空间：理解结构与形式美的关系、初步接触形式中的绿色技术
空间的教学：理解形式的统一与完整性、初步接触空间的地域性特征

强化梳理建筑功能
强化建筑形体和空间
初步接触建筑技术

难度提升 / 功能深化 / 技术的深化 / 空间深化 / 目标深化

下学期

高校图书馆设计 / 艺术博物馆设计

功能的强化训练
- 场地综合设计训练
  1、场地分区
  2、场地流线
  3、场地景观
  4、文脉结合
  5、技术结合

总体布局的重点：场地综合训练、综合功能的协调训练强化、综合功能下多元流线的协调强化训练

结构选型：根据功能要求正确选择结构体系
建筑声学：初步接触声学环境的营造、深入接触声学环境的营造
建筑光学：初步接触光学环境的营造、深入接触光学环境的营造

形体、空间的深化
功能相关的空间：理解交通流线与形体空间的关系、理解功能、流线与空间层次的关系
技术相关的空间：强化结构形式与空间效果的关系、强化绿色技术在空间形式中的应用
空间的教学：理解并强化空间的文化性、理解并强化空间中的地域性多元化构思

突出岭南地域特征
强调功能、空间和技术的综合性

形体、空间反作用于技术
形体、空间引导功能

功能教学重点

课程题目	布局与分区	流线与交通	教学目标

上学期

长途客运站设计 建筑规模：3000平米
旅馆设计 建筑规模：6000平米

总体布局教学要点：
- 强化建筑与周边区域和环境的关系
- 强化复杂体量的多方案比较

平面分区教学要点：
- 理解分区之间关联性和适应性
- 强化功能分区转换和衔接
- 强化功能体量和分区的关系

建筑流线教学要点：
- 室内外流线衔接
- 熟练分析各种流线的关系
- 强化流线组织空间的处理能力

建筑交通教学要点：
- 强化建筑与周边区域的交通关系
- 强化交通组织的分析方法
- 强化建筑流线组织和集散空间设计

在功能相对单一的建筑设计中强化复杂流线组织技能

深化

高校图书馆设计 建筑规模：8000平米
艺术博物馆设计 建筑规模：8000平米

总体布局：
- 深化建筑与周边区域和环境的关系
- 深化复杂体量的多方案比较
- 强化地形处理能力

平面分区：
- 强化分区之间关联性和适应性
- 深化功能分区转换和衔接
- 深化建筑体量和分区的关系

建筑流线：
- 强化疏散设计
- 强化水平与竖向交通组织的能力
- 深化流线组织空间的处理能力

建筑交通：
- 深化建筑与周边区域的交通关系
- 深化交通组织的分析方法
- 深化流线组织和集散空间设计

较复杂功能的组织以及相应的分区与流线的协调能力

复杂功能的组织并提供复杂分区与流线的设计能力

技术介入的教学重点

课程题目	结构与构造技术	建筑物理环境技术	教学目标

上学期

长途客运站设计 建筑规模：3000平米
旅馆设计 建筑规模：6000平米

建筑结构技术的介入：
- 强化训练常规结构体系
- 初步接触多种大空间结构

建筑构造技术的介入：
- 强化训练多种大空间构造

建筑热工技术的介入：
- 初步接触通风、遮阳和隔热技术

建筑光学、声学的介入：
- 初步接触噪音控制技术
- 初步接触自然采光控制技术

在大空间的建筑设计中强化结构、技术的运用
在单元组合空间的建筑设计中强化结构、技术的运用

深化

高校图书馆设计 建筑规模：8000平米
艺术博物馆设计 建筑规模：8000平米

- 深化训练常规结构体系
- 学习多种结构形式的组合

- 深化训练常规构造体系
- 学习多种构造形式的组合

- 训练综合运用通风、遮阳和隔热技术的能力

- 进一步学习噪音控制技术
- 进一步接触自然采光控制技术

在综合空间的建筑设计中强化结构、技术的运用
在综合空间的建筑设计中强化结构、技术的运用

教案说明

在整体学科发展的支持下，建筑设计课程逐步进行着细向深化与横向拓展。按照国际通行专业教育标准，"启蒙、提高、拓展"成为三个明确的阶段培养目标。在此教学的大框架下，一年级至五年级的整体建筑设计课程逐渐贯穿着从局部到整体、从单体到群体、设计的内容和因素在逐年拓展，难度形成了在高度上不断上升。广度上逐渐拓展的复杂金字塔形构局。在一、二年级的基础上，三年级的建筑设计课全是深化和拓展的教学。

功能和技术作别成为三年级建筑设计教学深化和拓展的重点，同时结合岭南气候特色，强调功能、并在此基础上引导空间的拓展。在这个目标的指导下，功能深化、技术整合和空间即体强化成为教学的三个核心内容。

整体教学框架则围绕这三个核心内容展开，成为一个相互作用的深深化的有机整体。同时，各核心内容也自成体系，与四个年级的内容关系紧密相连，递步加强难度的同时，与高年级形成串学生的工作能力，并有目的的将不同年生的知识水平探索更多种培养模式和较全面的评价体系。

综上所述，提出《基于地域特色的功能深化和技术整合》为教学的三年级建筑设计课教案。

建筑设计教学的内涵深化与外延拓展模式结构图
建筑设计教学的内涵深化模式结构图
建筑设计教学的外延拓展模式结构图
建筑设计教学全面性评价结构图

艺术博物馆设计任务书（概要）

教学目的：
熟悉博物馆建筑的空间特性及各功能部分的组成关系；
学习展览建筑中的流线组织和室内外空间设计方法；
学习在亚热带气候条件下绿色建筑设计的基本技术方法。

设计内容：
陈列 4600平米，陈列厅16间、报告厅1间、接待厅1间
藏品：1100平米，藏品3间、暂存库1间，以及冲区和其它附属房间
技术办公区：1100平米，包括 藏品处理、研究、行政用房
设备及停车库：1600平米，包括 车库、水电设备用房
休闲区：1200平米，包括 销售、画廊、酒吧、咖啡等用房
其它：售票区和露天停车场

成果要求：
在1号图纸上用电脑绘制以下内容：
总平面图、各层平面图、立面图、剖面图、报告厅剖面图
设计过程构思分析图
透视图、鸟瞰图或不少于1:300的手工展示模型

艺术博物馆设计地形图
艺术博物馆设计用地周边环境图

流程及手段

流程及手段框架图

设计前期阶段　　**设计进行阶段**　　**综合评价阶段**

教学过程

- 开题与解题 / 调研汇报
  - 教学重点与难点
  - 引导学生了解设计任务的性质、规模、场地、功能等基本情况
  - 引导学生进行多角度调研，学会分析、比较和多方向解读与判断。
  - 在调研基础上的总结和提高
- 一草：重点探讨建筑单体与群体环境的关系。
- 二草：建筑功能布局、建筑空间组合、技术运用等训练。
- 修草：对细部深入设计，协调平面布局、流线组织、内外空间、立面造型、结构布置间的矛盾。
- 正图：综合调整，满足设计深度要求，制图和排版的控制与成果完善。
- 评图与讲评（全年级+小组）：共同寻找问题，总结提高。
  1. 组内讲评
  2. 网站论坛等形式交流
  3. 下一次作业期间优秀作业交流

过程图片

教学流程

任务书详细讲解 → 调研汇报 →（分组辅导）一草、二草、修草 → 正图 → 综合评价与反思提高

任务书详细讲解

- 教学手段：集中授课
- 过程定位：初步了解设计任务

调研汇报

- 多个研究课题，包括建筑用地与周边环境、功能分析、流线设置、空间序列、各功能区特点、绿色建筑技术等专题研究。
- 教学手段：学生调研报告汇报与教师总结相结合。教师类型建筑讲解。
- 过程定位：研究建筑类型的规律性特点

一草、二草、修草

一草	完成总图和体块关系图，基本功能分区 上一课程优秀作业交流。
二草	功能合理　流线清晰　空间完整 引入建筑体系概念，包括功能体系、交通体系、景观体系、结构体系等。
修草	整体优化　技术细节 在原有方案框架内的填充式优化。
	关注空间尺度、构造做法、建筑材料以及舒适性、一致性、完整性、合理性等问题，满足规范等。

- 教学手段：概念草图阶段（强调手绘的手脑结合），鼓励通过草图和体块模型多方案比较。深化方案阶段（强调方案的完整系统）计算机模型与绘图及设计深化。
- 过程定位：设计概念的初步形成　建筑体系的深化关系

正图

功能	分区合理　流线清晰　交通顺畅
空间	模式准确　生动舒适　张弛有序
技术	概念清晰　符合规范　技术合理
设计表达	图纸规范性及表达的技巧训练 绘制正图。

- 教学手段：正图设计成果阶段，（强调方案的综合表达），鼓励多种表现手段运用，表现手法不限。强调手绘的手脑结合　手工/计算机体量模型
- 过程定位：建筑设计完整表达

综合评价与反思提高

- 教学过程问题的反思与修正　对下一教学任务的启示
- 组内选出80~85分及85以上两档作业参与全年级评图，在年级内组内推优，至全年级平衡，选出最优秀作业，集中讲评与反思。
- 过程定位：综合评价与反思提高

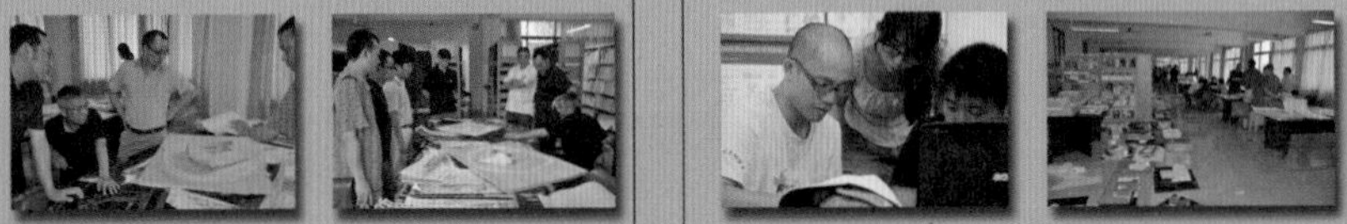

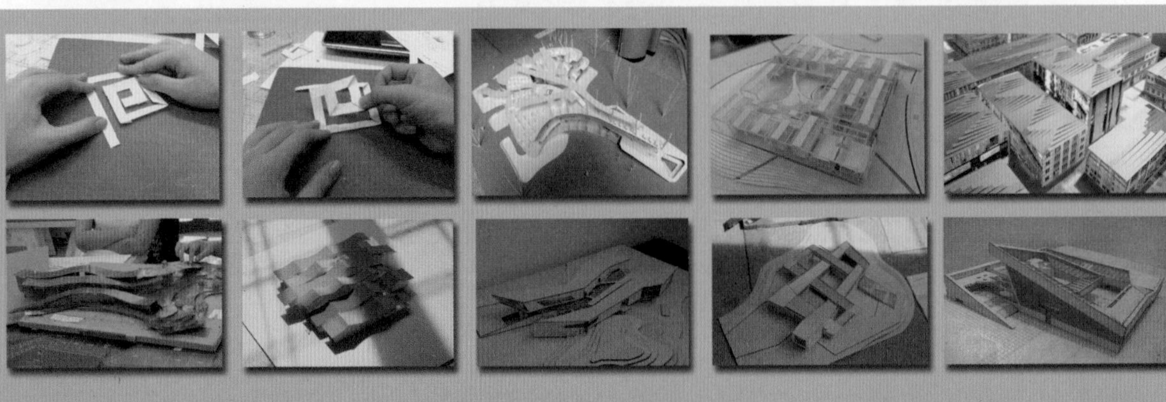

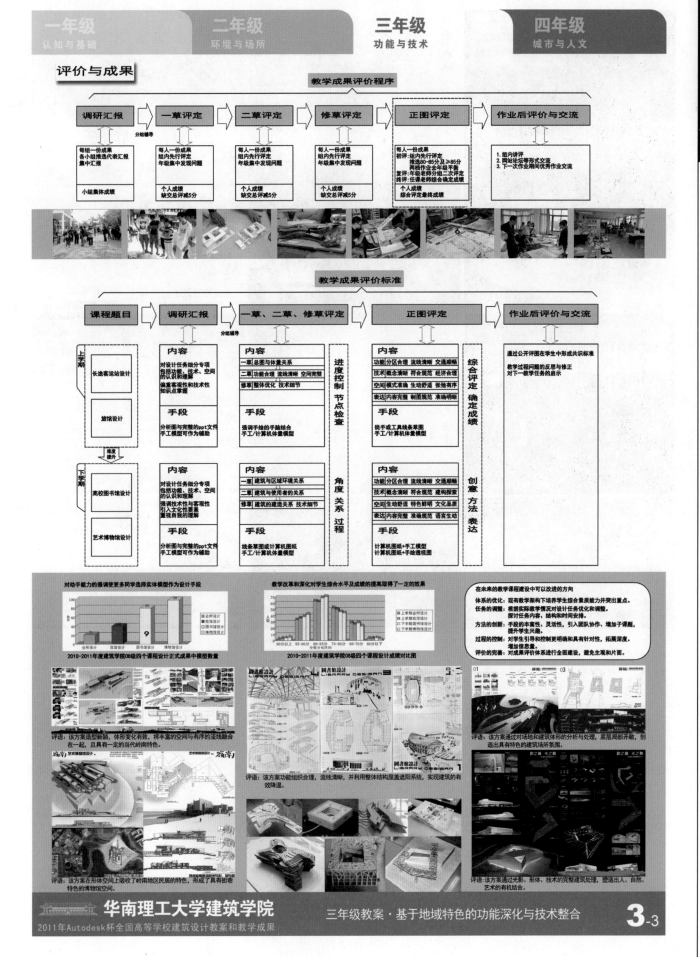

评价与成果

教学成果评价程序

调研汇报 → 一草评定 → 二草评定 → 修草评定 → 正图评定 → 作业后评价与交流

分组辅导

调研汇报	一草评定	二草评定	修草评定	正图评定	作业后评价与交流
每组一份成果 各小组推选代表汇报 集中汇报	每人一份成果 组内先行评定 年级集中发现问题	每人一份成果 组内先行评定 年级集中发现问题	每人一份成果 组内先行评定 年级集中发现问题	每人一份成果 初评:组内先行评定 推选80-85分及≥85分 两栋作业全年级平衡 复评:年级者师分组二次评定 终评:任课老师综合确定成绩	1.组内讲评 2.网站论坛形式交流 3.下一次作业期间优秀作业交流
小组集体成绩	个人成绩 缺交总评减5分	个人成绩 缺交总评减5分	个人成绩 缺交总评减5分	个人成绩 综合评定最终成绩	

教学成果评价标准

课程题目 → 调研汇报 → 一草、二草、修草评定 → 正图评定 → 作业后评价与交流

分组辅导

上学期

长途客运站设计 / 旅馆设计

难度提升

下学期

高校图书馆设计 / 艺术博物馆设计

	调研汇报	一草、二草、修草评定		正图评定		作业后评价与交流
上学期	**内容** 对设计任务细分专项 包括功能、技术、空间 的认识和调整 偏重客观性和技术性 知识点掌握	**内容** 一草 总图与体量关系 二草 功能合理 流线清晰 空间完整 修草 整体优化 技术细节	进度控制节点检查	**内容** 功能 分区合理 流线清晰 交通顺畅 技术 概念清晰 符合规范 经济合理 空间 模式准确 生动舒适 张弛有序 表达 内容完整 制图规范 准确明晰	综合评定 确定成绩	通过公开评图在学生中形成共识标准 教学过程问题的反思与修正 对下一教学任务的启示
	手段 分析图与完整的ppt文件 手工模型可作为辅助	**手段** 强调手绘的手脑结合 手工/计算机体量模型		**手段** 徒手或工具线条草图 手工/计算机体量模型		
下学期	**内容** 对设计任务细分专项 包括功能、技术、空间 的认识和调整 强调技术性与客观性 引入人文化因素 重视自我的理解	**内容** 一草 建筑与区域环境关系 二草 建筑与使用者的关系 修草 建筑的建造关系 技术细节	角度 关系 过程	**内容** 功能 分区合理 流线清晰 交通顺畅 技术 概念清晰 符合规范 建构探索 空间 生动舒适 特色鲜明 文化品质 表达 内容完整 准确规范 语言生动	创意 方法 表达	
	手段 分析图与完整的ppt文件 手工模型可作为辅助	**手段** 线条草图或计算机图纸 手工/计算机体量模型		**手段** 计算机图纸+手工模型 计算机图纸+手绘透视图		

对动手能力的强调使更多同学选择实体模型作为设计手段

2010-2011年度建筑学院08级四个课程设计正式成果中模型数量

教学改革和深化对学生综合水平及成绩的提高取得了一定的效果

2010-2011年度建筑学院08级四个课程设计成绩对比图

在未来的教学课程建设中可以改进的方向

体系的优化:现有教学架构下培养学生综合素质能力并突出重点。

任务的调整:根据实际教学情况对设计任务优化和调整。
探讨任务内容、结构和时间安排。

方法的创新:手段的丰富性、灵活性,引入团队协作,增加子课题,提升学生兴趣。

过程的控制:对学生引导和控制更明确和具有针对性,拓展深度。增加信息量。

评价的完善:对成果评价体系进行全面建设,避免主观和片面。

评语:该方案造型新颖,体形变化有致,将丰富的空间与有序的流线融合在一起,且具有一定的当代岭南特色。

评语:该方案功能组织合理,流线清晰,并利用整体结构屋盖遮阳系统,实现建筑的有效隔温。

评语:该方案通过对场地和建筑形体的分析与处理,底层局部开敞,创造出具有特色的建筑场所氛围。

评语:该方案在形体空间上吸收了岭南地区民居的特色,形成了具有街巷特色的博物馆空间。

评语:该方案通过光影、形体、技术的完整建筑处理,塑造出人、自然、艺术的有机结合。

人文融合——城市形态设计

Studio：Urban Design
（四年级）

教案简要说明

城市设计教学专题为我校建筑学专业四年级下学期建筑设计课的12周长题。

1.城市设计教学专题的主要特色

1.1 整体观——从城市规划、城市设计层面考虑空间环境的整体营造

1.2 城市设计——城市设计的理论、设计思维、工作框架、方法与流程

1.3 历史人文——宏观的环境观念、历史文化发展观念、关注社会生活

2.城市设计教学专题的教学重点

2.1 设计思维培养:基于城市尺度的设计与建筑设计在思维方法层面的区别，着重培养不同尺度的空间思维模式、工作方法，关注社会、历史人文因素与设计的有机关联和设计层面的融合。

2.2 设计能力培养：形成系统性的工作方法，以调查研究、分析提炼、概念设计、深化设计为基本流程，建立良好的过程工作习惯；重点培养整体把握、抓住关键矛盾的分析能力，培养基于整体工作框架开展研究性设计的能力，培养逻辑清晰的设计表达能力。

2.3 工作态度培养：通过团队内部的竞争、协调、共识的磨合过程锻炼竞争合作的工作精神。

花地河黄大仙祠周边地区城市设计　设计者：唐广金　孙萍　苏奚捷　张倩　童梦琳
荔湾区昌华苑旧城街区更新设计　设计者：梁媛　陈嘉健　张异响
指导老师：冯江　吴桂宁　罗卫星　缪军　林哲　宋刚　庄少庞
编撰/主持此教案的教师：庄少庞

教学辅导

■ 城市设计教学专题特色简介

·建筑学专业四年级建筑设计课的教学目标

四年级作为设计教学的综合阶段。以大型公共建筑设计和城市街区发展规划研究为教学主题，依托多层次、多类型、多学科的教学团队，整合多专业内容，加强人文科学、工程技术与设计创新教育的有机结合，使学生综合设计、自主创新能力实现质的飞跃。

·城市设计教学专题的主要特色

整 体 观——从城市规划、城市设计层面考虑空间环境的整体营造

城市设计——城市设计的理论、设计思维、工作框架、方法与流程

历史人文——宏观的环境观念、历史文化发展观念、关注社会生活

·城市设计教学专题的教学重点

城市设计教学专题为我校建筑学专业四年级建筑设计课下学期的长题，其教学重点体现在三个方面：

1）设计思维培养：基于城市尺度的设计与建筑设计在思维方法层面的区别，着重培养不同尺度的空间思维模式、工作方法，关注社会、历史人文因素与设计的有机关联和设计层面的融合。

2）设计能力培养：形成系统化的工作方法，以调查研究、分析提炼、概念设计、深化设计为基本流程，建立良好的过程工作习惯；重点培养整体把握、抓住关键矛盾的分析能力，培养基于整体工作框架开展研究性设计的能力，培养逻辑清晰的设计表达能力。

3）工作态度培养：通过团队内部的竞争、协调、共识的磨合过程锻炼竞争合作的工作精神。

■ 城市设计教学专题教学组织

1. 城市设计教学专题的定位

基于对城市设计有着多个层面的理解和实践，针对建筑学专业学生的实际，拟定城市设计课题的教学定位。基于整体观的城市形态设计作为基本工作内容与方法，同时适当了解公共政策和管理控制层面的城市设计内容与方法。

2. 城市设计教学专题的教学目标

A. 学习从宏观、城市角度思考设计问题的思维方法；
B. 建立对城市及城市设计的基本理解；
C. 建立公共空间的意识；
D. 理解城市设计的一般成果框架与操作方法；
E. 通过具体个例设计，增进对旧城改建等问题与程序过程的了解。

3. 城市设计教学专题的教学重点

A. 合理运用多种调查方法开展实地调查研究、资料调研，分析整理并形成报告；
B. 建立系统性思维与过程设计观念，运用城市设计的基本方法开展设计并编制完整设计成果；
C. 以团队合作的方式开展设计工作，培养协调工作能力；
D. 阶段性工作汇报与成果展示，培养逻辑清晰的表述能力。

4. 城市设计教学专题的选题情况（2011年）

A. 花地河黄大仙祠周边地区城市设计
B. 石围塘火车站周边地区城市设计
C. 荔湾区昌华苑旧城街区更新设计

5. 城市设计教学专题的课程讲座

A. 开题与调研方法
B. 城市设计的理解框架
C. 案例研究：文德路的故事
D. 旧城改建专题
E. 城市设计导则编制方法内容

6. 城市设计成果构成

A. A4调研报告
B. 工作模型
C. 阶段性汇报PPT
D. A3设计文本
E. A1展示图板

7. 城市设计成果内容

A. 工作框架拟定
B. 场地调研概述
C. 规划对策与构思发展
D. 总体设计
　a. 总平面图
　b. 形态模型
　c. 规划结构
　d. 土地利用规划
　e. 交通系统规划
　f. 绿地系统规划
　g. 景观系统规划
E. 空间节点设计
F. 地块控制性导则编制（可选）

8. 城市设计参考文献

A. 吉伯德：城镇设计
B. 王建国：城市设计（现代城市设计理论与方法）
C. 金广君：图解城市设计
D. 凯文.林奇：城市意向
E. 凯文.林奇：城市形态

9. 教学进度安排

序号	阶段	周数	工作内容	教学活动	工作方式
1	调查研究	3	开题报告及调研开展，包括设计任务的解读、现场实地调研、相关案例调研、相关主题调研等	·讲座 ·调研 ·成果汇报	小组
2	概念设计	3	概念性方案的优选分析，包括对场地现状分析、规划设计要素提取、概念生成与初步方案	·讲座 ·辅导讨论 ·成果汇报	小组＋个人
3	深化设计	3	选定方案的深化设计，包括概念优化、总体设计、节点设计	·讲座 ·辅导讨论 ·成果汇报	小组
4	成果编制	3	城市设计成果编制，包括现状调研、方案发展过程、总体设计、节点设计及导则编制（可选）	·辅导 ·成果编制	小组＋个人

阶段汇报

华南理工大学

	教师工作	荔湾区昌华苑旧城街区更新设计过程	花地河黄大仙祠周边地区城市设计过程	学生工作

调研阶段

讲　座：开题和调研方法

现场指导：安排学生参观场地，实地调研和实例分析相结合，老师和同学一起走行走体验，发现问题。

初步了解设计课作业的内容，目的。

学习相关城市设计相关理论。分析、学习城市设计实例，做出书面分析结果。

现场调研，参观场地，和老师一起观察现象，得出有价值的问题，整理现场记录和思考内容，做出调研报告。制作阶段汇报PPT

概念设计阶段

讲　座：城市设计的理解框架

提出问题：顺承前期调研的思考成果，引导学生从问题入手，提出初步的构思和目标。

分析问题：以城市规划的角度分析问题结合案例分析，使同学建立城市尺度的思维方式，掌握城市设计的基本

方案讨论　场地模型制作　分析草图　场地模型制作　分析草图

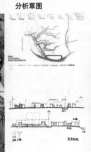
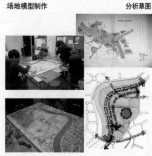

自由组合设计组进行工作。
分工制作场地模型。

小组讨论推进方案，组内合作磨合。
拟定工作框架和工作计划，分工合作。

形成设计概念并绘制构思、分析草图，拍照记录工作过程。

完成概念性城市设计方案，制作阶段汇报PPT。

深化设计阶段

讲　座：文德路的故事——一个城市设计的典型案例

深入指导：对学生团队工作进行指导协调。指导学生优化工作框架。指导学生确定方案的方向并深化设计。

分层模型推敲　设计草图　模型推敲

设计草图

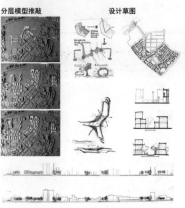
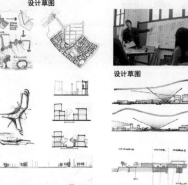

绘制规划设计总平面图及其他图纸。

制作设计草模，反复推敲整体关系。

深化城市设计方案，从城市、街区、建筑等不同尺度优化设计。对规划结构、交通系统、景观系统、公共空间、建筑组团等进行完善。

公共空间节点设计，控制导则编制。

制作阶段汇报PPT

成果制作阶段

深入指导：指导学生进一步梳理设计思路，完善表达逻辑，对设计做局部调整。

辅导表达：介绍表达技巧，控制和正图进度。

总结梳理工作情况。

完善设计表达框架。

对设计方案进行局部调整、完善。

排版，分工完成图纸表达，按教学预定进度出图。

总结反馈

评图：教师集体评图，总结教学情况。公开讲评。

评语一：设计基于充分、翔实的基地调研和细致的对街区历史形态演变的分析，将河涌、地形、交通方式、街巷肌理和日常生活结合起来，很好地理解了规划结构的生成以及自然条件，公共空间在街区中的重要作用，很好帮助形成了城市设计的总体策略和具体形态方案并寻找到了昌华涌在组织不同时期建成的组团以及昌华大街历史街区保护和当代生活方式构建中的灵魂作用，尤其是从外部的交通到内部步行系统之间的转换，充分利用了剖面设计，是本设计的格外精彩之处。

评语二：设计立足于对现场的深入调研，针对城市快节奏生活带来的人性情感反弹、基地现有建设状态、生活状态、工商业活动状态以及随着城市发展所带来的冲击与机遇，在场地中提取出具有内涵共性的三个核心要素：道观、医院、水系，以过渡的自然无碍、医者治病养生和滨水绿色开放空间为框架，结合商业、居住功能的合理配置和空间建构，构筑出适应"慢生活"追求的城市环境，很好地将城市的区域复兴与场地历史人文结合起来。设计团队协作良好，工作思路、框架清晰，对重点问题有着较为深入的图解分析和设计。

私人会所设计

Design Studio:Private Club
（三年级）

教案简要说明

1.教学目标：

1.1 强化建筑设计应充分考虑环境影响，遵循建筑与自然条件相适应，与基地条件相结合，与文脉环境相契合的重要原则。

1.2 要求学生通过调研了解会所设计的使用功能要求，结合实地分析自行确定建筑物的具体使用功能，妥善处理功能与流线关系。加强设计材料和建构的概念，营造丰富而有特色的内外空间环境。

1.3 强调设计过程中实体模型的作用，强化建筑设计过程的步骤和整体性。

2.教学方法：

侧重过程评价和阶段性反馈，深化方案推敲中实体模型的作用，并针对设计过程中的问题穿插设计讲座。

3.设计任务书：

3.1 项目概况：

该项目为某现代艺术品收藏家私人会所，私人别墅兼作接待业内人士文化交流用。该建筑用地位于济南市南部山区，西邻柳埠国家森林公园。用地周边风景秀丽，用地西北侧有天然泉眼（涌泉），东南侧有保留林场，地形详见附图。

3.2 技术指标：

（1）总用地面积：13481m²。

（2）容积率：地上不超过0.45，地下不超过0.1。

（3）建筑密度：不超过30%

（4）建筑高度：地上不超12m。

（5）总建筑面积：不超过5500m²（景观走廊可不计入其中）。

3.3 功能组成：

（1）私有区域：建筑面积800~1000m²，主要包括：生活起居、会客展示、书房画室等。

（2）对外区域：建筑面积约3500m²~4500m²，主要包括：餐饮部分、休闲娱乐部分、住宿部分。

（3）环境景观：要求有丰富的外部环境设计，风格与建筑主题协调。

以上功能分布可结合具体设计，独立设置或结合设置，面积可适当调整。

3.4 基本要求：

（1）充分考虑环境（自然环境和社会环境）对建筑的影响。

（2）注意私有区域的独立性和私密性，同时与对外区域具有适度的联系。

（3）充分满足会馆功能需求，功能合理、流线顺畅。

（4）注重消防设计，满足建筑设计规范和防火建筑设计规范的要求。

（5）结构自选。考虑材料和细部，对细部要有详细解决方案。

（6）注重景观空间的设计与营造，体现不同功能区域的特色。可利用天然泉水形成水系及水域。

4.教学过程：

第一周：设计开题，讲读任务书，会所设计基本原理基础资料收集，细化任务书，初步确定建筑功能。

第二周：场地踏勘和分析，制作基地模型，汇报分析成果，提交分析报告。

第三周：讲授会馆实例分析，案例研究，明确建筑功能。

第四周：案例研究成果汇报。

第五周：提交概念模型及总图，讨论评价，方案定位，确定合作小组成员。

第六周：初步方案汇报，确定总图关系，推敲建筑空间布局关系，提交一草及工作模型。

第七周：讲授立面做法及形式算法，方案深化，确定形式基本建构方式。

第八周：汇报方案深化成果，提交二草及工作模型。

第九周：修订完善细部做法及内部节点空间推敲，汇报典型建构方式。

第十周：开始绘制正图和制作表现模型，讲授会所类建筑的表现与表达。

第十一周：细化图纸和表现模型。

第十二周：完成所有图纸和模型，总体汇报评图。

每阶段进行一次集中评图。

涌泉私人会所设计　设计者：王晓东　孙晓　刘焱

宅之间-私人会所设计　设计者：刘文　刘硕

指导老师：赵康　郭秋华

编撰/主持此教案的教师：郭秋华

私人会所设计 1 教案基本情况介绍

A 教学目标

1、强化建筑设计应充分考虑环境影响，遵循建筑与自然条件相适应，与基地条件相结合，与文脉环境相契合的重要原则。

2、通过调研了解会所设计的使用功能要求，结合实地分析自行确定建筑物的具体使用功能，妥善处理功能与流线关系。加强设计材料和建构的概念，营造丰富而有特色的内外空间环境。

3、加强建筑设计思维和设计过程的完整性。

B 教学方法

1、侧重过程评价和阶段性反馈；

2、深化方案推敲中实体模型的作用；

3、针对设计过程中的问题穿插设计讲座。

C 设计任务书   项目概况：

该项目为某现代艺术品收藏家私人会所，私人别墅兼做接待业内人士文化交流用。

该建筑用地位于济南市南部山区，西邻柳埠国家森林公园。用地周边风景秀丽，用地西北侧有天然泉眼（涌泉），东南侧有保留林场，地形详见附图。

技术指标：

1、总用地面积：13481m²。

2、容积率：地上不超过0.45，地下不超过0.1。

3、建筑密度：不超过30%。

4、建筑高度：地上不超12m。

5、总建筑面积：不超过5500m²（景观走廊可不计入其中）。

功能组成

1、私有区域：建筑面积800-1000m²，主要包括：生活起居、会客展示、书房画室等。

2、对外区域：建筑面积约3500-4500m²，主要包括：餐饮部分、休闲娱乐部分、住宿部分。

3、环境景观：要求有丰富的外部环境设计，风格与建筑主题协调。

以上功能分布可结合具体设计，独立设置或结合设置，面积可适当调整。

基本要求：

1、充分考虑环境（自然环境和社会环境）对建筑的影响。

2、注意私有区域的独立性和私密性，同时与对外区域具有适度的联系。

3、充分满足会馆功能需求，功能合理、流线顺畅。v

4、注重消防设计，满足建筑设计规范和防火建筑设计规范的要求。

5、结构自选。考虑材料和细部，对细部要有详细解决方案。

6、注重景观空间的设计与营造，体现不同功能区域的特色。可利用天然泉水形成水系及水域。

设计成果

模型与图纸，分数各占50%。

1、模型

概念模型：简洁明了的模型表达设计的主要概念。无比例规定，但要求能恰当地体现尺度。

工作模型：随着设计的深入，使用不同比例的模型来表达设计的意图和推敲空间、细部。

表现模型：要求对建筑形体空间材质及周边环境具有较强的表现力。

以上所有模型材料自由选择，最后评图时均需提交。

2、图纸

图纸形式：所有材料介质自选，表现形式不限，手绘或计算机均可。

图纸内容：A1图纸至少4张，包括总平面、平立剖、场地分析、概念说明、建构方式等。要求简洁明了。比例自选。

图纸深度：至少达到《建筑工程设计文件编制深度规定》的方案设计z图相关规定要求。

D 教学过程

第一周　设计开题，讲读任务书，会所设计基本原理，基础资料收集，细化任务书，初步确定建筑功能。

*第二周　场地踏勘和分析，制作基地模型，汇报分析成果，提交分析报告。

第三周　讲授会馆实例分析，案例研究，明确建筑功能。

*第四周　案例研究成果汇报。

*第五周　提交概念模型及总图，讨论评价，方案定位，确定合作小组成员。

*第六周　初步方案汇报：确定总图关系，推敲建筑空间布局关系，提交一草及工作模型。

第七周　讲授立面做法及形式算法，方案深化，确定形式基本建构方式。

*第八周　汇报方案深化成果，提交二草及工作模型。

*第九周　修订完善细部做法及内部节点空间推敲，汇报典型建构方式。

第十周　开始绘制正图和制作表现模型，讲授会所类建筑的表现与表达。

*第十一周　细化图纸和表现模型。

第十二周　完成所有图纸和模型，总体汇报评图。

注：*阶段进行集中讲评。

作业名称： 涌泉私人会所设计

总体评价： 优-

简要点评： 该方案以最大限度利用环境景观为设计出发点，通过剪切、拉伸、抬升等形体处理手法强化建筑空间与自然空间的渗透穿插交织，通过对场地的区位、所需尺度、景观、地势等方面的综合分析，结合对基本功能的分析组织，建筑形态简洁。功能分区明确，流线清晰合理，空间尺度适宜，层次丰富，建构逻辑清晰，设计概念明确，设计构思表达较为完善，但最终设计成果深度略有欠缺。

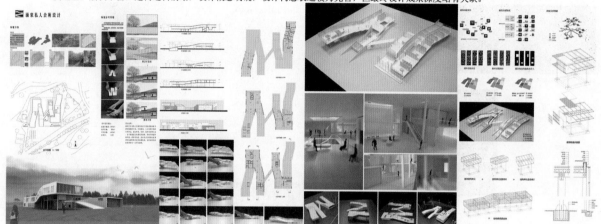

作业名称： 漫步与交流--涌泉私人会所设计

总体评价： 优-

简要点评： 该方案以现代简洁的建筑语汇重现传统建筑空间，尝试了"现代言、传统意"的设计思路。以正方形平面"宅"空间为母题。宅-墙-院，穿插交错，在宅中栖居，在宅与宅之间游走，在走走停停间感受。功能分区明确，流线组织清晰，建筑形象清晰明朗，空间丰富多样，立面的设计注重与景观环境的联系，设计成果表达深入完整。

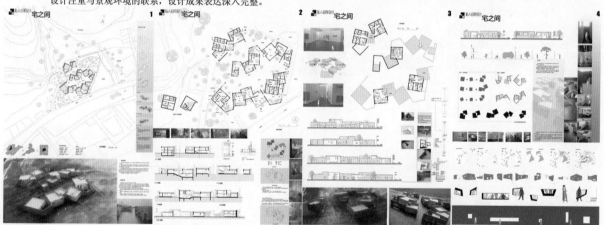

作业名称： 漫步与交流--涌泉私人会所设计

总体评价： 良+

简要点评： 该方案将交流作为设计的出发点，以简捷清朗的椭环形廊道为主要元素组织空间，引导人的活动，同时将各基本功能化整为零，串联其上，形成空间的内外区隔与界面变化，丰富人在建筑中的感受，并通过廊道空间的组织引发人与人的对话，衍生出建筑与环境的融合。该方案对其概念产生、体块形成、结构形式、空间性质进行了较为清晰完整的分析表述。

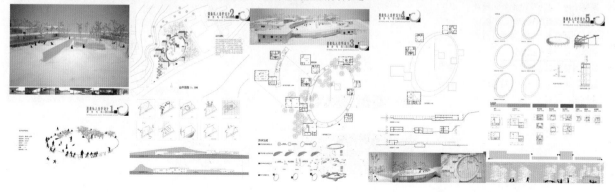

2011年Autodesk杯
—— 全国高等学校建筑设计教案和教学成果评选 **私人会所设计 3 典型作业及简要点评**

作业名称： 涌泉 艺术家私人会所设计
总体评价： 良好
简要点评： 该方案强化城市空间向自然空间的渗透，拟合基地现有场地形态，提炼流畅的曲线片墙为基本语汇，以街巷作为基本空间形式，结合功能要求，插入实体和院落空间。功能分区明确，流线组织合理，形态自然流畅，空间层次丰富，较好的处理了该建筑与现有周边环境诸多要素的融合，设计思路较为清晰。

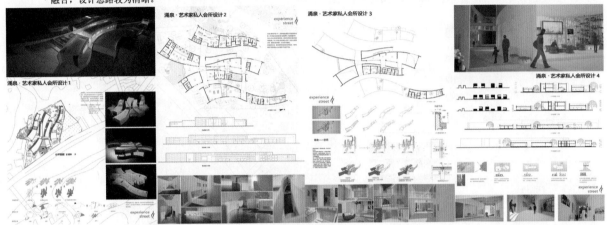

作业名称： 让建筑作为体消失，只留下令人回味的空间记忆和氛围……
总体评价： 良好
简要点评： 该方案强化城市空间向自然空间的渗透，拟合基地现有场地形态，提炼流畅的曲线片墙为基本语汇，以街巷作为基本空间形式，结合功能要求，插入实体和院落空间。功能分区明确，流线组织合理，形态自然流畅，空间层次丰富，较好的处理了该建筑与现有周边环境诸多要素的融合，设计思路较为清晰。

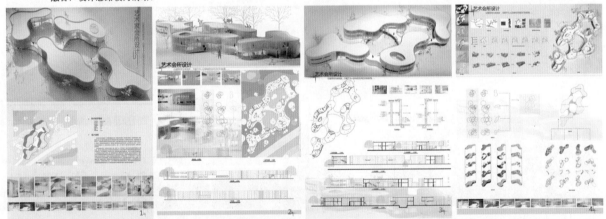

作业名称： 泉莊
总体评价： 中等
简要点评： 该方案功能分区较为明确，流线组织较合理。但总体手法过多借用中国传统建筑的建筑语汇及空间组织方法与任务书的基本使用对象的风格有所冲突，提炼不足，整体布局与周边城市空间衔接显局促。图面表述逻辑不够清晰明了。

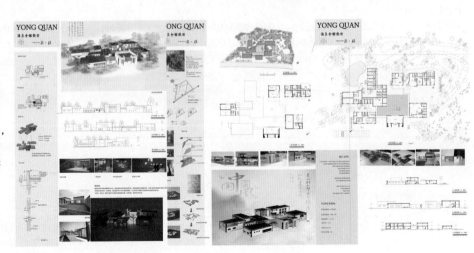

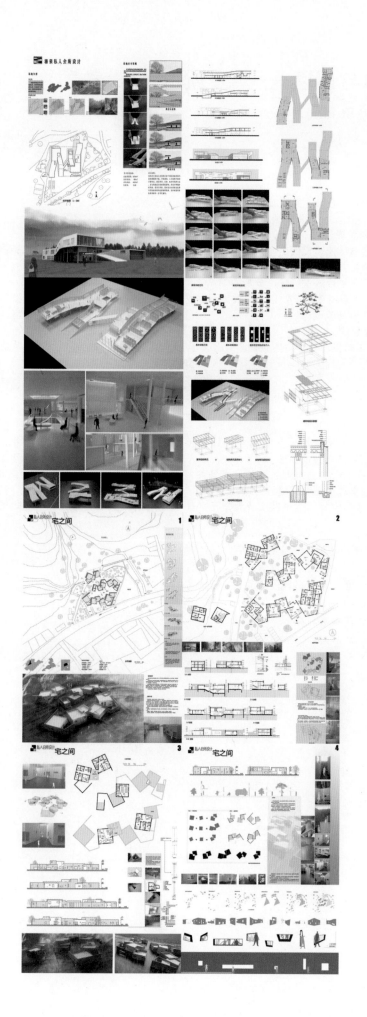

群体与环境——度假酒店设计教案
Design Studio: Resort Hotel
（二年级）

教案简要说明

本案为二年级下的第二个设计题目，与二年级下的第一个设计题目（建成环境中的单体建筑设计）相衔接，旨在自然环境中的简单群体建筑设计。

教学要求学生进行现场踏勘，并以多方案纸质草模的形式进行环境分析。

设计任务书简述：题目为"杭州西湖龙井茶园度假酒店设计"。

训练目的：

（1）初步理解整体性的概念；

（2）初步认识建筑与环境协调的重要性；

（3）为三年级建筑设计课程学习奠定一定的基础。

训练要点：

（1）掌握风景区度假酒店的建筑特征、空间组合与技术要求；

（2）充分关注地形条件与环境条件，注重建筑群体布置和环境设计；

（3）适当探讨当地茶文化背景下的建筑表达。

设计周期：8周。

面积指标：

（1）总用地面积10075m^2；

（2）总建筑面积4000m^2±5%。

作业点评：

作业1以同一模数的平面单元为基础，进行簇群式布局，整体的室内外空间关系（"虚实关系"）处理较好，构成方式比较生动，流线合理，与坡地的地形比较协调，达到了本次课程训练的主要目的。不足之处是设计概念的贯彻不够彻底，外部造型处理能力较弱。

作业2大胆采用拼贴的设计表现手法，将建筑做离散布局后再用折板屋面联系起来，造型具有动感，与茶山的环境在对比中又有协调，个性鲜明，形态丰富，形成多样化的组合关系。不足之处是局部处理欠妥，形式的统一性有所削弱，屋面体系和建筑体量之间缺乏联系，空间效果不够理想。

作业1杭州西湖龙井茶园度假酒店　设计者：刘卓然
作业2杭州西湖龙井茶园度假酒店　设计者：鲁哲
作业3杭州西湖龙井茶园度假酒店　设计者：李佳培
指导老师：陈帆　汪均如　陈林　王晖　浦欣成
编撰/主持此教案的教师：王晖

本科二年级"群体与环境"教案

一　二年级"建筑设计"课程特点

本科二年级"建筑设计"课程是本科阶段"建筑设计"整个教学体系的入门阶段和启蒙阶段，其特点大致如下：

1. 初始性——设计学习环节的开始。
2. 基础性——设计内容、步骤、方法和表达的基本概念。
3. 被动性——学生独立判断和评价能力尚未形成和建立。

基于本科二年级"建筑设计"教学是学习建筑设计的启蒙阶段的认识，"建筑设计"教学体系从本科二年级开始应该强调课程设置的系统性、关联性和逻辑性。

在多年本科二年级"建筑设计"教学实践的基础上，我们认为"建筑设计"的课程设置应以一条体系化线索来构建训练内容，设计题目按照训练内容和要求有针对性地设置。这样的体系化线索大致可分为两个方面：形态生成、空间构成—功能组织—技术手段—文脉关联—环境关系。这条线索基本涵盖了建筑设计的阶段及主要方面，围绕这条线索的课程设置包括二个教学环节：一是主要教学环节——从单体到群体、从建筑到环境的循序训练。二是辅助教学环节——实施循序所需要的技术手段的基本知识。

本科二年级"建筑设计"课程设置的体系框图概括如下：

```
            ┌ 形态生成                    ┌ 结构体系
            │ 空间构成                    │ 构造措施
单一体量 ──┤ 功能组织 ── 技术手段 ──┤ 材质特性
            │                            │ 色彩表情
            │                            └ 设计规范
            │ 文脉关联
群体组合 ──┤ 环境关系
```

二、"群体与环境"教案的设置背景

"群体与环境"作为上述二年级教学体系中的一个主要环节，是基于体系的完整性以及教学过程中的问题而设置的。这些问题主要包括：学生往往能很快对建筑造型"有感觉"，经过几次设计作业的训练，对建筑单体的形式构成，比例关系等能够独立的进行把握和推敲，甚至会着迷于某些形式游戏的乐趣。但是对于建筑的总体关系，建筑之间的关系、建筑和场地的关系却很不敏感，对环境要素缺乏认真的回应。同时仅关注形式导致思路容易狭隘，对掌握的把控能力不足。因此，我们在二年级的最后一个设计训练中强调群体建筑的整体性、协调性以及与环境的关系，训练重点放在总图和群体关系上，引导学生重视影响建筑的外部要素以及形体之间的"空白部分"，鼓励学生通过自己的分析，对一些独特的地域文化要素做出回应。

三、"群体与环境"教案的题目设置和要求（设计任务书）

杭州西湖龙井茶度假酒店设计

题目设定为一个以休闲度假为主的小规模酒店，选址在西湖以西的龙井村附近的茶园旁边。北面是茶山横田，东临中国茶叶博物馆，用地处于茶园环境的包围之中，地形由北向南有10米左右的高差。酒店的客房楼要求采用分栋式布局，保证客房面和私密性。这样建筑群体将由幢左右的单体形成一个群落，与环境的关系自然成为其中必须处理的问题。

1. 训练目的：
（1）初步理解整体性的概念
（2）初步认识建筑与环境协调的重要性
（3）为三年级建筑设计课程学习奠定一定的基础

2. 训练要点：
（1）掌握风景区度假酒店的建筑特征、空间组合与技术要求
（2）充分关注地形条件与环境条件，注重建筑群体布置和环境设计
（3）适当探讨当地茶文化背景下的建筑表达

3. 设计周期：8周

4. 面积指标：
① 总用地面积10075㎡，总建筑面积：4000㎡±5%，其中：
◆ 酒店服务中心1幢，2000㎡，限高12m，包含：
　Ⅰ 前台部500㎡（大堂＋大堂吧200㎡、公共卫生间60㎡、商务中心50㎡、楼梯电梯等交通空间）
　Ⅱ 餐饮部800㎡（考虑对外营业，大餐厅：包间若干250㎡，咖啡厅100㎡，厨房200㎡，卫生间50㎡，交通等）
　Ⅲ 后勤部700㎡；设备用房4×50＝200㎡、办公室4×20＝80㎡、仓库50㎡、职工更衣淋浴＋卫生间＝100㎡，职工餐厅＋厨房＝100㎡，交通等）
◆ 标准客房楼1幢，建筑面积800㎡，限高10m，包含：
　标准间15间×30㎡＝450㎡，及服务用房1间30㎡，贮藏间1间30㎡，休息厅若干。
◆ 独栋别墅式客房楼5-6幢，5×250㎡或6×200㎡＝1200㎡，按两层或三层客左右置，每幢限高7m。
② 建筑高度一般以本轴主入门室外地坪计，平屋顶算女儿墙，坡屋顶按檐口计算
③ 建筑密度≤25%，绿地率≥50%。
④ 地面停车位：餐饮部≥20台；客房部≥8台。

5. 设计要求：
服务中心、标准客房楼、别墅式客房宜分开设置，也可采用连廊相连，可适当改造适地形但应尽量减少土方填挖；减小建筑体量，并通过建筑的材质处理，与风景区环境融为一体。（地形图、用地红线等见附图）

6. 设计成果：
图纸（A1图3张）包含
分析图、模型照片、设计说明
总图（包括地形、道路、广场、停车场、绿化等内容，1：500）
服务中心楼、标准间客房楼的各层平面（1：200），立面至少2个（1：200），标明各部位材质），剖面1-2个
独栋别墅各层平面（1：100），立面至少2个（1：100），标明材质，剖面自定
透视图若干（表现方法不限）

历史建筑的组群

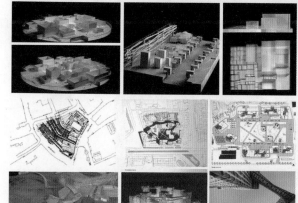

当代建筑群体设计

场地分析图

地形图

北

0　10　25　　50m

茶山
茶园、水塘
酒店用地
中国茶叶博物馆
茶园、水塘

用地红线
茶园
建筑
道路
水塘

基地现状

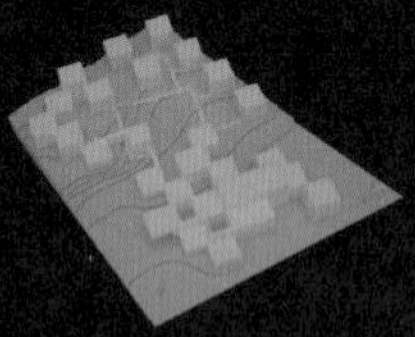

浙江大学

此方案以同一模数单元为基础，进行族群式布局，整体的室内外空间关系即虚实关系处理较好，构成方式比较生动，流线合理，与坡地的地形比较协调。不足之处是设计概念的贯彻不够彻底，外部造型处理偏弱。

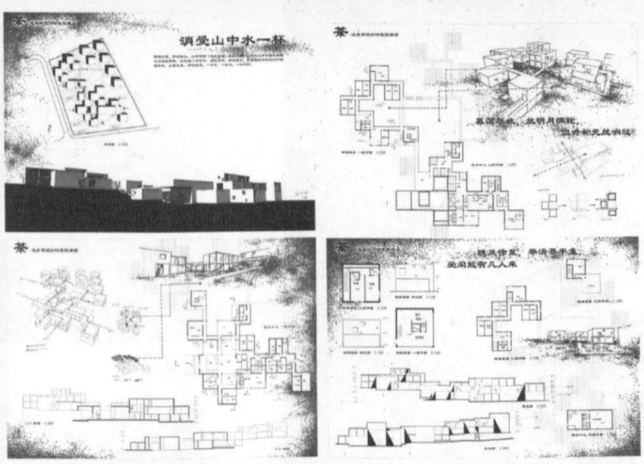

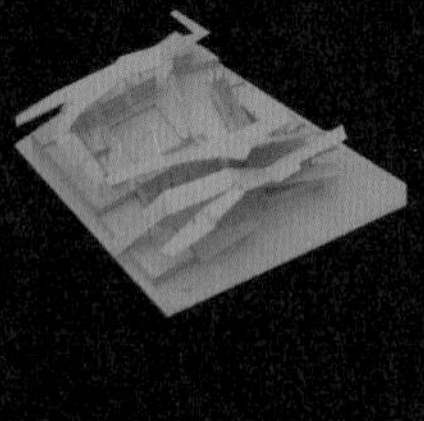

此方案大胆采用拼贴的设计手法，将建筑做离散布局再用折板屋面进行联系，造型动感，与茶山的环境在对比中又有协调，个性鲜明，形态丰富。不足之处是局部的平面处理削弱了整体统一性，屋面与建筑体系之间缺乏联系。

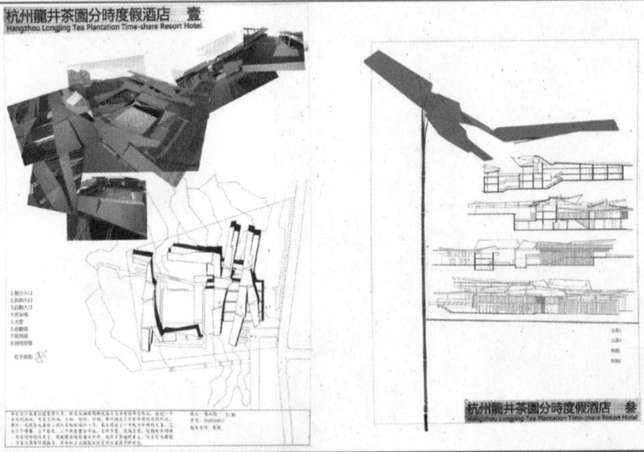

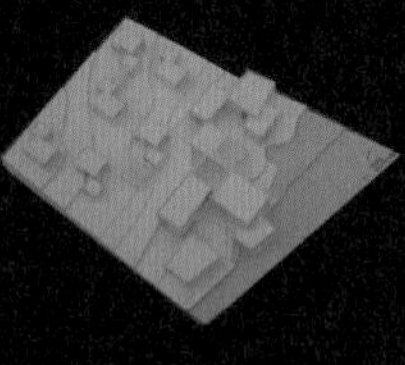

此方案从四合院的传统空间原型出发，通过对四合院的拆解和重组造出类似民居村落的群体空间，在分散中维持了整体的一致性。不足之处是平面局部处理欠妥，单体的设计比较呆板。

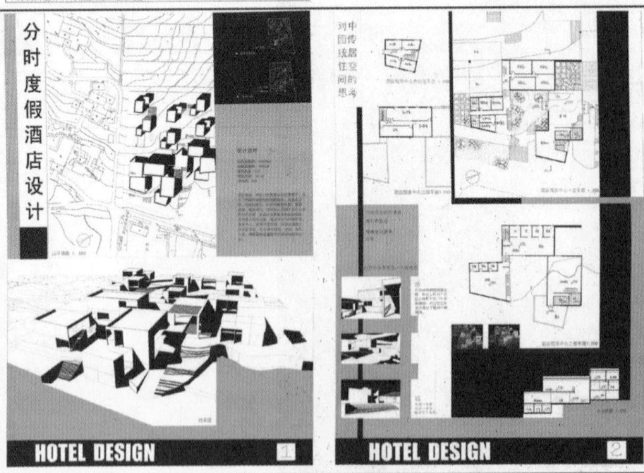

消受山中水一杯 茶

总评作业一

杭州龍井茶園分時度假酒店 壹
Hangzhou Longjing Tea Plantation Time-share Resort Hotel

杭州龍井茶園分時度假酒店 叁
Hangzhou Longjing Tea Plantation Time-share Resort Hotel
总评作业二

分时度假酒店设计

HOTEL DESIGN

HOTEL DESIGN
总评作业三

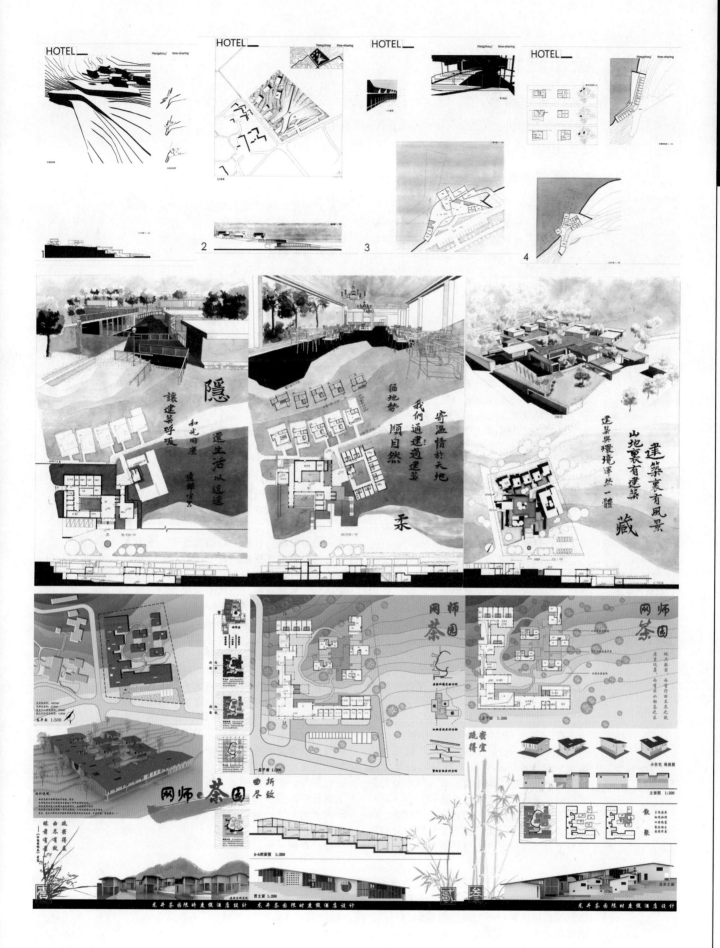

城市记忆博物馆
——城南物资仓库改扩建设计教案
Design Studio: City Memorial Museum
（三年级）

教案简要说明

1.教学目标

反思城市快速拆建引发的生活震荡和城市"失忆症"，通过搜索并分析基地中的现象与事件痕迹，感知地域的场所精神，以此为原点展开想象，并且在行为–空间–建构–环境四者之间构成设计的逻辑秩序，引导建筑设计从发现问题到解决问题，从最初发散式的头脑风暴到最终定位于基地。

2.教学方法

两极式教学：注重设计中的思维方法，尽力延展思维的张力。一方面，设计过程强调分析的逻辑，在调研基础上，通过分析和综合，寻找解决问题之道；另一方面，通过感性体验和发散式的头脑风暴，释放自由联想的潜力，鼓励创造性的艺术直觉。

过程式教学：强调对设计过程的把握，形成有序的教学操作步骤，并且试图把握学生们的思维特质和情感倾向，从其思路发展中找到症结，也发现其中的闪光点以达到"互激"的教学相长的效果。

3.教学题目：城市记忆博物馆——城南物资储运仓库改扩建

城市记忆博物馆为2008级建筑学三年一期与德国卡尔斯鲁厄理工学院联合教学的课题，由中方出题并将基地照片和设计要求传给德方，在学期末德方教授和学生到中国互评作业。基本任务书是以现存的原长沙市火车南站物资仓库为核心进行改扩建，包括展览陈列区（包含常设展厅、临时展厅、互动展示区、室外展场等）、库藏区、行政办公区，以及公共服务与辅助区，建筑规模为5000m^2（允许误差±10%）。

4.教学过程

第一阶段：基地分析与场所精神

设计的第一步是了解土地，了解已有的城市和建筑脉络，以及感受基地的整体氛围。需要在平时不同的时段来观察和感受基地，寻找基地上有意味的痕迹和线索，观察和聆听土地传递的信息；还要通过观察、访谈等方式了解基地内的历史，获取对基地的完整理解；然后理性地分析基地要素及其与城市的关系，包括城市层次、基地层次和人文层次三个层次的分析。

第二阶段：功能弹性与头脑风暴

提供《城市记忆博物馆》的基本任务书，要求通过调研确定各自具体的展示内容和功能构成，允许质疑和调整，要求在策展行为的基础上进行功能和空间规划。分小组进行"头脑风暴"以拓展设计思路，从策展人、博物馆人、建筑师的角色切换中寻找博物馆的构思立意点，并且画出意象草图。这一环节要求在理解了博物馆设计原理的前提下，重新把思维"归零"，回到博物馆的原点，追问博物馆的本质所在。

第三阶段：设计草图与模型推敲

建筑设计是感受、分析和创造的过程，建立三组关系：基地–意象–空间；文脉–结构–场所；感知–层次–意境。一旦找到了设计的切入点，接下来的就是如何将头脑中的意象用建筑的语言来表达，要求学生以草图与草模相结合的方式，初步把设计构想表达出来，并进行多方案比较，在实际操作中强调"图解思维"，即手与脑的连接，逐渐将设计的深度向两极拓展，从建筑向外延伸到城市与景观，向内深入到室内，要求进行主要陈列空间的布展，在草图深化的同时或后期，要求确定所使用的主要材料，画出主要的构造节点，制作大比例的节点模型。

第四阶段：表达展示与互动交流

建筑的表达推荐尝试制作"综合艺术文本"，也就是说，设计可以用绘画、影像、文字、音乐等艺术形式来表达，甚至结合基地上的泥土、声音、真实的建筑材料等制作"建筑装置"。这是自选项，不作统一要求，按照各自天分来完成，但设计对图纸的完成度有要求。在交流阶段，德国教授和学生们带着他们的作业来长沙互动交流，在互评过程中，德国教授以课题研究的深度，城市设计的高度来指导设计，强调以简洁的现代建筑语言抓住问题实质，在思考深度上优于中方，设计深度则相当于二草，或许，我们应该更慢一些，更深入一些。

铁路发展博物馆——城南物资储运仓库改扩建　设计者：裴泽骏
火车历史博物馆设计——城南物资储运仓库改扩建　设计者：曾德晓
轨记城南博物馆——城南物资储运仓库改扩建　设计者：王旭　黄子铭
指导老师：李煦　向昊　李旭　蒋甦琦
编撰/主持此教案的教师：蒋甦琦　向昊

城市记忆博物馆——城南物资储运仓库改扩建

【教学目标】

城南记忆博物馆为2008级建筑学三年一期与德国卡尔斯鲁厄工学院联合教学的课题，由中方出题并将基地照片和设计要求传给德方，在学期末德方教授和学生到中国互评作业。教学目标是：
1）学习基地分析的系统方法并且理解和掌握场所精神；
2）了解博物馆的空间构成，以及工业遗产改扩建的方法；
3）强调材料和构造，对建筑细部进行建构。

【教学方法】

1）教学中强调对设计过程的把握，进行分阶段教学目标控制；
2）采用启发式的教学方法，通过亲身体验强调现实感受，在教学中根据学生不同的情感倾向和智力取向，采用不同的引导方式；
3）设计过程强调分析的逻辑，在观察、访谈等调研和资料收集的基础上，找到主要的设计矛盾，再通过分析和综合，寻找解决问题的方法。

【教学题目】

城市记忆博物馆——城南物资储运仓库改扩建
（一）建筑规模：
1、仓库改造设计：3300 M2（允许误差±5%）
2、新扩建设计：4000 M2~5000M2（允许误差±10%）；
3、建筑高度：地面层数≤3层（可做半地下室）
（二）功能分区及面积指标：
1、展览陈列区：±2000 M2~3600 M2
（1）展示空间：1500M2~3100M2（占总面积的40%~50%）
包括常设展厅、临时展厅、互动展示区、室外展场等，各种展示空间的面积自定。（室外展场不算建筑面积）
（2）文献资料中心：150M2；
（3）150人报告厅：约250 M2；
（4）展具储藏：50 M2；
（5）80位专业ం放映厅：约120 M2
2、库藏部：500 M2
（1）藏品库：220 M2（封闭式管理）
（2）工作间：2×40=80M2（包括登记整理、办公）
（3）技术研究部分：200 M2
工作间：4×50=200 M2（包括摄影、修复、模型、制作）
3、行政办公区：100 M2
办公室：2×15=30 M2
会议室：1×80=50 M2
保安值班室：1×20＝20 M2
4、公共服务部分：面积自定
（1）门厅、进厅等：面积自定
（2）咖啡吧或快餐厅：±200 M2
（3）艺术书店：±50 M2
（4）旅游纪念品商店：±50 M2
（5）卫生间（展厅和内部公区分设）
5、交通空间：走廊、过厅、楼电梯等：面积自定
6、扩展的功能内容（视需要而设定）：儿童游戏场地、手工艺加工坊（开放式的）、研讨室或教室、艺术家工作室、图书馆等等。

【教学过程】

第一阶段：基地分析与场所精神

选址基地滨临湘江，为原长沙市火车南站型围内，湘江东岸的长沙主城核心区南郊，周天心区管辖，书院路以西、叙家冲路以南。规划中的湘江大道以东，南郊公园以北的三角形地带，临江面长约213米，总用地面积约11290平方米。区内有大量被毁坏的山体，包括南郊公园、南郊公墓、革命烈士陵园和湮分零碎的山体，山脚和山顶的高差在30-50米之间，在山间不规则平地上分布有大量仓库用地。

设计的第一步是了解土地，了解已有的城市和建筑脉络，以及感受基地的整体氛围。需要在平时不断的时常来观察和感受基地，长时间与土地相处，观察和聆听土地传达的信息，才能对场所精神有所感悟。
1、资料收集：通过资料查找，了解长沙市的气候和场地特点，包括温度、湿度、主导风向、地理位置和特点，以及基地周围的区位、城市结构脉络。
2、基地踏堪与分析：分小组进行场地调查，不同的小组得出一个有意思的图解和基地特点，找到相应的调查方法，寻找基地上有意思的细节或现象，不但需要感性地体会和长时间深处基地内，还需要理性地分析基地与城市结构的关系、客观地观察基地中人的行为，并且通过访谈等方式了解基地的历史，获取对基地的完整理解。（见图01 - 06）
3、课堂讲座：讲授基地分析的方法，以及场所精神的基本涵义。继续场所的整体氛围以及场所与人的行为的关系。这一部分主要是在感性认识之后的理论补充和抬升，通过多媒体课件，理论讲述系的基地分析方法以及场所精神的意义。
4、基地图纸与模型：分小组对城市的物资业仓进行图解，了解大陆度的排架式工业建筑结构，并且用SKETCHUP绘制出完整的厂房结构和基地模型，各小组制作不同比例（包括1：300，1：500，1：1000和1：2000）的基地模型，并且在课堂以小组讨论基地分析。

第二阶段：博物馆功能弹性与头脑风暴

这次作业定位为博物馆类型，但只做出了基本任务书，也就是说，这份任务书是不确定的，可以在基本任务书的基础上，根据学生个人的理解和想象，增加或删减功能项目。学生不再是被动的接受者，可以通过对任务书的品味来主动的判断，有很大的弹性。
1、博物馆之旅：学生参观长沙市内湖南省博物馆，对博物馆的流线序列、功能组织、陈列方式和一个感性认识。
2、案例讲授：讲授博物馆建筑类型的功能构成。工业遗产改扩建方法，以案例分析，主要着眼点是建筑类型本身讲解以及结合案例研究设计思路和改扩建工程的关系，讲述设计师与周人之间的关系，博物馆建筑的发展和流变，博物馆的设计过程，博物馆哲学与建筑学的关系。
3、头脑风暴：在初步理解基地和博物馆功能的基础上，分小组进行头脑风暴的讨论，了解大度量的博物类的设计理念，并画出有想象力的业想草图，这一环节要求在理解了博物馆基本知识的条件下，重新把思维"归零"，回到纯粹的设计状态，重新去思考一个博物馆的本质是什么了？和这本质相应？
4、定制任务书：如果说头脑风暴是"放"的过程，那么自定任务书就是"收"的过程，经过头脑风暴之后，整理基础分析和功能分析，确定各人具体的设计任务书，包括博物馆的主要功能定位、增加或减少的功能内容，增加部分的大致面积。这一环节要求学生首先们制出博物馆功能分析关系图，并且将每一个主要业或主要房间间所画出面积大小示意，比较可能的比例和尺度。

图例
一般观众流线 ----
专业人员流线 -·-·-
管理经营流线 ----
藏品流线 ----

内部作业部分

对外开放部分

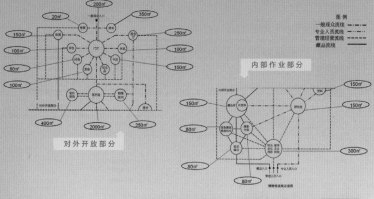

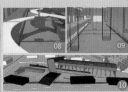

城市记忆博物馆——城南物资储运仓库改扩建

湖南大学

【教学过程】

第三阶段：建筑设计草图与模型阶段

前一部分大约占1/3时间，传递一个教学理念：建筑设计并不仅是画图的过程，更是感受和分析的过程，发现问题是解决问题的前提，当充分理解了设计的前提条件后，设计的立意原点可以瞬时在这一过程中"冒"出来，一旦找到了设计的切入点，接下来的就是如何将头脑中的意象将建筑的语言来表达。

1.课堂讲授：首先回顾二年级的空间限定和空间组合，再进一步通过以实例讲解空间的层次、光与空间、空间的意趣。将建筑的要素分解，包括墙、柱、梁、楼板、屋顶等构件，将学生对空间的理解引向微妙的光和流程，引导学生对空间的感知，包括视觉、听觉、触觉和尺度，通过以实例介绍如何用建筑的语言表达对空间的感知。

2.构思阶段：以草图与草模相结合的方式，初步把设计构想表达出来，要求多方案比较，对设计图不要求太美化处理，但要求算下思维推进，在实际操作中借慢学习手脑的连接，使得所想能够通过草图或模型表现出来。教学中以引导的方式，从学生的思维推进中发现思维特点，发现他们的头脑中的意象来源，启发他们以建筑自身的语言来表达。鼓励学生的尝试和失误，在限制中找突破点。

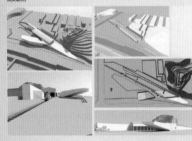

3.发展阶段：确定了构想草图之后，开始深入发展阶段，协调建筑各部分的关系。推敲建筑细部、确定具体的空间比例与尺度，涉及建筑的结构和构造，涉及新老建筑改扩建的结构处理技术。教学中采用集中评图和个别辅导相结合的方法，一周的两次上课时间一般分配：一次是集中评图和个别辅导，之后教师将问题集中起来，有针对性地把展出部分，通过以实例或图示，以PPT的多媒体形式在另一次课上集中讲授。邀请结构教师评讲新老建筑组合的结构技术，历史老师讲授长沙的历史建筑，逐渐将设计的深度从建筑向外拓展，延伸到景观环境设计，向内深入，进行主要陈列空间的布置。

4.建构阶段：草图深化之后，要求模型建造，做出所有的构造节点，包括表皮的构造，新老建筑的连接处理，选择表皮和新建筑的材料，以及景观环境的材料。首先是课堂讲授建筑的构造与材料语言，介绍材料的特性。然后要求学生制作大比例的节点模型。

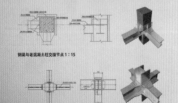

钢梁与老混凝土柱交接节点 1:15

工字钢梁柱交接节点 1:15

第四阶段：表达、展示与交流阶段

在建筑设计达到了一定的完成度之后，可以开始从艺术的角度来表达。建筑的表达除了必要的传统的建筑表现手段，可以尝试制作"综合艺术文本"，也就是说，学生设计的建筑可以用绘画、影像、文字、音乐等艺术形式来表达。不满建筑本体，但使建筑更好表现力，或是传达出建筑之外的声音。

1. "综合艺术文本"：鼓励多种艺术形式的表达，甚至结合基地上的泥土、声音、真实的建筑材料等多维化建筑的真实感。这是自选项，不作统一要求和讲评，按照各自的天分和喜好来完成，但建筑设计的必要部分须达到完成度要求。

2.作业展示：在建筑学院展厅布展，将作业制版悬挂出来，供全体师生评议，师生意见可以通过即时帖在学生作业边上，学生能够得到反馈意见。

3.交流阶段：德国教授和学生们带着他们的作业长沙互访交流，首先是自由观摩，然后由中方学生介绍自己的方案，德国教师们提问，再由中方学生回答问题，德国教授给予一个评价。在另一场互动中，由德国学生展出他们的作业，教授们展出他们对研究基地以及对这一作业的理解讲义，德方学生分别介绍他们的方案，中方老师提问，再由德方学生回答。

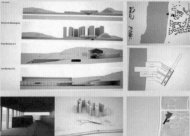

4.教学反思：在互评与互动过程中，反思两国不同的教学方式，总结失误与经验。德国还在设计的分析和构思阶段，但德国教授以课题研究的深度来指导设计课程，不满调表面形式，以简洁的建筑语言把握设计的核心问题的能力都优于中方，当然设计深度和时间的不同，也是导致差异的原因之一。

CHANGSHA SUPERFAST

【作业点评】

第一份作业：

点评：这是一份从绿色建筑的角度来考虑的设计，对于环境中的温度、阳光和风与建筑的关系考虑得比较充分，但是新老建筑之间的关系比较生硬，功能空间处理稍稍粗糙。

绿色魔方

第二份作业：

点评：试图在基地上整合建筑和环境，形成"山水洲城"的意象，新建筑则意以浮游的形态贯穿了老建筑和基地，但体量稍显大，而且与老建筑的空间衔接不够自然。

CITY MEMORY MUSEUM 山水洲城

第三份作业：

点评：设计的逻辑线索是从基地中提取出来的，而且理性网格延伸到环境中，严谨地处理了新老建筑之间的支撑。新建筑始终小心翼翼地烘托着老建筑，流线简洁直接，是一个很有节制的设计。

洲洲洲城

第四份作业：

点评：于轻盈通透且具速度感的新建筑，与老建筑成为一个对比物，而转译了工业建筑的沉重和轻盈，水流的映射将两者梦幻般拉结在一起，在迂回的流线中，是一次体验慢节奏生活。

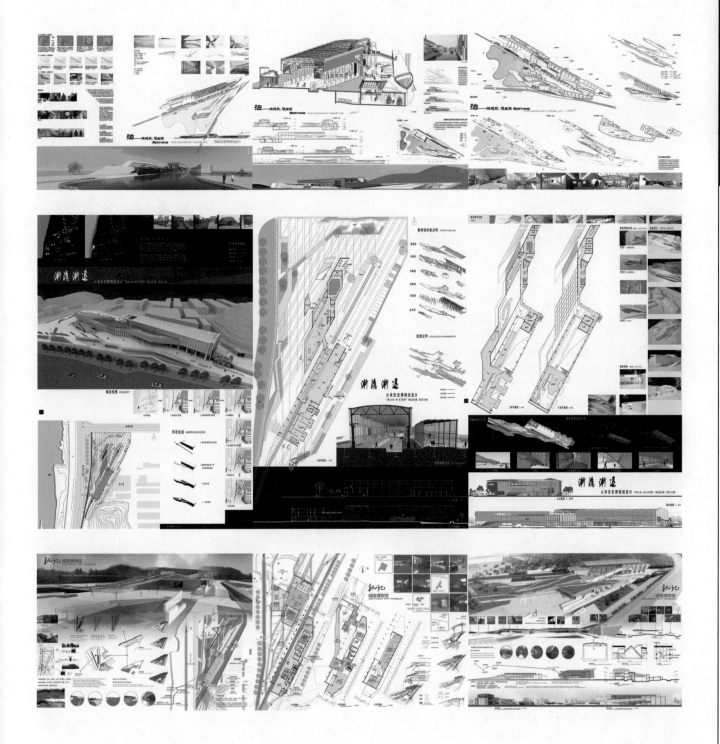

建筑设计基础·设计语言模块
——建造实体构成教案

Introduction to Architectural Design

（一年级）

教案简要说明

1. 教学目标

1.1 基本目标：体验建造过程。在小组的集体创作过程中，树立合作意识。

1.2 教学意义：建筑实体构成是一次重要的实践教学过程。对于建筑材料特性的基本认识，以及相关搭建方式的节点设计，是进一步理解其在建筑创作中应用的基础。通过对于不同建筑材料进行实体构成特征分析，可为师生提供一种深入学习理解优秀建筑相应特征的工具。通过小组协作，锻炼学生相关的协同工作能力。

2. 教学方法

2.1 互动设计：变被动的教与学成为主动、互动；联动相关课程，减负同时增效；体验设计配合传统教导模式。

2.2 合作设计：立足实际建造的过程；强调概念的独创性、纯粹性，注重表达的整体性、易识别性。

2.3 反思设计：在使用中对于功能、技术等实际因素的反思，加深对于模型使用、技术节点的认知。

3. 设计任务书

3.1 建筑类型：建筑实体构成

3.2 建设用地：建筑系馆周边自选

3.3 设计内容：实体构成作品材料不限，但不能低于2.5m，并能安全、方便地进入其内部。在适当的条件下考虑其使用功能。要求能实现材料、结构、构造、造型、功能的统一。

4. 试作过程

开展教改几年以来，已进行5年相关作业。在以往的作业过程中主要强调建造过程的体验和记录，本次作业在此基础上更加注重建成后逐渐毁坏的过程。

5. 与前后题目的衔接关系

设计语言模块作业处于一年级系列设计课题的转换阶段。设计语言模块包括形态构成、1：1构成、空间构成三个专题。要求学生掌握形态操作、材料运用、节点设计、比例推敲、尺度权衡、光影控制、空间组合等多种设计技巧，掌握进行创作常用到的基本设计语言，并建立起设计的整体概念和基本意识。在形态构成训练中，建筑形态被简化成线、面、体三种要素，要求学生通过理性的手段把握三要素的美学特征和组织规律，从而获得一定的形态控制能力。在1：1构成训练中，要求学生通过实际建造，体验从理念到实践的设计全过程，充分理解材料、结构、构造、经济对设计实现的影响，理解尺度和比例的特性，并建立起一系列重要的设计意识。在空间构成训练中，要求学生理解建筑空间概念，把握好空间和形式的辩证关系，体验建筑空间中人的感受，并以此为出发点，综合运用多种空间组织技巧进行具体创作。

6. 教学过程

阶段一：4周教学时间。以实体建造过程为主。

阶段二：5周课外时间。第一阶段实体构成作业评分后，各组对于本组完成的构成作业进行跟踪调研与拍摄，总结其破坏过程并撰写日志。在日志基础上对功能、技术等因素进行初步的分析。

7. 学生作业及教师点评

对于尚未系统学习建筑构造、建筑结构的建筑学一年级学生来说，这项课题是一个巨大的挑战，更像一个无法完成的任务。但正是这样的初始状态，才能让学生们在实践中去探索，在失败中去总结，在跌跌撞撞中迅速提高。这种状况才最能激发学生的创造热情。学生们会主动地搜寻前人的资料，探讨解决问题更多的途径和可能性。学生们会反复权衡各种方案的利弊，甚至通过实际建造的方法筛选出最佳的构造节点。学生们在这从未经历过的亲手建造中得以切身理解关于材料、力学、构造、美学等抽象的原理，树立起来的一系列建筑观念对其未来的学习将产生深远影响。

在完成构造作业以后，理性记录与分析构成作业的损坏过程，是一个更加重要的阶段。通过对于损坏情况的记录，使得学生对于建造的认知和体验更加深入。

作业1建筑实体构成　设计者：丁思琪　骆典　林冰杰　吴越飞　龚影　陈伯颉　陈可臻　蓝利贞　贺雪冬　卢义修

作业1建筑空间构成　设计者：骆典

指导老师：万谦　孙靓　刘剀　徐怡静　邱静　范向光

编撰/主持此教案的教师：万谦　刘剀

建筑设计基础教案
设计语言模块

形态构成

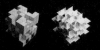

在形态构成训练中，建筑形态被简化成线（柱）、面（墙、顶棚）、体（体块）三种类素，要求学生关注这三种要素的形式组织方式和美学特征。

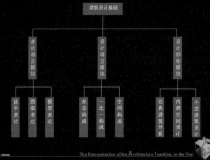

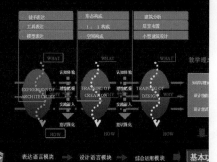

建筑设计基础

表达语言模块　设计语言模块　设计创作模块

徒手表达　图纸表达　模型表达　形态构成　比构成　空间构成　经典建筑分析　内部空间设计　小型建筑设计

The Demonstration of the Architecture Teaching in the First

徒手表达　工具表达　模型表达　形态构成　1:1构成　空间构成　建筑分析　居室布置　小型建筑设计

WHAT　WHAT　WHAT

EXPRESSION OF ARCHITECTURE　TRAINING OF CREATION WHY　TRAINING OF DESIGN WHY

认知体验　认知体验

实践介入　实践介入

意识固化　意识固化

HOW　HOW　HOW

表达语言模块　→　设计语言模块　→　综合运用模块

教学内容

教学理念

- 理性的设计观

从每个教学题目的确定到教学目标、操作过程和教学指导，理性的思维方式贯彻教学始终。

- 效率和效果

我们以效率和效果为原则审视教学内容，一方面删除传统教学中陈旧和重复的内容，另一方面纳入新鲜教学研究成果用以改进和更新，教学内容的经常更新，不仅减少教学解惑研究成果，也有利于提高学生学习兴趣的提高，更有利于保障良好教学需要的动力和助力。

- "WHY"

每个专题教学都围绕"WHY"的教学模式展开。"WHAT"——理解知识概念；"WHY"——把握事物原理和规律；"HOW"——掌握操作体系和技巧，知识和理论通过实际动手密切结合，并形成相应的意识认识。

- 知识和理论、设计能力、设计意识的有机结合

我们强调能力的培养是教学的重要部分，建筑基本知识和知识概念往往是在设计训练过程中，加以指导训练并加强训练知识的同时性和操作性，同时通过实际动手加深对理论知识深刻的理解，注加到建造课、技术课、美观课、经济意识等等的意识观念的建立贯穿于每个题目之中，成为教学的指导性原则。每个教学题都保证三者的有机结合。

The Demonstration of the Architecture Teaching in the First

设计语言模块

- 设计语言模块包括形态构成、1:1构成、空间构成三个专题。要求学生掌握形态操作、材料运用、节点设计、比例推敲、尺度权衡、光影控制、空间组合等多种设计技巧，掌握进行创作常用的基本设计语言，并建立起设计的整体概念和基本意识。在形态构成训练中，建筑形态被简化成线、面、体三种要素，要求学生通过理性的手段把握三要素的美学特征和组织规律，从而获得一定的形态控制能力。在1:1构成训练中，要求学生通过实际建造，体验理念到实践的设计全过程，充分理解材料、结构、构造、经济对设计实现的影响，理解尺度和比例的特性，并建立起一系列重要的设计意识。在空间构成训练中，要求学生理解建筑空间概念，把握复杂空间和形式的辨证关系，体验建筑空间中人的感受，并以此为出发点，综合运用多种空间组织技巧进行具体创作。

The Demonstration of the Architecture Teaching in the First

空间构成

设计说明

空间构成　分析图

rration of the Architecture Teaching in the First

把握空间和形式的辨证关系，体验建筑空间中人的感受，并以此为尺度和出发点，综合运用多种空间文法进行具体设计。

The Demonstration of the Architecture Teaching in the First

1:1构成

要求学生通过实际建造，体验设计从理念到实践的全过程，充分理解材料对设计实现的影响，理解尺度和比例的重要性，并由此建立起一系列重要的设计意识。

The Demonstration of the Architecture Teaching in the First

空间构成
空间构成

要求学生在掌握单一空间构成方式的基础上，逻辑合理地将多个单一空间组合成有趣面生动的空间序列。

要求空间序列在逐步展开中，伴随着空间由封闭到开敞、有小到大、由藏至露、由内向至外向的有序变化。

要求学生充分利用形式的视觉心理特征，做好空间的引导和暗示。

1:1构成

尺度　结构　材料　节点　环境　经济　合作　建造

The Demonstration of the Architecture Teaching in the First

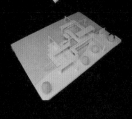

空间构成

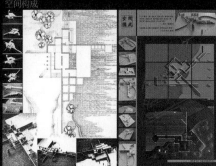

全剖视图

构成 1:1　1:1 构成

1:1 1:1

The Demonstration of the Architecture Teaching in the First

建筑设计基础教案
设计语言模块

建筑实体构成

作业内容与要求

教学目的

建筑实体构成是一次重要的实践教学过程。对于建筑材料特性的基本认识，以及相关搭建方式的节点设计，是进一步理解其在建筑创作中应用的基础，这是本教程的基本目的之一。

阶段一：

以十人左右为一小组合作，在校园里（南4楼内部及其周边范围）进行建筑实体构成练习。

实体构成作品材料不限，但不能低于2.5m，并能安全、方便地进入其内部。在适当的条件下考虑其使用功能。要求能实现材料结构、构造、造型、功能的统一。

形体

形态构成的主要内容

●形式的基本要素（点、线、面和体）
●色彩、肌理与人的心理感受
●围合空间以及人对空间的感受

阶段二：

在阶段一完成评分后，记录各组自身实体构成作业的损坏情况。并完成相应的调研报告。

图纸要求
A1图幅2张
内容包括：
工作过程照片、实体模型照片，及其不少于2张轴测图（比例自定，但不小于1：50）

空间

空间的基本特性

● 与建筑物的实体相对，空间就是容积。
● 人们对空间的感受是借助实体而得到的，尤其是围合空间的实体界面。
● 围合实体界面的常见材料

合作

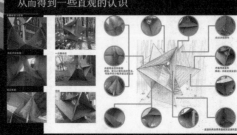

团队合作是完成实体建造的保障

●每个人应该在合作中明确自己的位置与作用
●享受合作带来的建造快感

建筑之死　建筑的生与死　　反思

材料与结构

材料是构成形体的基础

●限定空间、构成形体需要材料
●材料本身的特性，需要合理的结构来加以强调

评价与检讨

建造完成并不意味着结束……

●对于建造完成后的作业进行持续的观察，破坏状况的记录是重要的内容
●对于作业中最容易遭到损坏的部分进行分析，从而得到一些直观的认识

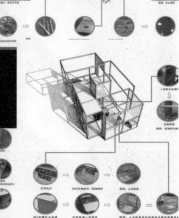

节点

节点是材料组合的基础

●材料组合成结构，结合部位会形成关键的节点
●节点是建筑构成设计中最容易被关注的环节

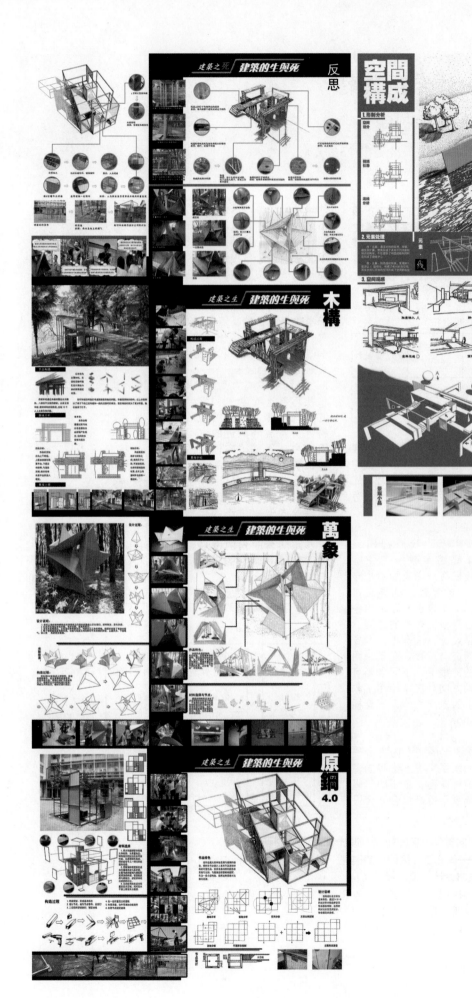

建築的生與死　反思

建築之死　建築的生與死

空間構成

1.形制分析

2.元素处理

3.空間调整

4.形态控制

建築之生　建築的生與死　木構

建築之生　建築的生與死　萬象

建築之生　建築的生與死　原鋼 4.0

自选建筑设计专题教案
Design Studio: Selected Topic
（四年级）

教案简要说明

四年级建筑设计课程是建筑学四年级本科生（五年制）的专业基础课程，其主要目标是鼓励学生经过前三年学习，掌握建筑设计基本技能后，对自己感兴趣的专业领域进行探索。授课对象包括4个班级，学生人数100名左右，配备教师8名左右。课程跨度为上下两个学期，各14周，每周8个学时，分为4个专题进行。

高层建筑设计专题	自选建筑设计专题	居住建筑设计专题	全过程设计
上学期1~7周	上学期8~14周	下学期1~7周	下学期8~14周

1.教学目标

四年级学生相对低年级学生已具备建筑设计的基本能力，他们在设计中不仅需要继续深化训练及培养专业设计能力，还需要更大的主动性、灵活性和参与性，有更大自由发挥的空间。

2.教学大纲及教学计划

围绕这一教学目标，我们提出兼具刚性与弹性的年级组＋教授工作室（studio）模式。我们将一学年的四个专题分为三类：一是必选专题，如高层建筑、全过程设计等；二是自选专题，由各教授工作室提供与自身研究相关的选题，指导学生进行研究型设计；三是半自选专题，比如居住建筑研究与设计。在年级组确定基本教学要求的前提下，不同老师可侧重同一问题的不同方向。在年级组＋教授工作室（studio）的框架之外，还穿插有外教主持的workshop。

3.教学内容

选题多样化是本课程的中心内容，一方面，建筑学本身的发展将进一步趋向多学科知识的整合；另一方面，由于四年级对学生的教学要求侧重于提高综合处理设计问题的能力，因此我们采用必选与自选相结合的选题模式。在自选专题任务书的拟订过程中，教师按照自己的研究方向制定课题，学生自由选题。每个题目都有明确的训练意图和教学关键点，随着教师对课题研究的深入和课堂上的反馈，题目不断深化和更新，达到教学相长。这既有利于学生以各自的特点和兴趣分流学习，也对教师发挥专业特长、提高学术水平和教学效果构成了压力和动力，将教学和科研更紧密地结合起来。

小结：传统的类型法教学，重视手段和技巧甚于对学生的综合能力和建筑价值观的培养，重视终极成果甚于阶段性的分析及层层推进的过程。在新的教学模式中，通过"有原则的弹性"，我们既维护了传统建筑教育中重视知识传承的一面，同时又鼓励学生的创新精神，提倡多元价值、鼓励包容。正是通过有明确导向但更广泛的目标，以及更丰富的教学内容和手段，使得当代建筑教育能够跟随着时代的发展，将自身所独有的那种"有原则的弹性"特质，不断进行强化和创新。

4.部分自选专题列表

1	传统建筑意象设计	2	虚拟建筑研究	3	城市设计
4	城中村研究	5	建筑与电影	6	音乐厅设计研究利用
7	历史街区保护与更新	8	旅游建筑研究	9	城市公共空间诊疗
10	高校图书馆设计	11	历史建筑改造与适应性再利用	12	办公空间采光与遮阳研究
13	基于气候性的城市设计				

基于时间维度城中村向青年社区的转化　设计者：翟炳博　杜小辉
创意青年社区设计——龟北工业区旧厂房改建　设计者：张涵　佘珊珊
基于气候适应性的城市设计　设计者：胡绮珐
指导老师：李晓峰　刘小虎　谭刚毅　冷御寒　杨毅　卢山　罗宏　王萍　黄涛　倪伟桥等
编撰/主持此教案的教师：姜梅　周卫　陈宏

刚性教学　办公空间采光与遮阳研究　虚拟建筑研究
基于气候适应性的城市设计　城市公共空间诊疗
基于现象学的城市设计　音乐厅设计研究　城中村研究
联合教学　社区保护与更新　建筑与电影
传统建筑意象设计
历史建筑改造与适应性再利用　弹性教学

RIGID TEACHING—FLEXIBLE TEACHING |

建筑学本科四年级
刚性与弹性相结合的自选建筑设计专题教学

刚性与弹性相结合的自选建筑设计专题教学 1

——建筑学本科四年级

四年级建筑设计课程是建筑学四年级本科生（五年制）的专业基础课程，其主要目标是鼓励学生经过前三年学习，掌握建筑设计基本技能后，对自己感兴趣的专业领域进行探索。授课对象包括3个班级，学生人数100名左右，配备教师8名左右。

表1　四年级建筑设计教学的整个过程

表2　建筑设计教学的两种模式

后一种教学模式的重点，不在于提出一个具体而微的、一步一步的引导，而在于提供一个灵活的、既有原则又有弹性的教学框架，在复杂形势下得以包容较多的不确定性。

传统的四年级建筑设计教学，全年级按照同的教学计划被同的课题，这种模式对于低年级来说相对比较综合，对于高年级来说，学生的兴趣不一定能发挥出来，教师在专业上的研究也不一定体现。

相对与一至三年级，四年级的建筑设计教学是一种研究型教学，一方面，教学课题更加复杂多样；另一方面，四年级学生的建筑设计更加重视对社会现实的观察、调研、发现问题，分析、归纳并试图用建筑手段来解决。

当代建筑教育必须对最近几年社会、经济和文化环境的变化进行回应，同时，为了使学生和教师的积极性得到充分地发挥，针对四年级的教学特色和学生特点，我们提出刚性与弹性相结合的教学模式。

1 刚性与弹性相结合的教学目标

建筑教育一直面临两方面的压力：一方面要培养学生的独立思考和创新精神，另一方面要继续建筑学知识的传承，因为这些知识在很大程度上具有自治性和职业性，把这两个方面有效地结合起来，是我们教学改革努力的目标。

四年级学生相对低年级学生已经具备建筑设计的基本能力，他们在设计中不仅要继续深化训练及培养专业设计的能力，还需要更大的主动性及灵活性，有更大自由发挥的空间。

这种"有原则的弹性"的做法不仅给学生的欢迎，学生可以通过选择不同专题，接触不同领域教师的设计思想、方法和特长，得到多元发展的机会；而且也使不同教师的不同主攻研究方向与同学展示并与教学相结合，反过来这些有深度的研究专题及题使更宽泛了学生的浓厚兴趣，通过了解和学习各学科前沿的研究成果，学生的知识面和眼界相对拓展，专业知识和技能得到充实，教学质量得到提高。

2. 刚性与弹性相结合的教学大纲及教学计划

围绕这一教学目标，针对传统的教研室＋年级组模式，我们提出兼具刚性与弹性的年级组＋教授工作室（studio）的复合模式。一方面，我们仍保留四年级组以维持四年级的教学框架的稳定，另一方面增加教授工作室作为整体框架中可灵活调的可变单元。在教学计划上，我们将一学年的四个专题分为三类：

一是必选专题，如全过程设计，为四年级学生必选。主要由年级组负责。

二是半独立专题，比如高层建筑设计专题、居住建筑设计专题。在年级组确定基本要求的前提下，再由各教授工作室负责，有着彼此侧重的不同方向。

三是独立自选专题，主要由各教授工作室负责，提供相关选题，指导学生参与研究与设计型。

在年级组＋教授工作室（studio）的框架之外，还穿插有外教主持的workshop。由于外教工作的不确定性相当大，我们在教学大纲和教学计划中也尽量包容这种不确定性，协调使之与四年级的整体教学相适应。

3. 刚性与弹性相结合的教学内容

多样化的选题是自选建筑设计专题的重要组成部分。一方面，建筑学学科的自身发展需进一步趋向多学科知识的整合；另一方面，四年级教学对学生的要求越来越强调综合设计能力的培养和提高，而不是做尽可能多的功能类型练习。

在自选建筑设计专题的任务书拟订过程中，教师可结合自己的研究方向制定课题，学生自由选题。每个题目都有明确的训练意图和教学关键点，既有利于学生根据自身特点和兴趣分流学习，也对教师发挥专业特长、提高学术水平和教学效果有了压力和动力，将教学和科研更紧密地结合起来，并有效地促进学生从被动的"要我学"转向了主动的"我要学"。

在此，我们提出了一种有强烈针对性、同时也更加灵活的教学模式，各选题都经过有意识的筛选并量身定制，一个选题与另一个选题之间有特定的教学目标不同而在教学内容上出现较大差异。传统建筑设计教学的研究对象，在外延和边界上是确定的，其内涵界内，我们将其特定为以特定目标和问题为核心的，不同题关注的对象和问题是不同的，其外延的边界是模糊而不确定的，其内涵则是具体而微的。与此同时，我们还鼓励学生关注学科交叉以及社会、经济、文化现象对建筑设计的影响。

4. 刚性与弹性相结合的教学主体

自90年代以来，建筑教育参与主体的多元化和群体化倾向日渐明显。从建构主义的观点来看，"人人都要学习，人人都是老师"，即一种对集体参与者的承认。因此，在建筑教育的未来发展中，教学主体将趋向由少变多、由个人、群体组织这样一种发展脉络；而且，随着新技术及网络的引进，这种趋势会越来越明显。为此，我们对教学主体上也进行了相应的改革。

首先是教师方面。四年级的教师分为固定教师和流动教师。在8名教师中，大约4人为常固定教师，另4名空缺根据不同专题，邀请不同老师主持，形成四年级教学主体协作的静中有动、动中有静的格局。不同的老师有不同的教育者角度，有差异的学术观点，形成教学的多样化，学生逐渐习惯宽松的学术氛围，慢慢在学习中，不存在唯一正确的答案。

我们还逐步建立起外聘专家机制。每学期都有外聘的专家参加到教学中来，有的直接讲课，有的按自己的专长指导学生的部分设计，有的讲授专业知识，有的参加作业评图，也带学生到这些专家工作的场所进行体验。这些专家有的来自院校，有的来自设计单位，有的来自研究机构，有的来自与设计相关的其他部门。他们使学生不断接触更深入的指导，补外专业上的空白，并得到更多来自外界的信息。

在这样一种教学模式中，学生也成为教学主体的一部分。老师与学生之间由原来单向的、命令式的、一对一、手把手的直接改图，转为间接的通过小组讨论的方式，促使学生自觉寻找答案，决定和取舍方案的发展方向。

5. 刚性与弹性相结合的教学手段

围绕"有原则的弹性"，我们对教学手段也进行了相应的改革。对于建筑学高年级的设计教学而言，单一模式的教学手段都有其各自效果的盲点，将多种方法结合起来，不但可以相互补充，而且使教学气氛更活跃，提高了学生学习的兴趣。

教材及参考书：针对建筑学高年级学生的特点，专题教师根据自己的研究经验，推荐专题的要求编定参考书目。这些专业书目教师作的扩展了学生的专业知识面，激发了学生的学习兴趣。老师将参考资料中主要的内容整理出来，再对精华在课堂上进行细致的分析讲解，其精彩内容制作为读鼓励学生自己，教师的课堂讲授引导学生进一步研究和学习。

虚拟课堂：为了进一步激发学生学习兴趣和学习动机，部分课题利用学生们熟悉且见用的互联网形式开辟第二课堂。将数字中需要强调的教学课件、参考书、教学要求、过程记录和讨论都放在网络上，网络不但公开、开放，学生也可以通过网络自由获取，教师的回答也是公开的。

華中科技大学

刚性教学
办公空间采光与遮阳研究　虚拟建筑研究
基于气候适应性的城市设计　城市公共空间诊疗
基于现象学的城市设计　音乐厅设计研究　城中村研究
联合教学　社区保护与更新　建筑与电影
传统建筑意象设计
历史建筑改造与适应性再利用　弹性教学

RIGID TEACHING=FLEXIBLE TEACHING |　建筑学本科四年级
刚性与弹性相结合的自选建筑设计专题教学

刚性与弹性相结合的自选建筑设计专题教学 2
——建筑学本科四年级

结语：

在新的教学模式中，通过"有原则的弹性"，我们既维护了传统建筑教育中强调老师的责任，重视知识传承的一面，同时又鼓励学生的创新精神，提倡多元价值、鼓励包容。正是通过有明确导向但宽广的目标，以及更丰富的评价，使得当代建筑教育能够顺随时代的发展，不断进行拓展和创新。

如何衡量一种教学模式是否有效，教学改革是否成功？这里有两种标准：一种是传统的基于"一致"(conformance)的评价标准，比较关注设计的最终结果和教学的终结目标，并很强调学目标和结果之间是一种直接的线性关系，因此要求实实操作严格遵循原教学设想和目标。

另一种是基于"执行"(performance)的评价标准，更关注教学过程，认为教学是一种引导，其实施活动具有一定的适应性，需要根据不断变化的状况作出相应调整，因此是教学过程不必（也不可能）被严格地通融。由于教学过程存在较多的不确定和冲突，"该教学模式引导我发生了什么"成为评价的关键。

事实上，对于建筑教育的评价标准，应同时包含"一致"和"执行"两个维度，这也是为什么我们一直谈到建筑教育成果中的有部分的和无部分的原因。因此，我们讨论建筑教育的核心问题，将不再是"哪种教学模式是对的？"，而是"如何能使它们互相以平衡我们对教学过程制定的理解，以及更有效地为实现一个理想大学而服务。"

自选建筑设计专题 示例一

创意青年社区
——产业类历史建筑的保护、改造和适应性再利用

设计以"我的城市，我的明天"为主题，进行"创意青年社区"的概念设计，对所改造对象进行深入考察分析的基础上，提出设计主题及改造措施。

1、设计基础运用恰当的建筑、环境语言来表达对变动中的社会问题的关注，特别是对人文精神的表达。鼓励有针对性地提出独特的创作形态。
2、设计类型：由参者者自由选择城市空间，包括旧建筑、建筑群组成城市基础改造或城市外部空间等，进行城市改造设计的制作。
　(1) 各种类型的建筑、建筑群；包括住宅、宿舍、厂房、办公楼等；
　(2) 城市基础设施和相关的城市外部空间。
3、设计者应以敏锐的洞察力、准确发现、把握周边现有建筑、环境中的不足，在恰当分问题的基础上，提出有效的解决方案，设计既注重生态环境、运用合理的技术手段，采用低碳材料，注重节约能源。
4、图纸要求：1#图纸2-4张，图面表达方式不限；内容包括能充分表达作品创作意图的总平面图及建筑平、立、剖面图、效果图、分析图等，500字左右的设计说明（组合于图面之中）。
5、基地——可选历史性空间改造对象
龟山北之·汉水南岸—武汉市图桥—厂车同—中南地区第一家棉纺织企业，1952年汉阳兵工厂的废墟上建成，政府遵二道三政策推行，产业转型，空间面临去留／转型
6、实例分析
德国·一磅含以"屋中屋"的形式改建成展室
意大利·帕尔马·从皮布制糖厂到帕格尼尼音乐厅
美国绍约的苏荷SOHO再生
德国鲁尔工业区工厂产业遗产的保护和再利用
美国·纽约·High Line Park-从高架铁路到高线公园
英国·伦敦·从燃油发电厂到贝特代艺术博物馆
法国·图尔昆·从娱乐中心到弗雷斯诺国家文化中心
7、参考书目

[1] 阮仪三,历史建筑保护与发展[M],中国建筑工业出版社, 2009
[2] 张松,历史城镇保护学论一文化遗产保护的整体性方法与一种途径分析[M],上海科学技术出版社, 2003
[3] 陈志华·城镇乡,保护的理论与实践,第等等,大连理工大学出版社, 2001
[4] 唐·斯塔布,斯莱博,城市的历史设计与历史生态,城市规划, 2005
[5] 王建国,吴韵城市产业类历史建筑的保护性改造与利用,建筑学报, 2001.4
[6] 王建国,蒋楠·我国工业化时代中国产业类历史建筑保护性再利用,建筑学报, 2006.8
[7] (意)阿尔多·罗西等,城市建筑学[M],建筑出版社等, 2006.5
[8] (意) Aldo Rossi,建筑学原理,城市住居,全,城,博绘出版有限公司等等, 9B4
[9] 王建国·后工业时代产业建筑遗产保护更新,中国建筑工业出版社, 2003

自选建筑设计专题 示例二

基于气候适应性的城市设计

1、教学目标

使学生了解气候因素与城市设计的关系，设计过程中能够主动地意识到城市设计建筑设计对于城市／建筑微气候的形成与调节所产生的影响，树立被动式技术为育意的生态城市与建筑节能的设计观念。

学习通过城市空间的合理规划与控制，改善街区内风环境，调节街区微气候的基本理论。

在设计方法上：学习环境分析方法，并尝试将其与设计过程相结合为设计方法提供定量分析与技术支持，初步掌握概念设计——精确定量化分析——简略定量化分析——初步方案——完善设计方案的过程。

2、教学内容

本课题重点在于通过建筑的体型、建筑群体组合方式、建筑朝向，街区空间结果等城市设计的方法引导江风进入街区内部、改善街区的微气候状况。注重应用定量化分析手段进行微风环境分析。

注重定量化分析与街区空间设计相互结合的设计过程，定量化分析为空间设计提供技术支持的交互式设计过程，使设计根据有说服性与科学性。在本课题中，设计过程具有更重要的意义。

注重武汉市夏热冬冷的气候特征。

3、教学方法

本课题采用基本理论讲授、环境定量化评价方法教授、以及设计过程辅导相结合的教学方法。具体如下：
　(1) 讲授（基本理论）：共3次
　城市设计中的气候因素：(2-3学时)
　内容：城市化的成因与结果以物理现、影响，以及其对环境与社会的影响；城市热岛、生态城市、生态城镇、自然空间等基本概念与原理等；城市中有人工环境与自然气候的关系；城市设计中的气候节能设计因素等低碳气候概念。
　目标：使学生了解城市物理，建筑相体城市设计引导不被赠基因的气候因素等因素的关系，以及从城市设计角度改善城市物理。
　街区空间形态与街道通风：(2-3学时)
　内容：自然通风与街区形态的关系，如何防止有不自流通过的街空间影响，通风与技术，相关设计实例等。
　目标：使学生了解城市物理。建筑相体与街区形态化之关于不的微气候环境的关系，学习如何通过街道设计和提高这类都市场的微气候环境及因素的方法，进入通风分等设计的意义。
　介绍通量对街街的微气候评测结果（设计的气候条件）：(2-3学时)
　内容：介绍相关气候测结果与指标度引及导城要点，街区风环境的实例（含等与节能），气候指标的向与使用。
　目标：使学生通过相关气候指标要从地街设计评价应有所大计。

　(2) 教授环境确定量化方法：共2次
　风环境模拟软件及模拟计算方法 (4学时)
　计算机模拟软件介绍 适用条件介绍 流入参数与定设计说明 后纪理介绍（计算结果表达）
　日照模拟软件及模拟计算方法 (4学时)
　计算机模拟软件介绍 适用条件介绍 后纪理介绍（计算结果表达）

部分专题列表：

1	传统建筑意象设计
2	虚拟建筑研究
3	城市设计
4	城中村研究
5	音乐厅设计研究
6	历史建筑改造与适应性再利用
7	社区保护与更新
8	基于气候适应性城市设计
9	城市公共空间诊疗
10	高校联合设计
11	音乐厅设计研究
12	办公空间采光与遮阳研究
13	基于气候性的城市设计

Rigid Teaching Flexible Teaching Urban design based on Phenomenology Special Design
Flexible Teaching Urban design based on Climate adaptation Problem-based
Rigid Teaching Flexible Teaching Urban design based on Climate adaptation
Rigid Teaching Sino-US joint Teaching Creative Youth Community Design
Rigid Teaching Flexible Teaching Sino-German joint Teaching More selective

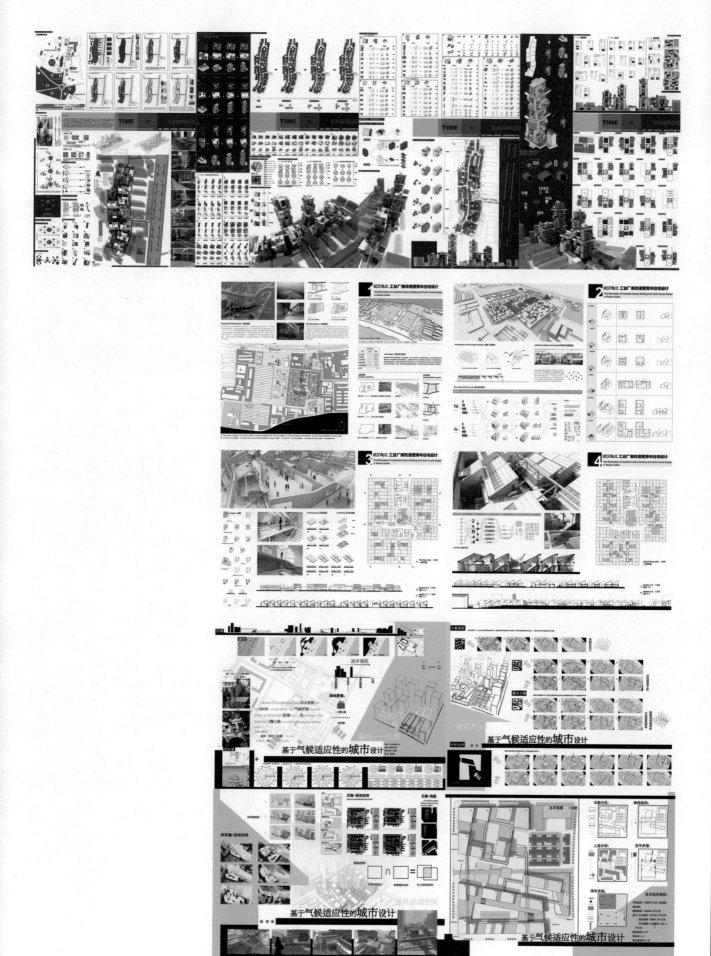

社区中心建筑设计教案

Design Studio: Community Center
（三年级）

教案简要说明

1.命题目的

随着社会、经济的发展，都市生活、居住方式以及社区管理模式发生了渐进式的变化，社区的功能与结构正在进行重新定位与调整。社区是城市的单元、市民的家园，社区应建立在与人文环境、自然资源最为和谐关系的基础上。

社区中心理应为城市活动的多样性、社区生活的归属感提供有力的支撑。全面满足人们物质与精神的生活需求，归属认同、邻里交往、文脉延续、地域特色、自然和谐的空间场所是当代都市生活所追求的理想家园。

拟通过在给定的基地内兴建社区中心，提供和促进周边社区居民人际交往、休闲活动。从而使得学生充分认识建筑的目标及本体意义、获取场所营造的基本方法、建立地域适宜性的设计思维。

2.教学目标

要求学生通过调研与分析，关注城市问题，理解建筑空间环境设计的本质是对人的关怀。同时，树立建筑与环境共生的设计理念，把握地域环境特征，建立整体设计思维。

注重逻辑与形象并重，既强调建筑创作过程的理性分析，又鼓励创造性思维，充分激发主观能动性与设计创新。

3.课题要求

设计创作思维需充分体现对社区、社区中心和与之相应的设计内容的理解，在延续社区文脉同时，能够针对社区时弊提出解决方案。

注意室内外空间之间在功能和环境等方面的多层次对话，尤其应充分重视相应的室外环境的营造以及环境的整体性。

注意气候、朝向、地形、生态、环保等因素在建筑设计中的关联。应用适宜的建筑技术手段满足建筑使用功能与地区气候的要求，尤其应体现亚热带气候的建筑特点。

4.教学方法

具体教学方法分为集中授课、分组指导、互动讲评几类。

集中授课结合命题要求，启发学生对设计课题及课题目标基本解读和理解，讲解课题生成的社会和时空背景。在课程过程中通过对相关案例的评析，使学生体会空间组织、场所营造等技术路径的思考方法、推进策略。

分小组由专任老师全程指导，每小组约10位学生。指导教师在学生建筑认识、建筑修养的提高方面言传身教，并培养适宜的设计思维和设计方法。

设计讲评是本课程关注的重点之一，分组内讲评、中期交叉评图及集中讲评三种。旨在培养学生对设计理念推销、设计观念碰撞，从而展开互动。

5.教学特色

本课程突出设计过程，强调过程与结果并重。重视草图、工作模型、三维电子模型在学习过程中对设计成型的辅助作用。

注重考察和调研，要求学生对基地进行分时段调研，观察社区公共行为的发生及特征，剖析居民对社区公共场所的需求和感受。研读相关案例，体验空间场所与行为活动的关联。

讲评及展览，分类讲评及课程结束时期的展览，作为促进教、学互动的有效手段。同时，通过聘请校外专家讲评及集中展示，成为课程高潮，并引导学生对本课程的总结，加深印象。

社区活动中心——同一屋檐下　设计者：刁晓鹏
社区活动中心——庭　设计者：郑丽爱
指导老师：艾志刚　吴向阳　宋向阳　赵勇伟　赵阳　朱宏宇　孙丽萍　何川　陈佳伟
编撰/主持此教案的教师：陈佳伟　何川

课程名称：建筑的设计与光构造　　　　教案题目：社区中心建筑设计

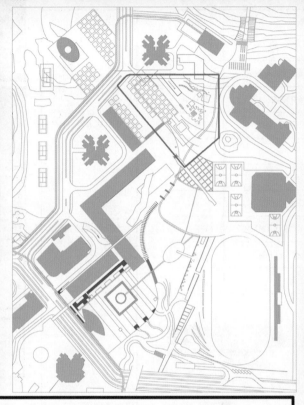

命题目的：

1，随着社会、经济的发展，都市生活、居住方式以及社区管理模式发生了深刻的变化，社区的功能与结构也在进行重新定位与调整，生活服务社会化、社会服务社区化是当前的发展趋势。都市社区应建立在与自然资源、人文资源最为和谐关系的基础上。

2，社区中心理应为城市活动的多样性、社区生活的归属感提供有力的支撑。全面满足人们物质与精神的生活需求，自然和谐、地域特色、文脉延续节能节地的空间场所是当代都市生活所追求的与环境共生的理想家园。

3，拟在给定的社区内兴建一处供人们休闲活动、人际交往的社区中心。

设计要求：

1. 创作思维要能充分体现对社区、社区中心和与之相应的设计内容的理解，在延续社区文脉的同时，能够针对社区时弊提出解决方案。

2. 注意室内外空间之间在功能和环境等方面的多层次对话，尤其应充分重视相应的室外环境的营造以及环境的整体性。

3. 注意气候、朝向、地形、生态、环保等因素在建筑设计中的关联，应用适宜的建筑技术手段满足建筑使用功能与地区气候的要求，尤其应体现亚热带气候的建筑特点。

4. 从多角度探索设计的立意，在深入分析的基础上进行主题构思，寻找恰当的空间构成和环境形态，注重平实建筑语言的巧妙应用，充分体现时代特征与地域性。

教学目标：

1 通过调研与分析，关注城市问题，理解建筑空间环境设计的本质是对人的关怀。

2 树立建筑与环境共生的设计思维理念，把握地域环境特征，建立整体设计观念。

3 能够融汇相关学科知识，激发创造性思维，发挥主观能动性与创新性。

4 加强建筑创作过程的理性思维，强化构思分析及图式语言的表达。

5 合理恰当地综合应用相关技术手段解决建筑设计基本问题。

设计任务书：

1. 建设控制指标：整体设计用地：10640 ㎡，建设用地（建筑控制线范围）：5210 ㎡；容积率（按建筑控制线范围）：0. 45；绿地率（按整体用地范围）：>40% 计；高度：3层以内；总建筑面积2200 ㎡（可浮动 ±5%，鼓励设置多种开放空间，对公众永久开放的架空层不计入建筑规模）。

2. 建筑功能构成：

多功能展示（小型多功能厅 200 ㎡）

健身休闲娱乐（桌球室100 ㎡、乒乓球室200 ㎡、棋牌室150 ㎡、儿童游戏 100 ㎡ 室、户外健身场地及设施等）

文化教育设施（图书阅览室200 ㎡、网络室150 ㎡、兴趣培训教室80×2=160 ㎡）

配套商业（茶室或咖啡吧 100 ㎡）

社区管理（对外服务及管理办公60~80 ㎡）

其他：门厅及其他交通联系空间、辅助空间（卫生间等）

室内、室外不同尺度交往空间场所

3. 停车：汽车：（仅考虑地面服务小型货车临时停放卸货）；自行车：不少于50辆（地面停车）。

4. 弹性控制：通过调研和分析，可对任务功能各分项及规模做适当增减，总建筑面积控制不变。

设计成果：

A1 图幅（594×841）两张，一律为不透明纸；

透视图或模型照片，黑白与彩色均可，组合于图面中。

表达思考过程的概念构思及方案分析图解。

简要设计说明及主要技术经济指标：用地面积、总建 筑面积、容积率、绿地率、建筑层数等；

总平面图　1：500（应表达出用地周围环境）

各层平面图　1：200/300

立面图　1：200/300（不少于2个）

剖面图　1：200/300（不少于2个）

说明：图面相关文字一律用中文，房间及场地名称应 在平面图中注明。

深圳大学

课程名称：建筑的设计与构造　　　　　教案题目：社区中心建筑设计

教学进度表

周次	日期	地点	内容	备注
2	03.07~03.10	合班教室 设计教室	课程介绍（讲课），基地考察、选择及分析报告	
3	03.14~03.17	设计教室	参观、社区公共行为及场所考察调研报告	
4 5	03.21~03.31	设计教室	设计概念、总体构思，提交完整的总图	评分 1
6 7	04.04~04.14	设计教室	单体设计，平面、剖面及深化（讲课）	中间评图 1
8	04.18~04.21	设计教室	空间设计	
9 10	04.25~05.06	设计教室	造型设计、立面设计	中间评图 2
11	05.09~05.12	合班教室 设计教室	建筑构造、景观设计（讲课）	
12 13	05.16~05.26	设计教室	含基地环境景观的整体深化设计（定稿图）	评分 2
14 15	05.30~06.09	设计教室	设计表达、交图时间：6月9日下午5：00	
16 17	06.13~06.23	设计教室	集体评图（含快速设计1天）	评分 3

教学方法：

1，集中讲授

结合命题要求启发学生对设计课题的基本解读和理解。讲解课题生成的社会和时空背景，加深学生对教学目标、学习重点的认识。讲授公共建筑设计的基本原则及方法。

2，分组指导

每小组约10位学生，由专任课老师指导，指导老师在学生设计品位提高、建筑观确立、以及设计思维和方法的形成中言传身教，促进交流。

3，案例评析

在设计过程中通过对相关案例及方案的评析，加深学生对课程关注点的认识。体会场所营造、空间组织等技术路径的设计来源、思考方法和推进策略。

教学过程

过程与成果并重，如进度安排表所示，我们重视过程中草图，草模，三维电子模型等中间过程对设计成型的作用，强调设计的形成过程

课程名称：建筑的设计与构造　　　　教案题目：社区中心建筑设计

深圳大学

教学特点

1，调研与考察
调研：要求进行分时段对基地现场调研，观察社会公共行为的发生及特征，了解居民对社区公共场所的感受及需求。考察相关实例，并鼓励学生对题目任务书设计分项在统一框架下做自主性修正。
考察：组织学生实地参观社区中心，加强学生对设计的了解。

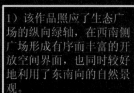

2，教学互动
分组指导+交叉评图
交叉评图：中期评图全级分为两个小班，采取指导老师回避制，加强不同专业观点和思维角度的碰撞与互动。

1）该作品照应了生态广场的纵向绿轴，在西南侧广场形成有序而丰富的开放空间界面，也同时较好地利用了东南向的自然景观。
2）源自于中国传统书法的空间组织，形成连续而转折的空间体系。呈现多样性的半开放及开放空间场所，并在一定程度上增加内外空间对话。
3）形体组织活泼，同时亦不失整体感。
4）主入口与可独立自成体系的展览入口并置。少量功能空间相套不利于使用和管理。

3，作业讲评
讲评上一届学生作业，如对王俊睿作品的点评：

公开评图及展览

聘请校外专家参与集体评图。
公共评图及展览时间为两周，要求每位同学充分推介自己设计的作品，把评图和成果展示作为本题目结束时的一个高潮。

组织学生实地调研：

自然环境中群体空间设计教案

Design Studio: Group Building Integrated with Natural Environment
（三年级）

教案简要说明

本课程为建筑学三年级秋季学期主干专业课程，教学目标为：掌握群体空间设计的基本理论知识，培养学生的综合设计能力；建立环境观念，提高环境设计技能；通过开放、互动的过程式教学，增强学生的综合实践设计能力。本课程的教学方法与特色为：

1.过程式教学体系：从设计思维本质规律入手，结合学生认知事务，理解事物的过程展开课程体系的建构，注重设计过程中的多环节的阶段性成果的有机衔接与完善，使整个设计成为一个有机系统，并对系统进行整体评价，提高学生对设计过程的理解与掌握。

2.扩展式教学方法：教学过程中的各个环节，以设计教学为线索，以基本课堂教学为基础，强调教学空间、教学目标、教学手段、教学成果等方面的扩展，培养学生基于专业能力与知识的综合能力提高。

3.开放、互动的教学模式：引导学生主动参与教学的全过程，从任务书的制定，基地、设计主题的选择，表达的方式，成果的评价充分向学生开放，强调教师与学生的互动。

海蚀地貌博物馆　设计者：曲大纲
寒地自然环境群体空间　设计者：李和易
净化——光之博物馆设计　设计者：张晞然
指导老师：罗鹏　刘德明　徐洪澎　李国友　卜冲　兆翚　梁静
编撰/主持此教案的教师：李玲玲

自然环境群体空间设计
——建筑设计课可扩展过程式教学体系研究与实践

认知与分析过程

课程介绍

课程概述

本课程为建筑学专业三年级秋季学期专业主干课。三年级是学习过程中最重要的时期，是学生在经过了一定数量的题目训练之后，从设计程序、方法、思维过程到设计手法等多方面整体提高的阶段，在五年制教学体系中起承上启下的作用。

通过本题目的设计训练，使学生深入理解自然环境对建筑群体空间的制约关系，树立从环境入手的建筑创作思维与创作方法，掌握建筑群体空间组合的一般规律及基本技巧。

自然环境群体空间设计主要研究建筑与环境之间、建筑单体与群体的组合关系。

教学目标

掌握群体空间设计的基本理论知识，培养学生的综合设计能力

树立环境观念，提高环境设计技能，提高学生的综合实践能力

教学方法与特色

通过开放、互动的过程式教学，增强学生的综合实践能力

过程式教学体系——从设计思维本质规律入手，结合学生认知事物、理解事物的思维过程展开设计课程体系的建构，并对系统进行整体评价，以设计教学为线索，培养学生基于专业能力与知

扩展式教学方法——教学过程中的各个环节，注重设计过程中多环节的阶段性成果的有机衔接与完善，使整个设计成为一个有机系统，提高学生对设计生成全过程的理解与掌握。

强调教学空间、教学目标、教学手段、教学成果等方面的扩展，以基本课堂教学为基础，

开放、互动的教学模式——引导学生主动参与教学的全过程，从任务书的制定、基地、设计识之外的，综合、多元化的能力提升。

教学文件

主题的选择、表达的方式、成果的评价充分向学生开放，强调教师与学生的互动。

任务书设置原则

地段之特殊性（可以有山、有水、有古树，可以是山地，可以是洼地……）

建筑设计之可操作性（一般是中型公共建筑，可形成复杂群体空间，如自然博物等）

经典任务书举例

一、基本概述
课程英文名称：自然环境群体空间设计
DESIGN IN NATURAL STUDIO COMPLEX SPACE

创作与深化过程

教学过程

认识自然
开题大课（课程总体介绍，讲解任务书）
实例抄绘（学生搜集相关建筑实例分析并进行抄绘，教师点评）

体验自然
选择任务书（学生从给定任务书中自选题目和基地）
理论学习（系统学习相关建筑设计规范及资料）
实地调研（学生深入基地环境进行现场勘测调研）
资料调研（学生通过网络、媒体或书籍杂志等途径搜集基地背景资料）

环境分析
制作基地手工模型，使学生对基地的感受更加直观，便于分析理解
绘制环境分析挂图，对基地所在城市文脉、地域文化、交通区位等因素进行分析

建构自然
总体构思与概念生成
教师——讲解方案构思方法和把握环境特殊性的要点
学生——确立建筑设计主题并进行方案总体构思
教师——讲评体块关系，讲解群体空间组合要点
学生——用草模推敲体块关系并绘制总体设计草图
交一草图（总体设计草图、体块模型、阶段性成果）
教师——总结一草问题，总图基本定案
方案形成与推敲
教师——讲解平面功能流线、空间序列组织等设计问题
学生——进行平、立、剖面设计，模型辅助推敲方案
教师——指导学生进行方案调整，解决共性与个性问题
学生——完善方案
交二草图（建筑平、立、剖面及完成模型制作）
中期汇报（学生制作多媒体展示阶段设计成果）

表现与传达过程　　评价与反馈过程

优秀作业展示
教师总结
图纸表达及答辩情况占百分之七十
最后成果
三草站百分之十
二草与中期汇报占百分之十
一草占百分之十
平时成绩
通过上述方法采用累加式评分体系进行评分
成绩评定
教师联评（任课指导教师对学生设计成果进行联合评审）
班级互评（不同班级之间同学互相评价设计作品）
学生自评（学生对自身作品进行反思并作出自我评价）

评价体系

终期答辩：（结合设计图纸，通过多媒体展示方式进行答辩）
自评报告：（图纸大小为297×420，文字结合设计过程分析总结图纸）
图纸成果：（2-3张设计成果图，图纸大小为594×841，表达方式不限）
学生——进行设计成果的最终表达（包括：图纸、模型、多媒体、动画等）
教师——讲解建筑设计表达的重要性及其基本方法
表现自然

交三草草图（全部设计内容及图纸板式布置）
学生——提高方案设计深度，突出方案设计特色
教师——结合不同的方案特点突出方案特色，着重解决绿色、生态等环境相关问题
学生——落实方案设计中所涉及的结构、构造、材料等技术措施
教师——针对学生方案设计所涉及技术问题进行技术设计要点讲解
方案调整与深化

高技术生态建筑设计

Design Studio: High Technology & Ecological Building
（四年级）

教案简要说明

高技术生态建筑设计是一门以国际化联合教学为手段的、以拔尖人才培养为目的的特色鲜明的专业课程。针对被选拔的五年制本科教学过程的四年级学生，课程重点在于传授国际领先的建筑设计高新技术，引进国际高水平的建筑教育方法和模式，为学生们进一步学习有关专业的最新技术、与国际化设计接轨，并开阔其视野扩大其知识面。

教学方法：在原有一对一授课方式的基础，综合外国教授与本校教授的教学所长，采取针对性强、集中明确的训练方式。

1.教学目标：

（1）树立新颖的建筑设计观，在设计实践中充分体会与贯彻结构、技术美及相关知识的拓展设计原则。

（2）开阔视野，与国际接轨，学生们可汲取到最新的相关领域的知识和技术手段。

综合培养学生研究能力、综合解决实际问题的能力和团队协作的能力。

2.教学特色

2.1 教学内容专注：

教学内容专注于钢结构在建筑设计中的应用和绿色建筑技术应用。（1）钢结构知识讲解：主要帮助学生深入地接触钢结构建筑设计，包括结构逻辑上的建立，结构坚固和形式美感的相辅相成，杆件尺寸的推敲和细部构造的设计等。对于结构本身的轻质化，经济化的探索，以及结构对于空间的解放，也是此次探讨的问题。（2）工业化建造过程：帮助学生建立建筑构件标准化、批量化预制生产的概念，并通过生动的实际项目建造过程帮助同学理解现场组装建造过程。（3）绿色技术应用：主要针对特殊地段内充足自然能源如风能、太阳能等如何充分利用，并将能源转换构件与建筑形象设计充分结合等知识进行讲解。

2.2 短期集中训练：

短期集中训练：在为期一周的课程设计中，优秀的本科生要求在吸收大量的新知识、新技术及设理念的前提下加以运用。因此要求本科生在短时间内要尽量的大幅度提高自己的理解能力、设计能力及表达能力。

2.3 理性方案生成：

概念生成过程理性：学生的方案生成具备理性的分析过程，在充分分析地段特点后，依据个体理解的不同，将地段的若干因素按主次归类，选取恰当的结构形式和可利用的自然能源，解决基地的主要矛盾，并依据钢结构的受力原理、节点加固等理论基础形成最终方案。

Gathering above the river　设计者：朱丽瑾　孟夏　王若凡
Bayonne Festival——Habitable Bridge Design　设计者：韩丹　马源鸿　侯睿
Ship of Bayonne　设计者：于歌　张越　朱少平　刘蜀
指导老师：吴健梅　杨悦　韩衍军　邢凯
编撰/主持此教案的教师：白小鹏　张姗姗

高技术生态建筑设计课程教案展示　　　　　　　　　　　　　　　　　　课程介绍

现用任务书基地照片

作业 A1

作业 B1

作业 C1

作业 A2

作业 B2

作业 C2

一、课程简介

课程名称：高技术生态建筑设计

课程简介： 高技术生态建筑设计是一门以国际化联合教学为手段的、以拔尖人才培养为目标的特色鲜明的专业课程。针对被选拔的五年制本科教学过程中的四年级学生，课程重点在于传授国际领先的建筑设计高新技术，并引进国际高水平的建筑教育方法和模式，为学生们进一步学习有关专业的最新技术、与国际化接轨，并开拓其视野扩大其知识面。

教学方法：在原有一对一授课方式的基础上，综合外国教授与本校教授的教学所长，采取针对性强、集中明确的训练方式。

教学目标：
主要教学目标是培养学生：
1）树立新颖的建筑设计观，在设计实践中充分体会与贯彻结构、技术美及相关知识的拓展设计原则；
2）开阔视野，与国际接轨，学生可汲取到最新的相关领域的知识和技术手段；
3）综合培养学生研究能力、综合解决实际问题的能力和团队协作的能力。

二、任务书介绍

现用任务书——人居功能桥梁
方案设计基地位于法国南部的巴约那市（Bayonne），该市被阿都尔江（L'Adour）分隔为南北两岸。本设计旨在通过设计一座钢结构桥梁的方式，探讨不同的可能性，以连接两岸，促进北岸的发展。同时赋之以人居功能，并结合绿色能源的利用，实现不同于传统意义的生态人居功能桥梁。
该桥上应提供有住宅功能以及商业功能的空间，具体功能分配如下：
20户住宅： 5户一室一厅 45 m²；5户两室一厅 65 m²；10户三室一厅 90 m²；要求每户住宅均配有室外空间（阳台、室内庭、露天平台等）。商业空间：餐厅、咖啡馆、酒吧等，面积共 600 m²。其他功能空间：1个小型的公共自行车库，1个垃圾间 5 m²，一个会议室 40 m²。
曾用设计题目：
（1）生物观测站
（2）海边人居住宅

三、作业评语

作业 A：起初觉得这个方案很不合理，但是最终结果很好。虽然当初看到这个方案很不合理，但是最终的成果很有说服力，从基地方面来看选型很恰当，特点鲜明，突出了科研站的特点。表现图表达了蓝天、大海、沙地和建筑的关系，非常成功，结构透视图也很恰当。总之该方案是被定义为不能实现的方案，现在实现的效果非常好，很值得赞扬。

作业 B：建筑本身的虚实组成很好，空间结构表达成功。太阳能板与建筑立面结合的很好，且与结构表达不脱离。建筑结构空间为鸟类留出了栖息空间，结构和表皮的表达很成功。细节是关键点，如果没有细节留意建筑本身身搭建不好，但与基地的关系考虑较少，无基础的相关图。

作业 C：结构的设计质量很好。结构很漂亮，但表皮较少，立面玻璃较大，可以吸收太阳能，但夏天室内的凉爽气温无法保证。细部做的很到位，作为一个短时间的设计，做的很成功。

HIGH ECOLOGICAL AND TECHNICAL DESIGN CURRICULUM EXHIBITION

高技术生态建筑设计课程教案展示　　　　　　　　　　　　　　　　　　课程特色

钢结构应用范例　　　　绿色技术应用范例

方案由来：

单体变化：

一周内学生方案生成过程

教学时间表

时间 Date	星期一 Nov.08	星期二 Nov.09	星期三 Nov.10	星期四 Nov.11	星期五 Nov.12	星期六 Nov.13	星期日 Nov.14
学 生 Students	了解任务、收集资料	了解技术、初步构思	设计、与老师讨论	设计、与老师讨论	与学生讲解方案、修改意见	检验成果表现	成果汇报
教 师 Teacher	了解任务 及成果要求	了解技术 及成果要求	与学生讲解方案、给出修改意见	与学生讲解方案、给出修改意见	指导成果表现	检验成果表现	成果演示及成绩评定

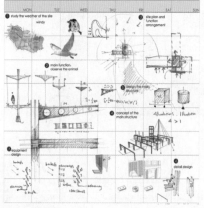

方案的理性生成过程

特色 1、教学内容专注

教学内容专注于钢结构在建筑设计中的应用和绿色建筑技术应用。

钢结构知识讲解：主要帮助学生深入地接触钢结构建筑设计，包括结构逻辑上的建立，结构坚固和形式美感的相辅相成，杆件尺寸的推敲和细部构造的设计等。对于结构本身的轻质化，经济化的探索，以及结构对于空间的解放，也是此次探讨的问题。

工业化建造讲解：帮助学生建立建筑构件标准化、批量化预制生产的概念，并通过生动的实际项目建造过程帮助同学理解现场组装建造过程。

绿色技术应用：主要针对特殊地段内充足自然能源如风能、太阳能等如何充分利用，并将能源转换构件与建筑形象充分结合等知识进行讲解。

特色 2、短期集中训练

在为期一周的课程设计中，优秀的本科生要求在吸收大量的新知识、新技术及设计理念的前提下加以运用。因此要求本科生在短时间内要尽量的大幅度提高自己的理解能力、设计能力及表达能力。
具体教学过程如下：
准备阶段：A. 考核并选择优秀的本科生，针对其英语水平、设计水平进行综合评定后选择1到十五名学生参加此设计课程；B. 中外两国教授为学生讲解最新建筑技术及设计理念的应用；C. 任务书下达后，学生搜集资料。
构思阶段：A. 设计概念形成后与老师讨论；B. 设计思路的深入化。
完善阶段：设计细部处理的推敲，并及时与老师沟通并改进方案；
成果表达及讲评阶段：建筑制图与建筑表现技法的训练。
综合评价阶段：学生最后的成果将展示在走廊供学院教师学生欣赏，杜博斯特教授对每个作品进行深入细致的讲评。

特色 3、理性方案生成

概念生成理性：学生的方案生成具备理性的分析过程，在充分分析地段特点后，依据个体理解的不同，将地段的若干因素按主次归类，选取恰当的结构形式和可利用的自然能源，解决基地的主要矛盾，并依据钢结构的受力原理、节点加固等理论基础形成最终方案。

方案深化过程理性：学生在学习钢结构力学原理与构造技术等知识的基础上，通过模型、试验等手段，并进行多方案比选，多轮次的讨论深化方案

HIGH ECOLOGICAL AND TECHNICAL DESIGN CURRICULUM EXHIBITION

哈尔滨工业大学

79

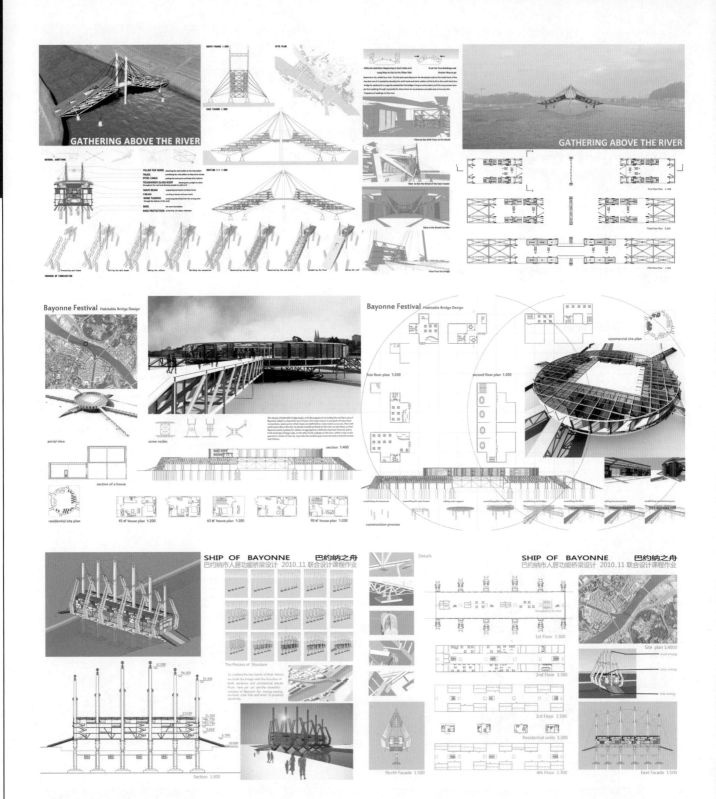

GATHERING ABOVE THE RIVER

GATHERING ABOVE THE RIVER

Bayonne Festival Habitable Bridge Design

Bayonne Festival Habitable Bridge Design

SHIP OF BAYONNE　巴约纳之舟
巴约纳市人居功能桥梁设计 2010.11 联合设计课程作业

SHIP OF BAYONNE　巴约纳之舟
巴约纳市人居功能桥梁设计 2010.11 联合设计课程作业

哈尔滨工业大学

80

单元空间组合——设计工作室建筑设计教案

Design Studio: Unit Combination
（二年级）

教案简要说明

1.教学目标
1.1 能力目标
引导学生分析简单设计问题空间、场地、功能和结构形态的关系；提升对自然界单元组合现象发现与分析的能力。

初步具有运用手工模型和图纸结合推敲方案的能力；

具有运用绘图知识和相关的色彩表现，独立完成平、立、剖和透视图，具有完整表达方案的能力。

锻炼抽取概括、具象到抽象的形象思维能力。

1.2 知识目标
重点学习单元空间的联系方式和单元空间的组合方式，建立公共建筑交通空间组织和流线组织的概念；

承接单一空间（茶室）训练，根据给定的单元空间尺寸，分析设计师对空间的基本需求，探索工作室单元室内布置方式的各种可能性。

建立框架结构基本概念，通过单元空间半给定框架和其他空间的框架结构设计学习简单框架结构的处理方式；了解结构对建筑设计的制约性以及结构与空间的关系。

使学生进一步了解设计启动的一般程序、设计过程与步骤。

2.设计任务
2.1 项目概况
设计工作室是由有一定能力的设计师带队，选拔优秀的成员组合成的工作室组织，按照公司化模式进行，以创新创业为目的，参与对外项目的制作，不仅使研究与社会接轨，并创造经济价值的一种工作模式。为了改善设计师的创作条件，拟在地块一、地块二两处各建一所设计工作室。可自行拟定设计工作室类型如建筑工作室、绘画工作室、音乐工作室、广告工作室等等具体特色内容。

2.2 基地
本设计任务书提供以下两个设计地段供选用，学生选定其中一个地段进行设计。

地段一：苏州古城山塘街地段。
地段二：苏州高新区京杭运河地段。
（基地地形详见附图）

2.3 设计内容（总建筑面积控制在600~700m²可浮动10%，面积以轴线面积计算）

	房间名称	面积	备注
工作部分	工作室7间	40m²	每一单元体平面尺寸：6.3m×6.3m或5m×8m
	模型室1间	40m²	
	活动室1间	40m²	
	展厅	80m²	
	洽谈	40m²	
辅助部分	门厅	80m²	此部分空间形态可不受单元体形态限制
	走道、楼梯、卫生间、储藏室等		面积满足基本使用要求，可自主安排

户外部分（内院及露台均不计入建筑面积）自行设计，可灵活运用内院、采光中庭及屋顶花园等方式，以满足绿化要求及设计师必要的户外活动空间，绿化率30%以上。

2.4 设计要求
（1）总平面布置应结合本地区气候特征，分析周边历史文化与人文环境特点，综合考虑建筑群体空间布局及外部景观环境设计。综合布置建筑、广场、绿地等设施。

（2）功能组织合理，分区明确，流线通畅。

（3）建筑造型体现工作室建筑特点。

（4）考虑所在地区的气候特征，合理解决自然通风采光。

（5）功能合理、室内外空间组织合理、流线畅通，并满足使用人的行为要求。

（6）建筑层数不超过3层，结构类型采用框架结构，技术上合理可行。

叶序——设计工作室建筑设计　设计者：殷悦　姚远
水陆棋盘——设计工作室建筑设计　设计者：范荻　刘志阳
茧——设计工作室建筑设计　设计者：苏玺　封苏林
指导老师：罗朝阳　申青　周曦　胡莹
编撰/主持此教案的教师：胡莹

单元空间组合
--设计工作室建筑设计

本课题是我院建筑学专业二年级上学期的第二个设计课题"单元空间组合--设计工作室建筑设计",教学周期为8周,周课时7学时,课内共56学时。

● 前后衔接

	一年级	二年级	三年级	四年级	五年级
阶段定位	设计启蒙	设计入门	设计深入	设计综合	设计综合
教学定位	建筑设计基础	以空间为主导的建筑设计	以要素为主导的建筑设计	融入城市理念的城市与建筑设计	建筑设计综合实践与毕业设计

	PHASE I	PHASE II	PHASE III	PHASE IV
空间类型	单一空间	单元组合	连续空间	组合空间
空间特性	限定	关联	引导	公共
空间功能	简单 饮茶	两种 办公展示	多种 展示洽谈办公	复合 文化活动服务
空间结构	给定框架	半给定框架	简单框架设计	深化框架设计

二年级教学内容框架

● 教学目的

以具有典型单元特征的工作室建筑设计作为载体,学习单元空间的设计与组合方式、手法和构成特点,并将构想用模型及图说进行表现。

空间组合训练
探索单元空间的组合方式和交通组织方式;
建立公共建筑交通组织和流线组织的概念;
训练由单一建筑形体向复合建筑形体的转化。

简单结构学习
建立基本结构概念,了解结构与空间的关系;
学习简单框架结构的处理方式。

设计方法引导
引导学生设计启动的一般程序、过程与步骤;
引导学生分析简单设计问题(空间、场地、功能和结构形态的关系);
引导学生进行概念性设计与具体性设计。

● 教学任务

设计要求
以40M2为一单元进行空间和形态组织,给定单元体尺寸:6.3m*6.3m或5m*8m,层高自定。同一方案单元体的形态和尺寸应统一。
成果要求:各层平面1:200、2-3个立面1:200 1-2个剖面1:200,总平面1:500、透视图及分析图实体模型1:100。
设计时间:8周

地块选择

	地形一	地形二
用地面积	2100M2	2500M2
建筑面积	700-800	700-800
绿地率	不低于30%	不低于30%
城市环境	古城保护街区内,拥挤高密度低层民居,步行交通,南面为河道。	城市新区运河边,地形开阔,相邻居住小区,城市次干道,东部为运河及景观带。
地形地貌	平地,南北向矩形	平地,东西向矩形
退线要求	东退20m、西退10m、南北退3m	东、西、北各退2m

功能设计

	房间名称	面积	备注
工作部分	工作室7间	40	
	模型室1间	40	
	活动室1间	40	
辅助部分	展厅	80	
	洽谈		
	门厅	80	不受单元形态限制满足基本使用要求
	自行安排走道楼梯卫生间 储藏室等		
户外部分	自行设计,可灵活运用内院、采光中庭及屋顶花园等。		内院及露台均不计入建筑面积绿化及户外活动空间,绿化率30%以上

阶段一 单元组合解读 第1周

基地分析

引导学生对基地及相似案例进行分析。
引导学生对自然界中存在的单元体组合方式和连接方式进行分析,抽象组织方式。
引导学生从具象向抽象的转换,帮助学生找到设计的出发点和启动点。

教学重点   案例分析

单元观察

2学时:集中讲大课,进行基本课题介绍和设计方法介绍;
2课时:分组讨论现场调研报告、案例分析;
3课时:分组讨论设计概念。

教学过程组织

阶段二 单元空间布局 2~3周

单元体制作

依据阶段一的基地分析和概念构思,引导学生尝试不同的单元体布局方式和组合方式;
引导学生从讨论单元组合的空间构成方式、手法、特点,帮助学生建立整体设计概念,结合功能、环境、空间组织,确定单元体配置方式,确定与场地的关系;
分析给定单元空间的使用及功能设计。

教学重点

4课时:概念讨论;
6课时:分组讨论单元体布局方式。
1课时:讲解如应用SketchUp设计;
3课时:分组汇报,确定概念。

教学过程组织   体块模型研究

阶段三 单元空间连接 4~5周

单元体连接选择

引导学生掌握不同类型的空间联系方式及其特点;
引导学生建立流线组织和交通空间的概念,设计线内外、水平、垂直的联系;
帮助学生建立建筑框架结构概念,结合半指定框架,设计结构布置方案;
初步建筑形态和功能关系设计和景观设计方案。

教学重点

连接模型

2课时:讲授大课,讲解结构与建筑的关系;
9课时:老师示范布柱,针对概念及单元体布局,分组讨论单元体的连接;
3课时:小组集中PPT汇报,点评。

教学过程组织

阶段四 单元空间整合 6~8周

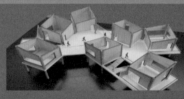

细化空间序列组织和建筑细部处理;
细化结构设计,确定设计方案;
细化建筑形态(包括材质、色彩、体量关系等);
图示表达的方法与技巧。

教学重点

正式模型

12课时:分组讨论方案细部设计,定案;
2课时:讲授图示表达的方法与技巧;
7课时:绘制正图。
评图:不同年级老师参与集体评图。

教学重点

教学指导和组织

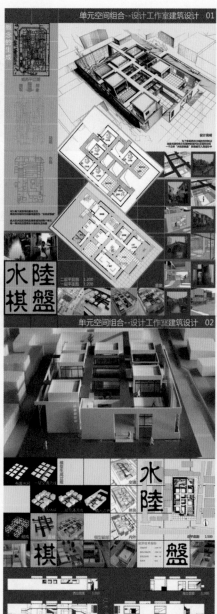

生态与技术启动的建筑设计
——图文信息中心设计教案
Design Studio: Information Center
（三年级）

教案简要说明

　　本课题教案立足于苏州科技学院五年制建筑学专业应用型建筑设计人才培养目标，结合主干设计课程的衔接关系，围绕生态建筑技术、生态建筑理念 、生态建筑设计方法、建造与构造设计、建筑室内和外部环境设计等的教学内容，强调以生态和技术启动的设计方法，注重培养学生的生态建筑设计意识和能力以及自主学习能力，合理安排教学知识模块、教学内容与教学重点等教学体系，凸显教学过程和阶段任务的落实，以形式多样的教学方法达到人才培养目标和课程的教学目标。

　　本课题教学周期为8周，共64学时，其中课内56学时，课外8学时。

光谷——图文信息中心设计　设计者：李一奇　徐佩
源·生态——图文信息中心设计　设计者：王高欣　张洁
生态补偿——图文信息中心设计　设计者：吴洁　沈心怡　陈鹏　张晗
指导老师：邱德华　胡炜　楚超超
编撰/主持此教案的教师：邱德华

建筑学三年级下学期(八周)

"生态与技术启动的建筑设计"课题教案

【衔接关系】

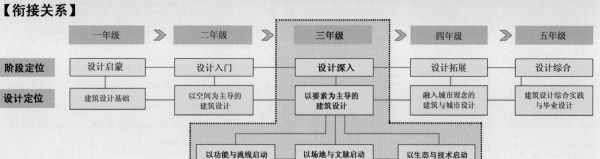

	一年级	二年级	三年级	四年级	五年级
阶段定位	设计启蒙	设计入门	设计深入	设计拓展	设计综合
设计定位	建筑设计基础	以空间为主导的建筑设计	以要素为主导的建筑设计	融入城市理念的建筑与城市设计	建筑设计综合实践与毕业设计

以功能与流线启动的建筑设计　　以场地与文脉启动的建筑设计　　以生态与技术启动的建筑设计

【教学体系】

知识模块	教学内容	教学方法
生态建筑原理	• 生态建筑概论 • 国内外生态城市的发展 • 国内外生态建筑的发展 • 国内外生态建筑评价体系	• 多媒体讲授法 • 讨论法 • 自主学习法
生态建筑设计	• 生态建筑设计原理 • 生态建筑设计内容 • 生态建筑设计规范 • 生态建筑设计程序 • 重要理念与实践概析	• 多媒体讲授法 • 讨论法 • 自主学习法 • 参观教学法
生态与技术启动的建筑设计	• 建筑通风原理与生态建筑设计 • 建筑采光、遮阳原理与生态建筑设计 • 建筑热环境因素与生态建筑设计 • 植物、水体等要素与生态建筑设计 • 生态建筑的材料与构造实践	• 多媒体讲授法 • 讨论法 • 自主学习法 • 参观教学法 • 任务驱动法
整体化设计	• 公共建筑室内设计原理 • 生态建筑室内设计概要 • 建筑室内设计与典例分析 • 建筑室外环境设计原理 • 室外环境设计方法与典例分析	• 多媒体讲授法 • 讨论法 • 自主学习法 • 参观教学法
建筑再生设计	• 建筑再生的基本理念 • 国内外建筑再生实践 • 建筑再生的设计方法 • 建筑再生的典例分析	• 多媒体讲授法 • 讨论法 • 自主学习法 • 参观教学法
图文信息中心设计	• 图文信息中心建筑设计原理 • 国内外图文信息中心的发展 • 国内外图文信息中心的典例分析	• 多媒体讲授法 • 讨论法 • 参观教学法 • 自学指导法

【教学重点与难点】

• 生态建筑的理念、设计原理、设计方法、评价体系、国内相关规范与典例分析
• 环境-建筑-室内整体化设计的理念、原理与典例分析
• 建筑再生的理念、设计思路与典例分析
• 图文信息中心建筑设计原理、方法与典例分析

【教学目标】

知识目标	生态建筑技术 生态建筑理念	生态建筑设计方法	建造与构造设计	建筑室内和外部环境设计
能力目标	培养具有生态与可持续发展意识的建筑设计能力	培养以问题研究和阶段目标为主导的研究型设计能力	培养建筑设计中的建筑技术能力	培养整体的建筑设计观,提高建筑整体设计能力

【教学过程】

教学阶段	综合认知	方案构思
时间周期	1周	1周
教学内容	• 集中授课,了解课题要求 • 现场踏勘,进行调研分析 • 搜集资料,理解生态概念 • 实例考察,认知图文信息中心	• 专题讲座,介绍生态建筑 • 讲授生态设计知识与设计方法 • 讲授功能流线,以生态为出发点的构思概念与空间模型
成果要求	• 理解课堂授课教学内容、阅读相关设计资料、完成读书笔记或资料收集 • 抄绘3个以上与本课题相关的生态设计案例并分析形成专题报告 • 交基地模型、现场分析成果A1图幅1张,包括基地分析和初步概念构思	• 形成方案构思,确定基本的生态空间模型,交 A1图幅1张,包括总图1:500、各层平面1:300、透视草图或形体构思

成果

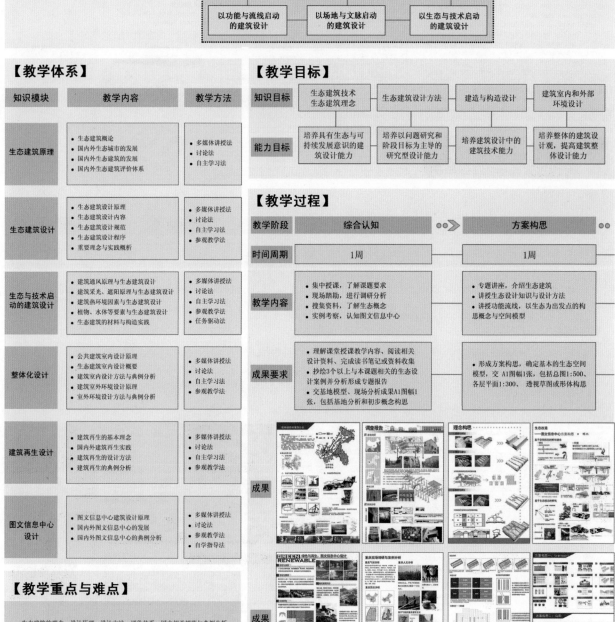

成果

【课题任务】

生态建筑—《绿色与再生—图文信息中心设计》任务书

(一)主题背景

所谓"绿色建筑"的"绿色"，并不是指一般意义的立体绿化、屋顶花园，而是代表一种概念或象征。绿色建筑的定义是指在建筑的全寿命周期内，最大限度地节约资源（节能、节地、节水、节材），保护环境和减少污染，为人们提供健康、适用和高效的使用空间，与自然和谐共生的建筑。

建筑再生，就是通过空间改造再利用、新材料运用等各种途径来延续建筑的生命使用周期。它不但使城市的历史文化记忆得以保存，也有利于减少大量旧建筑拆除所带来的建筑垃圾污染和经济浪费问题。近年来，随着我国城市化进程的加快、城市功能与产业转型的逐步推进，大量位于城市建设中心区域的工业生产、仓储用地逐渐转化为开发用地。并遗留下大量类型多样的废弃、闲置工业建筑。当前我国对城市历史与文化的重新认识，以及老建筑所具有的令人感受索扣的独特魅力，使闲置空间与旧厂房再生利用设计成为我国建筑界的一个设计研究的热点、焦点。废弃、闲置工业建筑的再利用不仅涉及建筑空间再生的设计技术、材料的层面，更涉及建筑作为文化平台的地域性与多样性表达。

本次设计可持续建筑设计竞赛以旧建筑更新为主题，希望通过应用"建筑信息模型"（BIM）以及能耗模拟分析来实现绿色建筑设计，并因此促进在大学生对低碳城市与绿色建筑的深入认识，探索其可持续发展观念以及数字技术在建筑设计领域的针对性应用策略，加强在校大学生对数字技术应用的认识，提高其在可持续设计方面的实践向科技。

本次题目"图文信息中心"是集图书馆、阅读、电子信息查询、多媒体展示及学术交流等功能为一体的现代信息交流空间；重庆市大学城新区信息中心是在重庆大学城特定文化环境背景下，结合基地特色，为当地高科技产业园配套的信息交换查询平台。

(二)项目概况

1) 历史背景：重庆有着悠久的军工基地的历史背景，抗战胜利后，重庆已成为中国国防工业的中心，507兵工厂库房位于虎溪电机厂厂内，为上世纪50年代由苏联援建的第二梯兵学校的一部分。现兵工厂仓库部分曾经是62研究所所在地。

2) 基地现状概况：基地为重庆大学城巴渝职业技术学院新校区内用地内，为原国507厂厂区内保存完好的大空间厂房设施三座，厂区内生态条件优越，现状植被葱郁，古木参天。可取其中一座厂房作为本设计的范围，完成对该厂房的改造设计，并努力使建筑达到绿色低碳的效果，详见附图。

3) 区位及交通关系：基地周边交通便利，区位较佳，用地东侧为重庆市电子技术学院，西侧隔规划城市干道（红线宽度50M）繁临陈家桥镇，学院与陈家桥镇可形成良好的功能联系。

4) 场地特征：基地内部场地地势总体较为平缓，局部略有起伏；

5) 设计规模：

a. 总用地面积：5728m²左右（见原始地形及红线）；
b. 总建筑面积：约4500m²（可据设计适当调配±10%）；
c. 设计投资：30万元，酌量兑容积率：600座；
d. 建筑层数：由设计者根据设计需求自定；

其它经济技术指标据设计确定

(三)设计要求

1) 图文信息中心功能宜与场地及周边原有活动结合，解析不同阅览人群特征，通过建筑形态、空间、流线设计，强化场所氛围与情景塑造；

2) 设计方案应有效解决各功能模块的空间组织关系，妥善处理建筑与环境的关系，紧扣"再生"的涵义，探索工业建筑改造设计的策略与方法，尊重已有空间秩序，减少建筑场地及周边自然环境的干扰，对场地景观建筑进行生态化设计；

3) 结合一项或几项生态和绿色技术策略化设计，由此产生示范作用并作为技术研究的载体；

4) 建筑容积率不低于30%，停车位要求地面机动车停车位12辆，应考虑无障碍设计，包括设置残疾人坡道以及残疾人专用厕位、电梯等；

5) 为实现建筑节能，建议参照我国《公共建筑节能设计标准（GB 50189-2005）》中的4.2.2、4.2.4和4.2.6这三条强制性标准进行设计。

(四)功能组成

建筑的功能组成见下表：

房间分类及名称		数量(间)	建筑面积(m²)	备注
公共用房	门厅	1	150	含展厅、报刊、新书陈列等
	读者物品寄存／服务台	1	350	含小卖吧台）、咖啡吧、加工厅等；可酌情部分兼设成展厅或研讨室
	目录检索			
	咨询出纳厅	1	250	可集中设置，临时分类设置
	教育室			
阅览用房	综合阅览室	2	共300	
	专业阅览室	3	共300	
	期刊阅览室	1	80	
	电子阅览室	1	80	
	珍藏阅览室	4	各20 m²	
	视听阅览室		300	含大型视听室1间(150-200m²)（可同时作为学术报告厅、视频小房3间(各20m²/间)、中心控制室1间(20m²)，建议及时在出普通视听室40m²
库房中心	藏书区		600	基地本不得300m²以上，若布局则分布时普通阅览室
	采编室		150	包括验收、登录、分类、加工
	目录室	1	40	
	计算机室	1	100	
	复印室	1	30	
	消毒室	1	30	
中心管理及办公用房	中心控制与主机房(机房)	1	30	
	办公室	1	50	
	会议室	2	50	
	美工室	1	20	
	配电室	1	25	
	消防控制中心	1	50	
	厕所、走道、楼梯间		自定	按照商贸女使用人数平均标准，每等60人设置大便器1个、小便器1个；女每30人设置大便器1个。

(五)设计成果

1) 设计图纸内容

a. 总平面图1:500；各层平面1:200~1:300；完整立面（2个）1:200~1:300；剖面（1~2个）1:200~1:300；室内透视（1~2个）限表达建筑公共空间部分；
b. 生态分析模型及相关分析图、轴测图。有实物模型的图纸上可有其照片；
c. 必要的方案文字说明和生态建筑设计分析及技术说明。

（以上内容约需2~3张A1图纸，构图横向整而不限。）

2) 设计图纸要求

a. 设计成果的内容必须符合规划设计任务书的有关要求和国家有关标准。
b. 建筑设计图纸A1大小（841mm×594mm）2-3张，不透明图纸。
c. 容许打印电子文件印出册，但必须符合设计要求。

3) 设计成果的深度

应符合中华人民共和国有关规划与建筑设计规范规定的规划与建筑方案设计的深度要求。

b. 所有设计成果的计量单位均应采用国际标准计量单位。长度单位：总平面图标注尺寸以米（m）为单位，建筑设计图标注尺寸以毫米（mm）为单位；面积单位：用地以公顷为单位，建筑以平方米（m²）为单位；体积单位：均以立方米（m³）为单位。

c. 图纸图纸和文件必须做到清晰、完整、尺寸齐全、准确，同类图纸规格应尽量统一。

(六)时间要求

本设计要在接收任务的8周内完成。

(七)附件：地形图及相关资料

建筑系网站FTP上自由上载区\作业交流区 文件夹中下载电子文件。

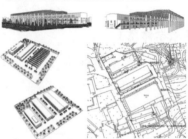

方案深化	设计深化	设计成果	评价分析
2周	2周	2周	课外
• 专题讲座，介绍建筑再生 • 讲授建筑再生的设计方法 • 明确生态概念，与建筑再生进行有机结合	• 集中授课，讲授室内设计与室外环境设计 • 讲授建筑技术在再生改造中的应用 • 讲授环境—建筑—室内整体设计方法	• 集中授课，讲授建筑规范、制图和正图要求 • 讲授排版、分析图与图纸表现	• 最终评图
• 成果A1图幅1张，包括构思理念、总图1:500、各层平面1:300、立面和剖面1:300、形体透视与构思草模 • 设计符合生态建筑和建筑再生要求 • 明确功能模式与结构模式	• 成果 A1图幅1张，包括总图1:500、各层平面1:200、立面与剖面2个1:200、模型1:200、室内局部 1:50、形体透视 • 明确概念在室内外环境设计中的表达	• 正图定稿 • 梳理表达思路、排版 • 掌握效果图的表现技法	• 五分钟陈述和PPT汇报

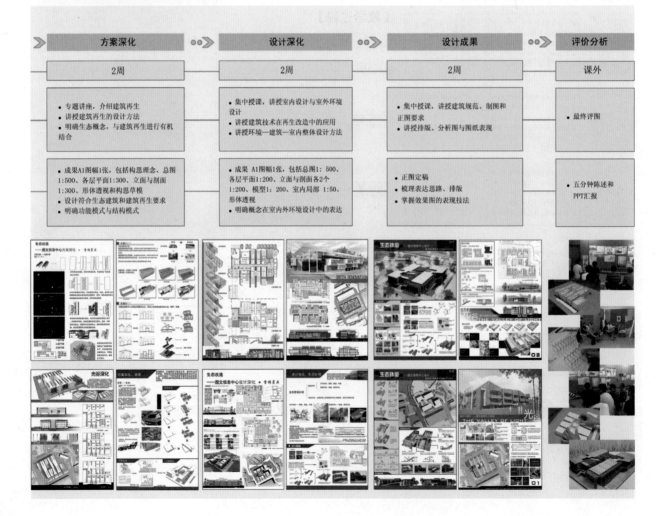

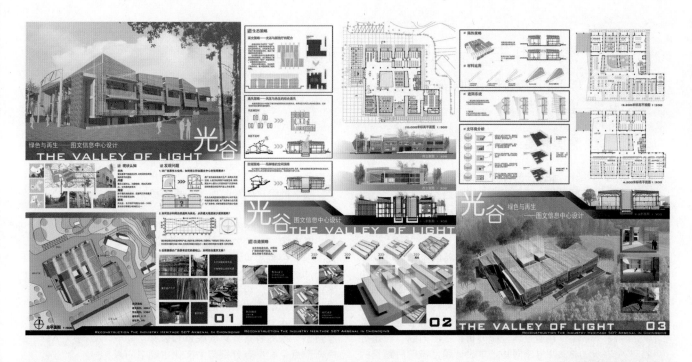

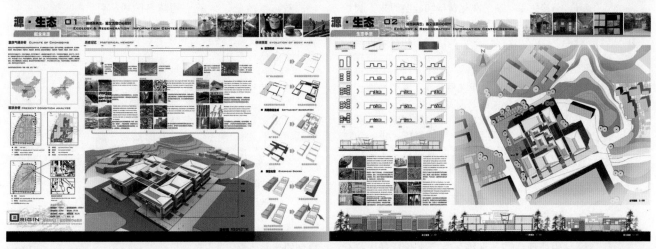

聚落再生——四明山乡村更新设计教案
Design Studio:Village Renewal
（三年级）

教案简要说明

本设计题目的教学目标：关注社会、发掘文化、场所营造、空间语言

本设计题目的教学方法：体验式教学、跨文化教学、范例式教学、自主性教学

设计题目的任务书：

本次设计基于一个村落的整体环境，在基地范围内确立符合时代要求的居住形式和建筑类型，并完成建筑设计。其总体目标是要求学生在准确了解现状和村落历史、文化及社会背景的基础上，分析任务书给予的条件，并通过调查和分析，提出问题、设定方法，并寻求解答。本设计题目与前后题目的衔接关系：调研文化背景和社会诉求，讨论和分析地形（邀请外教参加）。

试作过程：调研文化背景和社会诉求，讨论和分析地形（邀请外教参加）；讨论主题（师生交流，课堂展示讨论）；修正主题（师生交流，课堂展示）；草图构思（总平面，综合主题、环境、功能布局之间的关系）；草图修改（如何推敲形成形式美和空间美）；草图深化（单体推敲，进一步烘托主题）；版式构思（参考与自身主题定位相结合）；整体表达的修改（新颖，突出主题）。

本设计题目与前后设计题目的关系：前面相关的题目，计有乡土民俗博物馆等，乡土民俗博物馆（1）训练了对特定基地地形的处理；（2）训练了特定文化背景中文化主题和文化元素的提取。

教学过程：破题阶段、构思阶段和表达阶段。

相应学生作业点评：

史瑶组——酒文化体验村落 设计者发掘了浙江余姚的黄酒文化，并以"青花瓷"为母体对这一传统文化进行了重新解读。方案的空间序列、组团命名到建筑语汇的各个设计层面，都表达出对酒文化的理解，有力地烘托了设计主题。 设计者以组团为单位营造出一系列各具特色的院落和公共空间节点，节点空间形态分别与酒文化主题中的兴起、意浓、微醺、大醉、酒醒各阶段相呼应，并由相应的古诗词中撷取院落名称，展现了设计者较高的传统文化修养和较强的空间设计与表达能力。

颜会闾组——姚剧票友公社 设计者发掘了当地传统文化中所蕴含的姚剧艺术主题，并以"戏灯"为母体对这一传统文化进行了重新解读。方案在整体布局、组团形态、建筑语汇等各个设计层面都与"剧场"、"灯"相呼应，设计主题的表达较为充分。 总平面布局以组团为单位，形成一系列相似的院落空间，进行多种空间组织手法的灵活运用。院落形态的重复形成一种韵律感，如同戏曲中的一唱三叹，强化了设计主题。院落组团围绕中心戏台展开，烘托了戏台的核心地位。

山水印 **设计者：**郝晓阳 习开宇 周青
稻香银寨 **设计者：**涂文 刘昶 王婕
酒文化体验村落 **设计者：**史瑶组
姚剧票友公社 **设计者：**颜会闾
指导老师：王炎松 袁雁 庞辉 欧阳玉 杨丽 张霞
编撰/主持此教案的教师：王炎松

聚落再生
——四明山乡村更新设计教案

教学目标与定位 01

三年级教学总体目标

当今中国建筑师正经历着冲突与融合的考验，经济的快速发展、社会的巨大变革、历史印迹的快速消褪、城市特征与风貌的集体丧失都给建筑设计带来新的命题。本学年希望通过"建筑与文化"这一主题，结合相关设计任务，使同学们开始关注当代社会的实际状况，了解城市（乡村）、建筑与居者（使用者）之间的相互作用模式，理解建筑与社会二者之间的关系，同时发掘中国的地域性文化元素，并主动运用于设计作品，通过教学组织，培养和训练学生运用专业技能解决以上问题，表达自己对社会与文化的理解，最终实现全面的素质教育。

教学前后关系

建筑设计系列
第一学年：建筑与空间
第二学年：建筑与环境
第三学年：建筑与文化
第四学年：建筑与技术
第五学年：建筑与城市

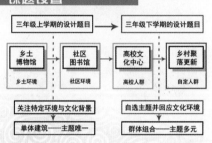

三年级教学总体框架

总体目标	关注 社会	发现 文化	专业 培养	素质 教育
教学主题	社会责任		文化发掘	
方法训练	体验	发现	学习	创造

场所：通过对特定地域环境和文化背景下的场所体验，帮助学生在建筑设计中关注建筑的特殊环境与文化背景。
社会：通过设置开放式的教学主题，鼓励学生深入社会，关注社会，发现社会问题并尝试通过建筑师的方式加以解决。
空间：强调建筑设计中的空间语言，学习建筑内外部空间的转换，在解决建筑的功能的同时，塑造丰富的空间体验，并使之与所要表达的社会与文化主题相一致。
文化：通过课题的设置和教师的引导，发掘中国的传统文化要素，并加以理解和创新，使得设计方案能够体现对地域文化和特定场所的。

课题设置

三年级上学期的设计题目 → 三年级下学期的设计题目

乡土博物馆	社区图书馆	高校文化中心	乡村聚落更新
乡土环境	社区环境	高校人群	自定人群

关注特定环境与文化背景　　自选主题并回应文化环境

单体建筑——主题唯一　　群体组合——主题多元

三年级上
设计1（8周）：
乡土博物馆设计　案例图纸1：可移动的干栏
　　　　　　　　　案例图纸2：山中的客厅

设计2（10周）：
社区图书馆设计　案例图纸1：咸安坊改造
　　　　　　　　　案例图纸2：新历史，老生活

三年级下
设计3（8周）：
高校文化中心设计　案例图纸1：石村书事
　　　　　　　　　　案例图纸2：寻涧见石

设计4（10周）：
乡村聚落更新设计　案例图纸1：林中漫步
　　　　　　　　　　案例图纸2：顺山顺风顺水

设计任务书

主题阐释
本次设计基于一个村落的整体环境，在基地范围内确立符合时代要求的居住形式和建筑类型，并完成建筑设计。其总体目标是要求学生在准确的了解现状和村落历史、文化及社会背景的基础上，分析任务书给予的条件，并通过调查和分析，提出问题、设定方法，并寻求解解。

教学目标
关注社会：关注当代乡村居住现状，能分析和总结，提出解决问题的思路。
发掘文化：熟悉传统乡村聚落的组合与布局方式和空间特点，深入理解和挖掘传统文化元素。
场所营造：能结合具体环境、文化背景和当代社会诉求来确立设计主题，并根据既定设计主题以来进行建筑的组合布局和单体建筑设计。
空间语言：熟练处理形体空间和功能的转换，运用专业技能解决现实问题。

项目背景
本次设计任务的基地位于宁波四明山北溪村、茅镬村和中村村，在其中任选一块作为基地。
要求结合当前实际情况和未来发展需求，在保持原有村有落肌理和风貌的前提下，对村落加以改造，改造方式包括：保留、改造和新建。新建建筑应立足于原有村落山水格局与街巷肌理的基础上，对村落进行环境塑造，由此创造新的居住模式，适应村民、外来旅游或度假居民的居住需要和精神诉求。

设计要求
结合调研，确定本次设计的建筑类型和居住方式，并完成以下设计环节：
1）社会调研
深入基地进行调研，对基地的地理条件、周边环境、文化背景、社会环境等问题进行全面了解，结合宏观的社会背景根据调研成果提出该地区发展方向。
2）基地规划
在充分考虑和尊重原有建筑格局与街巷肌理的基础上，对基地进行环境塑造，包括保留重要的历史建筑，拆除或改造部分旧建筑，布置所需要的新建筑。
3）建筑设计
根据调研成果，结合基地的历史文化环境和社会经济背景，确立该地区的建筑形式和居住模式，设计符合该地区居住和生活需求的建筑，可根据需要设计供不同人群居住的居住建筑，及公共建筑。

成果要求
设计说明：包括必要的文字说明与经济指标。
调研报告：包括经济效益分析、社会效益分析、造价、投资、使用人群和利用模式等内容，论证所提出的居住模式的合理性和建筑开发的可行性。
设计图纸：
总平面图；
2-3种主要建筑类型（新建\改造居住建筑及公共建筑）平立剖图；
主要公共节点、街巷节点或广场景观设计节点1-2处；
建筑群体立面图（角度自选）；
村落鸟瞰效果图；
场地分析、流线分析设计构思 自定

教学方法

体验式教学
跨文化教学
范例式教学
自主性教学

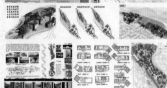

建筑与文化——三年级建筑设计教学

聚落再生
——四明山乡村更新设计教案

教学组织与方法 02

教学进度

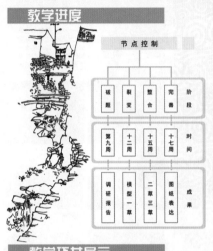

节点控制

破题	裂变	整合	完善	阶段
第九周	第十二周	第十五周	第十七周	时间
调研报告	模型一草	二草三草	图纸表达	成果

设计阶段		学习内容	主要目标和学习形式	设计阶段	学习内容	主要目标和学习形式
任务解读与基地调研	第9周	讲解授课：集中授课、任务书讲解、启发、地形解读 调查分析：安排、组织学生选择地段，并分组调研	学生分组，每组3人，开展基地调研 调研内容包括：相关乡村的功能、沿革、现实案例和考查场地环境和文化背景，分析特定文脉内涵、有利和不利的案因素、社会现状问题等	第13周	二草设计 指导学生进行方案设计深化，进一步推敲和细化总平面与单体，紧紧结合设计主题	掌握与主题特色相适应的总体外部空间以及单体空间与功能的转换方法。提交A3手绘草图和基地模型，要求按比例绘制。
	第10周	问题讨论：在调研的基础上，进一步进行针对性和深入的文化内涵分析、社会现状分析和地形地貌分析；对社会诉求进行感受和体验，进行初步空间意象分析。	根据调研成果进行ppt汇报，并提出拟解决的问题进行课堂讨论；提交场地分析图纸，初步构思草图。	第14周	方案深化 对构思过程和立意主题的重视，再一次综合回顾和强化、清晰化整个构思过程，并运用建筑语言加以表达。	进行ppt的年级汇报，年级组教师及外聘教师进行公开评图。加强横向交流，促进相互学习。
初步构思与主题修正	第11周	概念形成和模型推敲：引导学生进行设计理念探讨，学生小组讨论并正式提出设计主题并和老师交流，老师注意引导，避免主题重复和缺乏特色	强调"特殊地形环境和特定文脉内涵"，学习从"地理环境"、"地域文化"和"社会调查"等方面出发进行储能的构想技巧与方法。提交A3徒手草图，包括立意分析、总平面、基本功能	第15周	三草设计辅导 深化结构、构造、物理等技术因素的配套设计	提交A3徒手绘图纸，包括总平面及建筑单体设计所有图纸；进一步深入细部，进行结构、构造试验，在深化过程中发现各类技术问题，推动学生将设计表达具体化，对图面表达加以整体构思，学习是佳的成果表达方式
	第12周	一草设计：指导学生根据所选定的主题来梳理基本思路，初步确定总平面，并制作体块模型辅助表达	学习及平面如何反映主题特点和契合地形的构思方法。提交草图研究稿、草图和手工模型展示，ppt汇报，全班讨论，教师评讲	第16周	三草集中讲评 对提出的表达构思和版式进行版级展示、交流，相互借鉴、启发，确定表达方式	
				第17周	正图辅导 针对表达的细节，师生讨论交流，方案细部的最后修改和调整	进一步推敲、完善表达效果，突出和衬托主题特征
				第18周	成果表达	提交正式成果，并进行公开评图

教学环节展示

教学阶段

分为由目标到制作、由结论到主题，从合到分和从分到合的四个阶段。

任务解读与基地调研	初步构思与主题提炼	方案深化与技能训练	方案完善与图纸表达
破题	裂变	整合	完善

教学示范

教师采用列举案例、草图示范来启发学生的构思，并在组织班级讨论，互相作展示启发。

  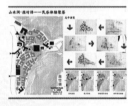 

设计过程

亲身体验当地的自然和人文环境，得到感悟，以此为基础提炼出主题，并围绕主题挖掘相关元素，经推敲、塑造，并最终完善为图纸表达。

体验	感悟	提炼	挖掘	转换	塑造	推敲	完善

| 自然山水 | 人文背景 | 情感触动 | 灵感酝酿 | 节点切入 | 主题凝练 | 自然要素 | 人文要素 | 功能组织 | 环境处理 | 整体布局 | 形体塑造 | 文题对应 | 意境渲染 | 细节修正 | 图纸表达 |

作业案例

印章组在老师的启发下，从现场的石头和当地的书法出发，产生山水印主题并完善概念构思。

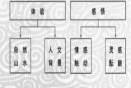 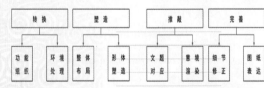

酒文化组在老师的引导下，利用青花瓷和流水元素运用到建筑塑造和环境营造，以一片淡韵表达绍兴酒。

   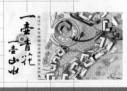

建筑与文化——三年级建筑设计教学

聚落再生
——四明山乡村更新设计教案

作品展示与评析 **03**

作业展示

类型1：社会人文的关注

不老驿站——山地自行车手部落

选题具有时代气息，反映了设计者对自行车远途骑行这种新兴的生活和行为方式的洞察力。通过"自行车驴友"这一特殊人群的生活方式，找到现代城市人群与传统乡村生活的契合点，形成了外来文化与本地文化、新兴文化与传统文化、行者文化与定居文化之间的冲击、交流与融合。本方案较敏地发掘场地所具有的"双向包容"特点，并灵活运用组团和条块分割的手法对场地进行了有效的组织。建筑功能与流线设计充分考虑了自行车驴友驿站的使用特点，建筑形态尊重地形高差及梓林村和自然松林的外部环境，并与之和谐共生。

稻香银寨——养老中心设计

选题反映了设计者对当前我国社会老龄化问题的思考，提出了"回归式养老"，将养老中心设计与乡村改造结合起来，为同时解决老年人居住和乡村发展问题提供了一种创新思路。方案定位准确，立意明晰，对主题的表达较充分。本方案充分利用了北溪村块地的环境特点，使新建养老中心与原有村落隔溪相望，保留了老村的完整性，同时沿溪流布置的公共空间节点，加强了养老中心与当地居民的交流和联系。

类型2：传统文化的诠释
THE EXPLANATION OF THE TRADITIONAL CULTURE

山水印——书法爱好者基地

设计者发掘了当地传统文化中所蕴含的书法艺术主题，并以印章为母体对这一传统文化进行了重新解读。方案在居住建筑、公共建筑和外部空间的布局中塑造了多重图底关系，并在其中进行灵活的虚实转化，充分表达了"印章书法"的文化主题。设计方案的整体空间围绕公共节点有序展开，形成完整而统一的村落形象。多重图底的转换反映了设计者严谨的思维逻辑和较强的设计与表达能力。

剧里局外——姚剧票友公社

设计者发掘了四明山当地传统文化中所蕴含的姚剧艺术主题，并以"灯戏"为母体对这一传统文化进行了重新解读。方案在整体布局、组团形态、建筑与各个设计层面都与"剧场"、"灯"相呼应，设计主题的表达较为充分。总平面布局以组团为单位，形成一系列相似的院落空间，进行多种空间组织手法的灵活运用。院落形态的重复形成一种韵律感，如同戏曲中的一唱三叹，强化了设计主题。院落组团围绕中心戏台展开，烘托了戏台的核心地位。

青花瓷——酒文化体验村落

设计者发掘了浙江余姚的黄酒文化，并以"青花瓷"为母体对这一传统文化进行了重新解读。方案的空间序列、组团命名到建筑语汇的各个设计层面，都表达出对酒文化的理解，有力地烘托了设计主题。设计者以组团为单位营造出一系列各具特色的院落和公共空间节点，节点空间形态分别与酒文化主题中的兴起、意味、微醺、大醉、酒醒各阶段相呼应，并由相应的古诗词中撷取院落名称，展示了设计者较高的传统文化修养和较强的空间设计与表达能力。

整体点评

教师的话

本次设计主题的目标并不仅仅是一个建筑功能和形态，而是从社会文化的大背景出发，通过多种因素的综合考虑，寻求设计中的社会属性，明确建筑师的社会职能。期望同学们结合任务书和本次设计主题，挖掘中国传统乡村文化，分析当前中国乡村的社会现状，充分展开调查研究，探寻当前乡村聚落兴衰背后所隐含的问题与困境，并寻求解决的方法，提出乡村聚落未来发展的可能途径，并完成设计表达。

从同学们的作业成果来看，大部分同学对中国文化的兴趣，激发了同学对中国文化的兴趣，并关注了各类社会问题，在人群选取和文化要素发掘上级大展现了创新性，并在教师的指导下实现文化要素与建筑设计的契合。作业选题呈现多样化，可归并为对社会人文的关注和对传统文化的诠释，成果完成度较高，同学们的人文素养和综合素质均得到较大提高。

同学们的话

大三的学习主要围绕建筑和文化展开的，建筑方案的切入、推敲、深化、成形。基于一个主题的前提下，才会做的更顺手，更深入，更有特色才会形成更自由、更多元化的设计风格。

一个有文化含义的设计才会是一个好设计，不能为了做一个设计而做设计，要找到一个有鲜活生命意义的元素去设计，设计才会有意思。

对于大面积的类似村落这样的设计，不再是简单单单的挨个挨个排座场，而是找到一个主题文化元素去切入，由此找到一个组织排列建筑的有效依据，这样的建筑设计才有根据，有内涵。

做一个设计，我们需要从各个角度去做，从多元化的方面去考虑，从众多的文化元素中，找到最适合自己设计的文化元素，锻炼自己的开放性思维，尽量做出不同风格的建筑设计。

主题鲜明

功能复合

成果多样

建筑与文化——三年级建筑设计教学

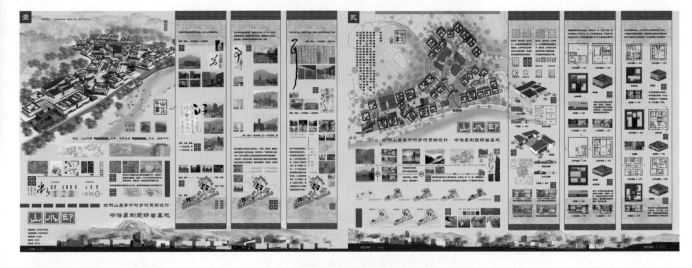

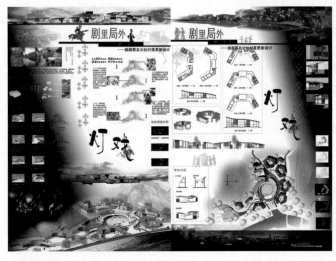

环境&空间——景区茶室设计
Design Studio:Teahouse in the Park
（一年级）

教案简要说明

1.教学框图

环境认知与设计：外部环境认知——城市空间认知

空间环境设计——外部空间设计

空间认知与设计：建筑空间认知——建筑先例分析

建筑空间设计——景区茶室设计

2.教学目标

本课程设计旨在训练学生在周边景观比较丰富的场地内，组织好较为复杂的小型公共建筑的功能，培养方案构思与创意的能力。

训练对空间的感知和空间设计的能力，创造富于个性与特色的餐饮环境与氛围，同时加强对人的行为心理的了解。

（1）考虑具体场地条件对建筑空间的影响；

（2）考虑建筑物的特定功能与空间和结构的互动；

（3）认识建筑材料及其相应的结构、构造与空间的互动；

（4）了解简单形体与空间设计的基本要素及其构成；

（5）掌握通过实物模型进行设计研究的工作方法。

3.设定条件：茶室总建筑面积：320～350m²；

相关功能内容

（1）门厅——引导顾客进入，休息的缓冲区域，大约10～15m²；

（2）吧台——为制备茶水饮料及小点心、洗涤餐具及消毒，大约15～30m²；

（3）储藏室——功能主要为存放原料，大约15～20m²；

（4）厕所——男女各一间，外加清洁室，大约20m²；

（5）室内饮茶区——可以有两人坐、四人坐以及六人坐等，还可以有2～3个包间，总面积大约150m²左右；

（6）半室外饮茶区——有顶的室外空间，按照顶面面积计算一半，可以是半室外亲水平台，或者是二层露台空间等；

（7）楼梯——茶室可以设计局部为二层空间，设置开放式楼梯，悬空部分可适当做些隔断放置杂志等，楼梯面积自定。

各项功能面积只是提供作为参考，各人可根据设计方案进行适当的调整，其余相应的一些交通和辅助部分请设计者根据实际情况和面积进行选择安排。

4.教学过程

设计阶段一：场地环境研究——现状分析及总体布局，时间（1周）；设计阶段二：建筑形体构成——功能及环境双重作用，时间（1.5周）；设计阶段三：建筑空间建构——结构及材料双重作用，时间（1.5周）；设计阶段四：建筑空间界面——细部研究及界面塑造，时间（1.5周）；设计阶段五：建筑手绘表现，时间（1.5周）。

作业1小桃园茶室设计　设计者：季程　李乐

作业2小桃园茶室设计　设计者：焦准　邬雨

作业2小桃园茶室设计　设计者：徐伟深　王淑霖

指导老师：周扬　姜雷　倪震宇　王一丁　程佳佳　林宁

编撰/主持此教案的教师：沈晓梅

南京工业大学

2011 AUTODESK杯全国高等学校建筑设计教案和教学成果评选

建筑设计课程整体框架

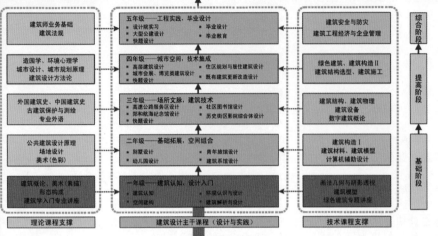

理论课程支撑　　　建筑设计主干课程（设计与实践）　　　技术课程支撑

一年级教学框架
一年级教学属于建筑设计基础教学范畴，担负建筑学专业的启蒙教育作用，注重学生的认知、分析和设计建筑及其环境的基本素质的训练。教学思路以**创新思维、感性认知、理性分析、整合设计、清晰表达**并重的训练模式为主。对应的课题设置为：建筑初步认知，形态构成训练，空间建构，外部空间空间与环境，小型建筑解析与设计。

一年级教学目标
- 初步建立建筑基本概念
- 掌握图纸基本表达方法
- 训练视觉艺术思维
- 树立空间的基本概念
- 建立清晰的设计思维

一年级教学进程与学时安排
第一学期（112学时）
1、建筑设计入门（4学时）
2、识图与建筑测绘（36学时）
3、构成与视觉（32学时）
4、空间建构（40学时）
第二学期（112学时）
1、环境认知 24实验学时
2、外部空间设计（36学时）
3、建筑认知（36学时）
4、小型建筑设计（40学时）

教学内容

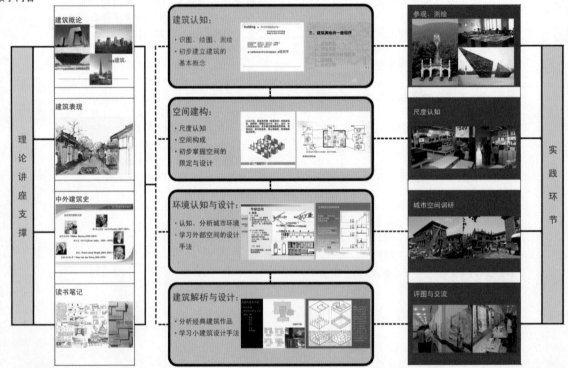

教材与参考书

环境·空间——景区茶室设计

一年级建筑设计基础

课程设置

阶段一：建筑认知

建筑初步认知 → 抄图与测绘
初步认识建筑空间及形体，掌握建筑绘图的基本知识。

形态构成训练 → 平面构成 / 立体构成 / 色彩构成
点、线、面抽象元素按照形式美法则构成及综合建构，进行视觉艺术思维训练。

阶段二：空间建构

空间建构 → 尺度认知
用人的尺度理解周围的日常空间，用分析的方法思考身体尺度与空间的关系。

空间建构 → 空间构成
在限定的空间网格内运用加减法进行空间设计，掌握建筑空间的基本类型以及如何限定空间

空间建构 → 宿舍改造
叠加上下两个现有大学生宿舍空间单元，在其内部从使用角度进行空间限定与设计。

阶段三：环境认知与设计

外部空间与环境 → 南京1912街区外部空间认知
观察、认知城市环境，对南京1912街区进行区位分析、区域分析、节点分析。

外部空间与环境 → 外部空间设计
通过对给定条件的点、线、面三要素的设计来限定不同功能的空间，满足人的休憩、交通、聚会等活动。

阶段四：建筑解析与设计

小型建筑解析与设计 → 大师先例分析
从场地、空间、功能、流线等角度，运用图示语言分析作品中的设计与组织逻辑。

小型建筑解析与设计 → 景区茶室设计
与小桃园环境相融合，考虑建筑的观景性及建筑本身即为景观的双重特点。
场所、空间与建构的统一。

环境·空间——景区茶室设计

教案内容

教学目标：

本课程设计旨在训练学生在周边景观比较丰富的场地内，组织好较为复杂的小型公共建筑的功能，培养方案构思与创意的能力，训练对空间的感知和空间设计的能力。

1. 考虑具体场地条件对建筑空间的影响
2. 考虑建筑物的特定功能与空间和结构的互动
3. 认识建筑材料及其相应的结构、构造与空间的互动
4. 了解简单形体与空间设计的基本要素及其构成
5. 掌握通过实物模型进行设计研究的工作方法

任务条件：

南京挹江门小桃园地段，图中已给出具体用地范围，其中共有两块基地可供选择，现有树木可根据实际情况选择性保留。

通过现场勘查熟悉基地，确定总平面设计用地当中的建筑物基地位置以及总平面布局。

根据茶室设计的具体功能，进行功能调查或先例研究，鼓励从实际体验中理解各种功能特点。

茶室建筑面积：320～350平方米

1. 门厅
2. 室内饮茶区
3. 吧台
4. 储藏室
5. 厕所
6. 半室外饮茶区
7. 辅助交通空间（楼梯、走廊等）

阅江楼景观　　四望亭景观　　古费观景图　　古城墙景观　　水上步行桥　　远处电视塔

护城河　　渡江纪念碑　　挹江门　　四望亭　　基地-1　　基地-2

阶段一

场地环境研究

现状分析调研

在对两块基地进行踏勘比较之后，选择其中一块作为设计基地；确定该用地范围内需保留和不需保留的现状要素，进行简单的测绘工作，绘制用地现状图。

总体布局研究

在选定基地中合理组织茶室设计的用地、室外活动空间、小品、绿化、自行车停放等用地。进行总平面设计时，可考虑合理利用基地内的高差，形成丰富的室外环境空间。

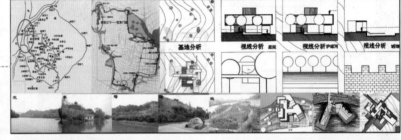

基地分析　　视线分析 庭院　　视线分析 护城河　　视线分析 城墙

阶段二

建筑形体构成

环境功能互动

根据实际使用和环境质量对各空间构思具体化，以实现合理生动的空间组织为目标，完善茶室设计的平面布置草图，理解空间序列的概念。

形体构成演变

通过空间构成强化环境的优势，同时减少或避免不利的环境因素对建筑的影响；调整空间构成各部分之间的关系，形成有良好空间关系和外部形体关系的空间构成模型。

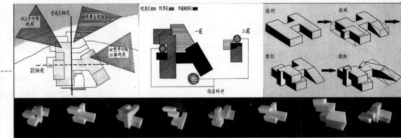

阶段三

建筑空间建构

结构空间互动

考虑建筑物的结构方式，感受不同结构所对应的不同空间品质；理清结构构件和空间限定构件的关系。利用"结构-空间"之间的互动，推进和深化"结构-空间"模型。

材料认知研究

考虑对限定空间的实体要素的具体材料和构件的落实，将各种抽象要素转化为具体构件，根据空间设计的意图，对建筑物内部空间进行组织、分隔。

剖面模

阶段四

建筑空间界面

细部认知研究

结合空间设计的意图，理清各个材料和构件在结构或构造层次上的组织、等级关系，表达清楚构件与构件交接部位的关系。落实构件尺寸，结构的跨度及主梁、柱，以及次梁（肋）、立筋的断面尺寸。

空间界面塑造

建筑分隔、围护的完善，要求考虑气候边界，尝试和体验围护材料的透明、半透明和不透明等视觉感受。

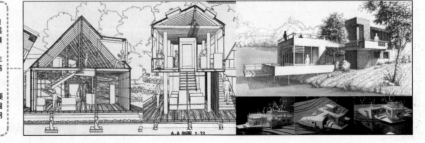

A-A剖面 1:33

南京工业大学

97

建筑系馆设计教案
Design Studio: Architectural Department Hall
（三年级）

教案简要说明

1.循证教育与循问教育

循证教育，基于证据的教育思想，包括三个方面，学科背景、职业教师、专业学生。证据的意义是多元的。有关设计的情感、意愿、知识、原理和理论，当面对具体问题的要求时，转化为证据和对证据的研究，则"循证教育"在教育实践和具体课程的教学执行中，可转化为"基于问题的教育"，简称"循问教育"。

循问教育之于学生，让问题引导学习。循证教育之于教师，让指导基于证据。建筑教育有多种问题系统。基本的，由循证教育之三要素所派生，包括"建筑学的问题、建筑师的问题、建筑物的问题"，这是建筑学教育的"普通知识系统"，也是本教案的基本设计依据。

2.设计课的问题系统

设计课原是建筑学概念的实践、建筑师工作的模拟、建筑物组成的认知。设计课中如何有建筑学？进一步的，如何设计？设计什么？设计出什么？初学设计的人，不是不知道"如何设计"，而是不知道"设计什么"。基础教育中，了解"设计对象"的"组成层级"是重要的。则"设计课的问题系统"，有四项基本原则，即"工具论、房屋学、建筑学和类型学"。设计课中的设计对象，主要的，不是"房屋学"，尤其不是"建筑学"，是具体的建筑物。从建筑学与建筑物设计入门开始，每一栋房子、每一次设计，包含建筑学的全部问题。

2.1 工具论

劳动工具训练，是任何职业教育的最基本成分。二维图纸、实物模型、数字模型，是设计的可视化工具，各有价值。三维模型工具在维数上与设计目标更接近；二维图纸隔离无关数据，减少计算量。读图有境界。图纸工具中有制图学、房屋学、建筑学和类型学。

2.2 房屋学的进阶

房屋学是建筑系统"实"的部分，包括"材料、构造、结构、设备、施工"。建筑设计总是通过对"实"的操作，得到"虚"的功用。对建筑物有充分的了解，才能对建筑系统进行有效的设计，这是建筑设计的必要条件之一。

2.3 建筑学概念实践

建筑学是有关人居环境的抽象概念（"虚"的成分），如"构图、行为和性能"。建筑空间理论是建造智慧的精华，不是"基于感觉的"任何水平上的胡说八道。空间却不是设计对象，空间与构筑体一样，是建筑环境系统的基本设计媒介。

2.4 类型系统是设计对象

建筑设计的对象，不是造型（实），不是空间（虚），是虚实一体的、有特定性能目标的、某功能类型的工业建造产品，有多种类型系统。

这里的"类型学"，不是罗西·德里达的类型学。具体的，建筑系馆是教学建筑物类型，建筑系馆的设计，基于教育教学的发生过程。在建成环境中学习建筑学和建筑物设计，建筑系馆是最奇特的、具有"递归性"的建筑类型，建筑系馆是建筑教育的"足尺"教具。

3.设计课教学法——全景的学科视野，多重的训练循环

循证的和整合的建筑教育思想的实践，其设计训练的教学法，基于"全景的学科视野"，在每一个设计题目中，具体地实施"多重的循环训练"，而设计课程的最终目标，是将具有基本生活智力的头脑，格式化为具备建筑师职业素养的技术系统。

本教案的执行，引入了"工作日记"、"性能列表"和"直接模型"的训练方法。指导教师以集体智慧的《教案》为依据，对设计任务有预研究，了解并面向学生的需求，提出问题的基本逻辑、层级和框架；将复杂的设计问题拆解为多线索的具体设计问题的解题过程（《性能列表》），最终使设计过程与设计成果整合为完整的教学目标与教学过程。学生以《工作日记》为操作手册，在设计过程中，学习建筑学工作的基本方式，有条理、有计划地"文图并举"，以主动研究的方式配合教师的指导工作，将设计操作及其过程控制，变成互动的、积极的、可记录和评价的设计进阶过程。

作业1建筑系馆设　设计者：张杰
作业2建筑系馆设　设计者：王子扬
指导老师：张巍　任书斌　李芗　张新华　于英　王少伶　张阔　谭艳慧　王一平
编撰/主持此教案的教师：王一平　张巍

三年级课程教案 3-1

设计题目

——建筑系馆建筑设计

建筑教育之实物教具研究

- **教案设计**：设计思想；训练目标循环表
- **教学目的**：认识"系馆"——建筑教育的实物教具；训练"广义的创造性"；设计工具系统的综合运用；设计过程管理的初步实践；树立渐次全面的建筑学职业观
- **任务要求**：建筑类型与规模；功能空间组成及参考面积指标
- **性能配置**：配置列表
- **实物样本**：1/2 比例
- **指导要点**：设计条件研究——设计之"预设"；设计目标拆解——设计之"假设"；设计的工具系统；设计过程组织——设计之"计划"；作业成果制作；在《任务书》之外；相关问题研究
- **设计提示**：题目理解；相关课程；场地分析；技术依据；概念实践；观察自我
- **成果要求**：表达内容；图面要求；签样格式
- **格式文本**：主要经济技术指标；《设计说明》写作提纲；《设计作业总结》写作提纲

教案设计

1 设计思想

循证和整合的建筑教育思想的实践，其设计训练的教学法，基于全景的学科视野，在每一个设计题目中，具体地实施多重的循环训练。教师对设计任务有预研究，了解并面向学生的需求，提出问题的基本逻辑、层级和框架；学生在操作过程中，学习建筑学工作的基本方式，有条理、有计划地文图并举，主动地以研究的方式配合教师的指导工作，将具有基本生活智力的头脑，格式化为具建筑师职业素养的技术系统。

教师以集体智慧的《教案》为依据，学生以《工作日记》为操作手册，将设计操作和过程控制变成互动的、积极的和可记录评价的设计进阶过程，将复杂的设计问题拆解为多线索的具体设计问题的解题过程，最终使设计过程与设计成果整合为完整的教学目标与教学过程。

2 训练目标循环表

○⊙◉●		二年级					三年级					四年级				
		售楼处	独院住宅	幼儿园	图书馆	社区中心	博物馆	汽车站	建筑系馆	旅馆	竞赛	住区	城市设计	高层建筑	影剧院	竞赛
01	图纸	●	●	●	●		◉	◉	⊙	⊙		◉	●	○	○	
02	尺度	●	●	●	●		◉	●	●	⊙		●	●	○	○	
03	空间	⊙	⊙	◉	●				●			●	●			
04	功能	●	●	●	●											
05	类型						⊙	⊙	⊙	⊙				●		
06	行为	⊙	⊙	⊙	⊙				●			◉	◉	◉	◉	
07	美学	⊙	⊙	⊙	⊙		●	●	●	●		◉	●	◉	◉	
08	结构	◉	◉	◉	◉			●		●				●	●	
09	场地	⊙	⊙	⊙	⊙		◉	●	◉	●		●	●	●	◉	
10	规范	⊙	⊙	⊙	◉		●	●	●	●		●		●	●	
11	物理				⊙		◉	◉	●	●					●	
12	机能															
13	材料	⊙	⊙	⊙	⊙		◉	◉	◉	◉						
14	构造	⊙	⊙	⊙	⊙		◉	◉	●	●				◉	●	
15	施工													●	●	
16	策划								●							
17	评价							⊙	◉	●				◉	◉	
18	性能															
19	历史	⊙	⊙	⊙	⊙							◉	◉			
20	理论	○	○	⊙	⊙				◉							
21	写作				◉			◉		●			●		●	
22	合作									●			●			●
23	创作	⊙	⊙	⊙	⊙		⊙	⊙	◉	⊙	●	○	○	⊙	◉	●
24	徒手绘	●	●	●	●		◉	⊙	⊙	⊙		⊙	◉	●	●	
25	调研	⊙		⊙	◉		◉	●	●			●				
26	劳动工具	●	●	◉	◉		●	●								
27	设计过程						⊙	◉	●	●		◉	◉	◉	◉	

教学目的

1 认识"系馆"——建筑教育的实物教具

建筑系馆、建筑师事务所、建筑师家宅，对于建筑设计者而言，最是考试的题目。

建筑系馆不是寻常的教学建筑，作为培养建筑师的所在，在建筑系馆中学习建筑物及其空间的设计，"建筑系馆"是某种意义上的"递归的建筑"。建筑学院的专业教育思想决定建筑系馆的空间设计，建筑系馆的设计-建造自有其特殊性，既是教学用之建筑物，更是专业教育之"教学设备"（足尺实物教具）。

建筑系馆的设计所以是对建筑学和建筑教育的研究。一如正是求医者需要关心医生对人下了什么药，最需要关心"建筑教育"的，正是建筑学专业的学生本身；建筑系馆的设计指导和模拟试做，同时也促进教师的学习，而"教育研究"的本意，原是教育和培养教师的。

2 训练"广义的创造性"

"广义的创造"观念应贯穿于设计过程的始终，设计目标的任何前提条件，都有可能成为创造的契机。

作为较高要求，"本题目的目的"之一，希望设计者理解"形式母题"在上下文环境中的"具体意义"，首先需要有一个设计观念和设计构思上的"创意"，并在更广泛的范畴内加以体现，譬如"造型上对环境条件的不同诠译、功能上的内部空间组团与流线关联、表现方法上的构图创意"等，即所谓设计，不仅仅局限在单体造型和设计手法上的用心。需要注意到"创意"尤其不是用"某个名词化的理念"而自欺欺人、并在设计说明中过度解说："创意"是做诚实的、具体的设计，而不是满足于建筑形象之庸俗的类比。

3 设计工具系统的综合运用

劳动工具的训练，是职业教育的重要组分；设计工具与设计工作目标相联系，工具也是自成系统的。

现代建筑设计工具，数字化系统已成为主流，但传统工具仍有生命力。以数字化工具的"建模、模拟和管理"的意义，知道"设计是虚拟的建造"，并与"CAD-CAM"的建造生产过程相联系，设计的"直接模型方法"、自发的草图记录分析和整理、数字化工具的精致建模等，其间的逻辑联系以及可视化效果的异同，需要在工具使用的实践中亲身体验，以形成"身体记忆"的专业本能。

4 设计过程管理的初步实践

设计的意义，就"设计"汉字字形的表意，即"预设、假设；计算、计划"。预设，对建设项目初始条件的研究；假设，对设计解决方案的猜想；计算，对定量和定性目标的几何安排和逻辑加工；更重要的并且经常容易被忽略的，是"设计的计划"。

建筑设计学习在三年级，能够认识到"设计是一种建造信息整合的过程"。依建筑信息模型（BIM）和建筑全生命周期管理（BLM）概念，建筑设计成果是一种信息系统，建造过程有系统化信息流变的发生，而信息系统实际上是一种"管理系统"，微观的，基于教育训练的模拟水平，设计作业的"过程管理"，包括对设计任务的拆解、作业时间的调度、合作者人力的分配等，是设计训练的内容之一，"过程"不是一个"伴随性"的现象，是专业教育的基本项目。

设计过程管理，首先是"计划性"，包括"设计文案写作、设计进程记录（见学生《工作日记》）、图纸目录、版面构图计划"等，其中"计划实践"的经验，可渗透于后续的"施工组织"科目的学习。

5 树立渐次全面的建筑学职业观

建筑系馆的设计研究，进一步学习和掌握中小型公共建筑的设计方法。一方面，建立起从限制中创造、从城市、建筑、环境整体的角度进行单体建筑设计的观念和方法。另一方面，了解并妥善解决教育建筑的各项功能要求，研究教育建筑的交往空间以及交往空间的戏剧化设计。

建筑系馆设计之题目，有"建筑物的类型研究"的价值，可参照研究国内现存的十几处建筑系馆范例，不一一开列名目，却须知东西南北中，各有巧妙不同。对同行前辈的工作懂得尊重、对学科"知难知敬畏"，才是职业的自我尊严，才是教师期待学生能够有造就的前提。建筑设计的工作特点，需要从业者有宏观的视野和综合的能力，每一次设计、每一栋（种类）房子，包含建筑学的全部问题。每一栋（种）建筑物，自有其共性和类型化的个性；每一次设计，不必是全面的"创新"，首先是继承。复杂系统理论中有一种观点，即"规则是简单的，环境是复杂的"，面对某一个场地（各不相同）中的具体建设项目，厘清矛盾，弄清条理，转化问题，理清思路，是设计的一般方法。（见 3-2 版《设计题目的衔接关系》列表。）

《教案》实物样本（原大为 A4）

主要要求

1 建筑类型与规模

建筑性质：教学建筑。

建筑面积：6000m² (±10%)。

建筑高度：多层建筑，H≤24m（以建筑主体室外地面至女儿墙计算高度）。

场地要求：室外要考虑车辆停放（含自行车）及适当的绿化面积。用地区位、范围及形状见附图。

学生人数：330 人。其中，本科生 30x2x5=300 人，研究生 10x1x3=30 人。

2 功能空间组成及参考面积指标

		人均面积	每班人数	教室数量	教室面积	分项面积	注
教学部分 3200m²	设计绘图室	4m²	30	2x5	120m²	1200m²	联通空间
	分班教室	1.5m²	30	10	45m²	450m²	各自独立教室
	研究生教室			3	50m²	150m²	独立或联通
	多媒体教室	0.8m²	150	4	120m²	480m²	各独立阶梯教室
	美术教室			8	50m²	400m²	含天光教室
	讨论室			N		50m²	12 人小会议室
	物理实验室			3	90m²	270m²	声光电各一
	模型室			1	200m²	200m²	
			房间面积	数量	注		
教研部分 750m²	建筑设计教研室		30m²	1			
	建筑技术教研室		30m²	1			
	建筑历史教研室		30m²	1			
	城市规划教研室		30m²	1			
	建筑美术教研室		30m²	1			
	环境艺术教研室		30m²	1			
	独立工作室		15m²	10	各自独立		
	冠名画室		20m²	4	各自独立		
	图书馆		300m²	1	图书资料及材料样品间		
行政部分 350m²	院长办公室		50m²	1	可跃层联通		
	副院长办公室		20m²	2			
	党总支书记办公室		20m²	1			
	团总支书记办公室		20m²	1			
	学院行政办公室		30m²	1			
	教务室		20m²	1			
	学院会议室		70m²	1			
	工会活动室		60m²	1			
	学生会活动室		30m²	1			

性能配置列表

建筑系馆之建筑物性能配置列表与科目概念关联　　（教学参考，学生并可自行研究）

○⊙◉●	配置	空间				实物				物理				设计			
标配	功能	共享	交往	尺度	规范	材料	结构	构造	设备	采光	通风	隔声	节能	创意	组团	构图	整合
场地	●														环境		
停车场	●			●	●			●	○						环境		●
大型植物	◉	⊙	◉			◉									环境		●
入口	●		●	●	●			●							交通	●	●
门厅	●	◉	●	●	●			●							交通	●	●
中庭	◉		●	◉						●	●			◉	交通		
楼梯	●	◉	◉	●	●	●	●					●		◉	交通		
电梯	⊙	○					⊙	◉	●						交通		
自动扶梯	⊙	●		●			●	●	●			●		●	交通		
疏散楼梯	●				●				●						交通		
防烟前室	⊙				●										交通		
走廊	●	●	●	●	●		●	●		●	◉	●		●	交通		
卫生间	●		⊙	●	●	●	⊙	●	●	●		●		●	服务		
无障碍设施系统	●		●	●	●	●	●	●				●		●	服务		
消防控制中心	⊙	◉	●	●	●	●	●	●	●	⊙	●	●		●	设备		
设备间	◉	◉	●	●	●	●	●	●	●	⊙	⊙	●			设备		
管道井	◉	◉		◉	◉	◉	◉	◉	●			●		◉	设备		
地下室	⊙						●	●	●						设备		
管理办公室	●		●	●	●	●	●	●		●				●	办公		
会议室	●		◉	●	●	●	●	●		◉		◉			办公		
阶梯报告厅	●		⊙		◉		●	●		●	●	●					
声光控制	●							⊙									
展厅	●									●	●				教学		
储藏	●	⊙	⊙					⊙							服务		
餐厅	○	●	●	●		⊙									服务		
厨房	◉	●	⊙	⊙	⊙	◉			●	●	●	⊙			服务		
露台（屋顶、阳台）	⊙																
专项	功能	共享	交往	尺度	规范	材料	结构	构造	设备	采光	通风	隔声	节能	创意	组团	构图	整合
图书馆	●	◉					●			●	●	●	●				
图书馆馆长工作室	◉																
设计绘图室	●	●	●	●	●		●			●	●	◉	●		教学		
分班教室	●		●	●						●	●	●	●		教学		
研究生教室	●		●							●	●	●	●		教学		
多媒体教室	●								●	●	●	●	●		教学		
美术教室	●			●					●	●	●	●	●		教学		
讨论室	◉	●	●	●						●	●	◉			教学		
物理实验室	●					●	●	●	●	●	●	●			教学		
模型室	◉												●		教学		
学生综合广场	◉	●	●	●					●	●	●	⊙			教学		
教研室	●	⊙								●	●	◉			教研		
教研室会用前室	◉	●	●							●	●	◉			教研		
独立工作室	●									●	●	●			教研		
[illegible]																	

指导要点

1 设计条件研究——设计之"预设"

(1) 了解任务目标条件，建筑规模、空间功能、使用特点等，以确定人口、疏散、管理等项设计依据。

(2) 了解基地环境条件，场地尺度、道路结构、文脉母题等，以确定景观、停车、防灾等项设计依据。

(3) 了解相关典型案例。

2 设计目标拆解——设计之"假设"

(1) 行为研究。将线性文本描述的建筑功能，转化为具行为逻辑关联的"功能组团"；

(2) 空间研究。将拓扑关联限定的功能组团，整合为具几何尺度匹配的"空间系统"；

(3) 空间-行为研究。空间的戏剧性预言，如台阶空间的行为自组织性；柱廊、角落或中庭的交往性；墙面或柱列的行为引力场强度比较；造型元素（在运动行为中）的音乐性；报告厅、学生广场、图书馆，互相毗邻时的"行为-空间"可能性；

(4) 空间母题。如，绘图室与分班教室的空间关系（"客厅与卧室"）、教研室与公用前室、院长室与院长会议室，空间结构的相似性；

(5) 技术设计。如，天光画室之天窗构造设计；教学区卫生间设备配置设计（计算），等。

3 设计的工具系统

本题目的设计，可实践多种辅助设计工具，包括工作模型、徒手绘、数字建模工具等，教师应对各种类型工具和方法进入设计过程的时序有指导意见。

(1) 直接模型方法，通过实体工作模型的"多维"目标研究；
(2) 硬笔草图，实时设计思维组织；
(3) 硬笔草图，"从剖面开始设计"，通过剖面（简）图研究空间设计；
(4) AutoCAD，（精确）尺度判断；
(5) Sketch-UP，造型与空间研究；
(6) Revit、Ecotect，实体建造信息与空间物理模拟。

4 设计过程组织——设计之"计划"

教师和学生都应当明白，"设计过程组织"是设计课训练的基本目标之一。

学生可通过"设计文案"协调设计过程；教师应设计每次课（3-4 小时）内的问题、内容和次第。

(1) 在充分了解《任务书》的前提下，发现问题，讨论问题，深入理解设计条件和设计目标；
(2) 制定可执行并可约束的工作计划，包括时间和内容；随堂检查工作进度；
(3) 在过程中解决问题，不使问题遗留到作业成果之中；只有及时解决问题，才能杜绝拖图迟交。

5 作业成果制作

(1) 由各种原因指导不足的设计，不得制版；
(2) 学生互相审图，每份作业应有"校对人"；
(3) 正式版图制作前，每位学生应有"版面构图设计草图"和"上板计

6 在《任务书》之外

某个"好的"设计作业，总是基于任务的要求，而超出《任务书》的描述。

(1) 设计方案不只是《任务书》中空间功能的平面化或（楼层）立体化。

设计方案必须遵守《任务书》的基本要求，尤其是基本功能空间之"面积指标"，狭义的，这是设计之"计算"，实际上，建筑面积之设计误差大的方案（通常是面积偏大），已经是"另一个"项目了。

(2) 教师和学生，首先需要深入理解学生的方案构思。

学生是设计者，不是甲方，学生不只提出畅想，而是需要解决问题；教师亦不是甲方，教师是合作者，或者是事务所中的执行副总建筑师。

7 相关问题研究

(1) 艺术的建筑？形体与立面。工程的建筑？正确的建筑？
(2) 递归的建筑？功能与空间，建筑学系教学法与建筑系馆空间设计。
(3) 建成环境的意义？空间与场所，交往空间的戏剧化设计。
(4) 图纸的意义？设计方法或设计成果。工具的维数，建筑信息模型（BIM），如何是"用嘴盖房子"？
(5) 设计之于建造的意义？设计的抽象性。

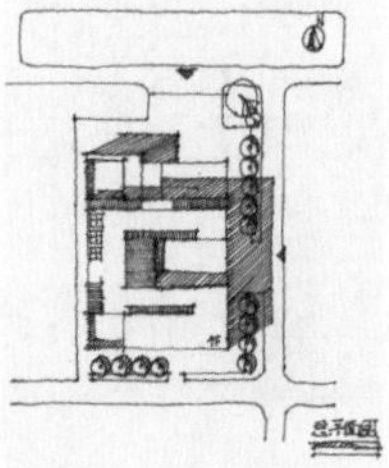

教师试做样稿

设计提示

1 题目理解

建筑系馆，不是寻常的教学建筑。

建筑学院的建筑物，具有特殊的行为关系要求。建筑系馆理所当然，不能等同于一般文科馆或理科楼。建筑学系的教学楼，应当是专业训练最直接和最经常的实习基地。为全人类活动提供物质平台的建筑设计学科，有资格极大地关注对建筑师自身的训练场所诸特性的研究。

传统建筑学对于建筑学的研究整合于具体的建成环境，但通常是局部的、特定功能的，一般没有必要"刻意地"为了"纯粹的"建筑成就或艺术，建造展示性的构筑物，而建筑系馆，应该恰是这种"刻意的"和某种"纯粹的"建造，使建筑系馆明确地表达出对人类建造智慧的承袭，把建筑系馆作为一件大型实物教具来设计和使用，让学生生活在一个刻意创造的教学环境中，正如外语教学可以让学生在封闭的语言环境中训练一样，建筑专业的学生应该开放于一个真实的实物教具中，时时处处地观察、体验和研究建筑的设计，必将极大地有利于学生的专业技能的养成和提高。

建筑系馆之作为建筑学专业教育的教具，其设计-建造可在"尺度的本能、空间的功能、实体的机能、设备的体系、错误的启发、有机的整体"等一些方面深入探讨，详尽的解说见于"1.5 参考资料"之 [12]《建筑教育论题之建筑系馆》（王一平，李保峰，2010）。

2 相关课程

制图原理，构图原理，公建原理，建筑构造，建筑结构，建筑表现，环境心理学。

3 场地分析

人口方位选择，道路结构系统，路口使用频率调研。

广场绿化，景观配置，停车场位。

环境中已有制高点，系馆屋顶设计，有环境景观的责任。

避免教室西晒，教室来光及黑板方位；美术教室宜北向或采用天顶光。

4 技术依据

建筑学之建筑物有"虚实"二义，建筑设计一般通过对"实"的操作，得到"虚"的功用。建筑物之设计-建造技术，亦有虚实的应对，如数字化辅助设计工具之"模拟"和"建模"的分别。实的技术部分，是"可以教的"，包括"材料、构造、结构"等，各原理课程需要在项目设计过程中具体实践。虚的部分，是建筑学教育的难点，似曾相识的概念，用起来却经常谬以千里，典型的如各种空间专项设计的"规范"，实际上，规范中对空间尺度的限定，经常是对疏散时间的安全系数的保证，可以转化为对空间-行为关系的理解；而当把"功能要求"转化为"实体空间"时，其可操作性"技术数据"如面积指标，有计算的成分。

5 概念实践

在建筑物及其设计中，虚的概念，当有实的表现，一例如"尺度"。

尺度的判断，是建筑师的本能，身体记忆的本能。而"尺度概念"的建立，总是附着于具体的物象，建筑系馆实物中之空间及构件，宜形成尺度系列并明码标注。

或者又如"灰空间"。需要了解公共建筑中"灰功能"空间的交往行为价值。

在"可计算"评价的功能空间（黑空间）之外，如台阶、廊下、中庭或内院，可形成具有行为引力的"场所"，这个建筑学的"行为引力场"概念，或称"场域"，是指 Field（不是 Place），与电场、磁场有相似性，是空间的"被动式"戏剧性，深入的理解可形成设计的一般方法。建筑空间之中，"空"与"间"也是互相存在的，只有"空"（虚）而无"间"（实）的，那是宇宙空间，也即"空地"。

更有"共享空间"，设计中却首先需要设问，"谁和谁共享？共享什么？"

不妨说，"共享空间"是公共流线和视线的节点，空间意象之"区域性"共同"边界"，流线、视线和光线不足的"共享空间"，算不得建筑空间，那是"空壳"（实），或者"空腔"（虚）。

6 观察自我

有关设计的一应事件，包括过程和结果，是设计者之精神能量的实践，是设计者生命力的表现，其中包括设计者的浪漫情怀和英雄情结；对于年轻的设计者而言，设计的训练过程，是设计者对自我的了解。

学生可在设计习作训练中，实验多种方案构思方法，找寻适合自我的"方案获得之切入点"，如设计常规中的"平面布局的功能方法"、"剖面分析的空间方法"、"形体构思的造型方法"，稍高级一点的，或有"基于行为的戏剧方法"。

设计成果

1 表达内容　　（在满足要求的前提下，增加的内容不限）

	项目	比例	基本要求	表达事项
01	图纸目录		见于第一张版图	
02	主要经济技术指标		见于第一张版图	（详见附 1.5.1）
03	设计说明		见于第一张版图	（详见附 1.5.2）
04	总平面图	1:500	见于第一张版图。画出准确的屋顶平面，注明层数；画出室外环境布置；注明建筑出入口的性质和位置；正确表现建筑环境和周围道路的交接关系；标注指北针。	
05	各层平面图	1:200	首层表现局部室内外关系、标注指北针、画剖切标志；各层平面及同层高差变化应注明标高。	
06	立面图	1:200	不少于两个，其中一个为主要入口立面。	
07	主要剖面图	1:200	不少于两个，由数字模型可获得更多必要剖面。应能看到主要公共空间，注明空间名称；注明室内外、各层楼地面、建筑檐口和最高点的标高。	
08	设计教室空间设计	1:100	可平面（或轴测）表现。	
09	表现图		室外彩色透视图一张（图幅不小于 A3），或实物模型照片若干；室内透视图一张（除设计教室空间设计）。	
10	分析图		场地、形体、剖面。1. 设计过程之真实草图。2. 说明性分析图。	

2 图面要求

1. 表现方法不限，可电脑出图。
2. 图幅为一号图纸，必须彩色图面，要求图面构图宜紧凑，不得随意留白。
3. 图纸标签栏，统一绘于每张图纸背面右下角。

相关格式文本

1 主要经济技术指标

	项目	内容（计算方法）	单位	问题
1	用地面积	S_0	m²	
2	总建筑面积	S_1	m²	
3	建筑层数及高度		N，m	
4	建筑容积率	S_1/S_0	（R，例：2.4）	
5	建筑占地面积	S_2	m²	
6	建筑密度	S_2/S_0	(%)	
7	广场、道路及停车场面积		m²	
8	绿化面积	S_4	m²	
9	绿化率	S_4/S_0	(%)	
10	各功能空间面积	（单列公共交通）	m²	

2 《设计说明》写作提纲

	项目	内容	问题
1	设计依据	设计任务书，面积指标依据及方案实际面积分配计算表；	
2	技术措施	①结构形式。如钢筋砼框架结构、钢结构等。	
		②构造做法。如内外墙体，屋面保温防水等，节能做法。	
		③采暖形式。如空调、城市热网、暖气或地热管等。	
		④采光通风。如建筑绿色性（参照绿色建筑评估标准）等。	
3	参考图集与规范		
4	材料与设备	样本名录	
5	立意解说	场地分析、材料使用、造型选择等	

3 《设计作业总结》写作提纲

1	功能的尺度	空间
2	功能的联系	流线
3	功能的空间与建筑的空间	（平面）（剖面）
4	空间的戏剧	行为戏剧化、光线与光影的使用
5	技术性	结构、构造、材料、规范；需求
6	设计过程	设计过程的管理意义
7	设计的综合力	整合
8	体系的选择	功能、造型、尺度、参考图例
9	自我观察	建筑设计过程是对设计者自身的研究
10	建筑教育之意见与建议	教育叙事、记录与评说

设计题目的衔接关系

设计题目衔接关系之“性能配置”

本《建筑类型性能配置表》，系参照“汽车性能列表”和“人体医学体检表”而设计，既是“建筑策划”条目分析的简化，也符合“循证设计”的过程操作原则。

设计题目之间的衔接关系，尤其是“原理课程”和“设计课程”之间的关联，在以下的列表中，以可视化和格式化的方式具体地体现“全景的学科视野”和“多重的训练循环”的教学方法。

作为一种教学研究和实践的尝试，其中的条目和关键词均有可商榷的机会，重要的是提出了这样一种问题。

作为思维地图的格式化，不代表封闭的框架和固化的思维，实际上，开放性永远是建筑学教育的活的灵魂。

作为设计工具的可视化，也是建筑学工作的基本范式，使任何一个设计题目的前因后果的衔接关系，直观地表现出来；而作为设计教学的阶段性而言，当教学目标是明确的和有系统依据的时候，具体的设计题目是相对无关的。表中所拆解出来的条目是真正的学习对象，设计的整合能力才是最终的和更高级的目标。

0. 基本功能空间常识

○◎❀●	相关课程	二年级 售楼处	别墅	幼儿园	图书馆	备选	三年级 博物馆	汽车站	建筑馆	旅馆	备选	四年级 住区	城市设计	高层建筑	影剧院	备选
场地		●	●	●	●		●	●	●	●		○	○	●	●	
入口		●	●	●	●		●	●	●	●		●		●	●	
门厅		●	●	●	●		●	●	●	●				●	●	
楼梯		●	●	●	●		●	●	●	●				●	●	
电梯		◎	◎	❀	●									●	❀	
自动扶梯		◎	○		❀		❀	❀	◎	❀					❀	
走廊		●	●	●	●		●	●	●	●		○	○	●	●	
卫生间		●	●	●	●		●	●	●	●		●	❀	●	●	
无障碍设施		●	◎	◎	●		●	●	◎	●		●	●	●	●	
消防控制中心				●	●		●	●	●	●				●	●	
设备间		◎	❀	●	●		●	●	●	●		◎		●	●	
管道井		◎	❀	●	●		●	●	●	●				●	●	
地下室		◎	❀	◎	❀		❀	❀	❀	❀				●	❀	
管理办公室		●	●	●	●		●	●	●	●		●		●	●	
会议室		●		❀	●		●	●	●	●		❀		❀	●	
阶梯报告厅				◎	●		❀		●	◎					●	
声光控制					●		❀		●	◎					●	
大厅		●	●	●	●		●	●	●	●		○	○	●	●	
展厅		●	◎	◎	●		●		●	◎					❀	
储藏		❀	●	●	●		●	◎	●	●					●	
餐厅		◎	●	◎	◎		◎	❀		●					◎	
厨房		◎	●	●				❀	◎	●						
中庭																
疏散楼梯		●	●	●	●		●	●	●	●				●	●	
防烟前室					❀									❀		

1. 建筑学基本概念

2. 环境配置

3. 行为关系 功能

4. 空间与行为

5. 构筑物

6. 物理环境 机能

7. 限制与规范

8. 过程组织

9. 设计工具

10. 成果文件

11. 理论概念

设计题目

——建筑教育之实物教具研究

建筑系馆建筑设计

三年级课程教案 3-2

《学生工作日记》实物样本（原为A4）

三年级课程教案 3-3

设计题目
——建筑教育之乡题教员研究

教学过程（教师）　操作过程（学生）　评价标准　学生作业　教师试做　课下教学

教学过程（教师）

1 教学日历（格式样稿）

2 分组指导计划暨学生名单（格式样稿）

3 教学日记（格式样稿）

评价标准

1 标准说明

2 评分表

操作过程（学生）

1 简明计划　　2011.04.29

2 计划变更（一）

3 计划变更（二）

4 设计进程记录表

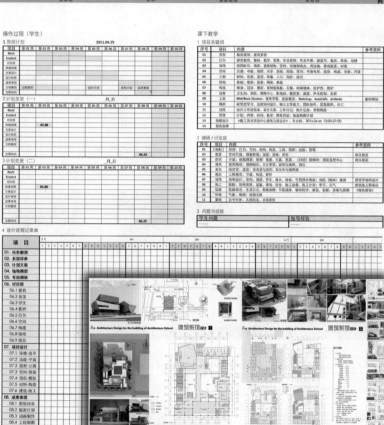

课下教学

1 项目关键词

2 调研／讨论班

3 问题与经验

教师评述

学生作业

教师试做

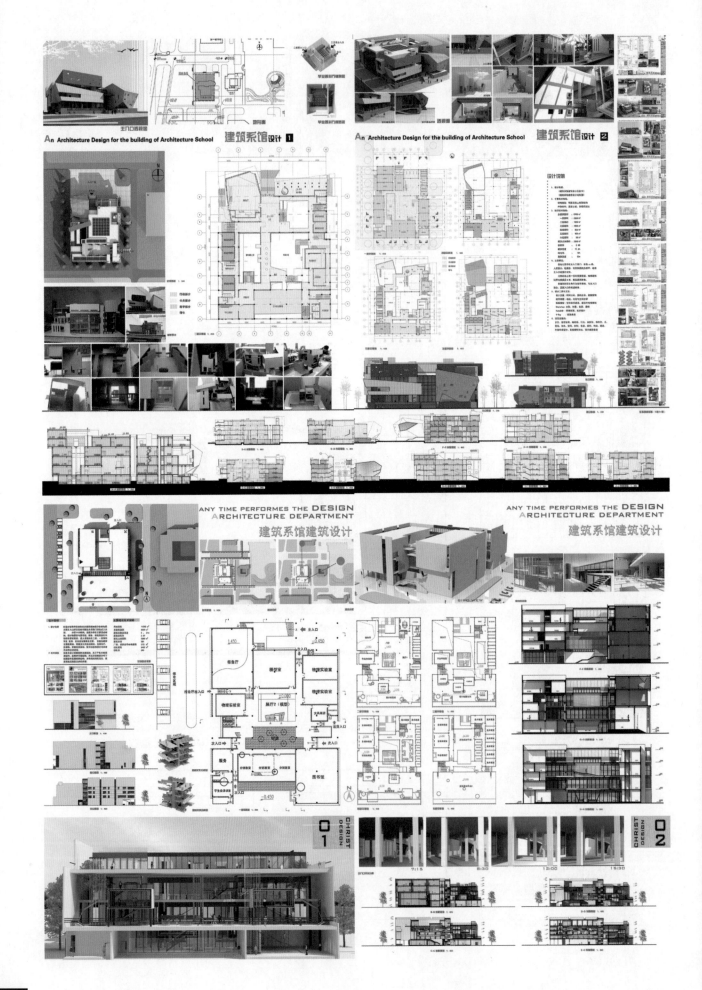

An Architecture Design for the building of Architecture School 建筑系馆设计 1

An Architecture Design for the building of Architecture School 建筑系馆设计 2

ANY TIME PERFORMES THE DESIGN ARCHITECTURE DEPARTMENT
建筑系馆建筑设计

ANY TIME PERFORMES THE DESIGN ARCHITECTURE DEPARTMENT
建筑系馆建筑设计

CHRIST DESIGN 01

CHRIST DESIGN 02

居住空间设计教案
Design Studio: Living Space
（三年级）

教案简要说明

1.教学目标

通过学习，使学生了解和掌握以下几方面的内容：

1.1 了解当今城市和居住型空间设计的发展历程

1.2 探讨居住问题与城市、社会、文化、经济等方面的关系

1.3 初步掌握市场经济条件下城市住区的各种发展前景及居住空间设计的过程等基本知识

2.教学方法

2.1 集中讲课与分组设计相结合：安排若干专题讲座，集中授课，进行必要的知识储备；组织教师对具体的设计环节进行分组辅导。

2.2 课堂内辅导交流与课堂外调查研究相结合：课堂内讲授的知识应当配合课外的调查，从而互相印证，并引导学生提出新的问题和解决方案，融合在设计过程中。

3.任务书设计要求

此次住宅设计应突出居住类建筑的特点，结合当前国家政策对居住建筑发展的需求，并基于此进行居住空间发展前景的探讨，设计出具有实用性，经济性，科学性，可推广性等特点的居住空间方案，尤其希望学生能对住宅和公寓等进行不同方向的设计。

4.教学内容与安排

4.1 前期调研（第10周~12周）第10周周一上午第一、二节。学生分组，4~6人一组自由结合。指派任课教师，每位教师负责2组左右。各位教师分别和所指导的学生见面，讲解前期调研任务的内容并制定相关计划。

4.2 专题讲座（第10周~14周，专题内容届时可能会有所调整）

（1）住宅设计基本原理

（2）居住环境行为学与实态调研要点

（3）居住环境心理学

（4）国内外住宅设计发展

（5）中国传统住宅特点及发展历程

（6）城市住宅实态分析与设计要点

（7）住宅技术

4.3 分组设计（第10周~18周）4~6人一组，提供一套完整的教学成果。

5.设计题目前后衔接关系

吉林建筑工程学院建筑与规划学院三年级上学期第一个设计题目为"高校图书馆设计"，设置该题目的目的在于培养学生在接触中小型公共建筑时的处理设计能力；之后的第二个题目便为本教案所涉及的设计题目"居住空间设计"，设置该题目的目的在于使学生了解当今城市和居住空间设计的发展历程，能初步掌握居住问题与城市、社会、文化、经济等方面的关系，认识到市场经济条件下城市住区的各种发展前景及居住建筑设计的过程等基本知识，能独立完成居住建筑从最初的想法到最后成图的全过程，并从中了解住宅图的规范和画法；三年级上学期设置的两个题目希望能到达使学生在真正接触一些中等设计项目时，既有公共建筑也有居住类建筑都能独立处理。在三年级下学期，我们也同样为建筑学的同学设置了两个设计题目，第一个为"吉林省西关宾馆国际会议中心设计"，第二个为"吉林省建筑博物馆设计"，不难看出，我们设置这两个题目的目的在于让学生接触更多的地方文化，从而以文化为根源，设计中小型的公共建筑，既培养学生们的独立调查研究能力，又能使学生们能掌握多样的公共建筑设计知识。我们在设置三年级设计题目的时候经过教研组的几番讨论，最后确定为以上题目。讨论的过程中我们从发展学生多方面设计能力和多方面思考能力来考虑，从不同类型的设计题目入手，给予学生一个接触公共建筑与居住建筑的平台，深入了解人体工程学等专业知识。

只是住宅——保障性住房前景探索　设计者：曲杨　高建阳
三代同堂——老少合居型住宅设计探索　设计者：周临君
水滴村落——老少合居型住宅设计探索　设计者：邱云飞　朱灏　刘桓妤　陈晨
指导老师：柳红明　裘鞠
编撰/主持此教案的教师：柳红明

一、教学目的

通过学习，了解和掌握以下几方面的内容：
1. 了解当今城市和居住型空间设计的发展历程
2. 探讨居住问题与城市、社会、文化、经济等方面的关系
3. 初步掌握市场经济条件下城市住区的各种发展前景及居住空间设计的过程等基本知识

二、教学方式

1. 集中讲课与分组设计相结合：
安排若干专题讲座，集中授课，进行必要的知识储备；
组织教师对具体的设计环节进行分组辅导。
2. 课堂内辅导交流与课堂外调查研究相结合：
课堂内讲授的知识应当配合课外的调查，从而互相印证，并引导学生提出新的问题和解决方案，融合在设计过程中。

三、上课时间与地点：

时间：2010年秋季学期第10－18周
周一上午第一、二节，周四上午第一、二节。
地点：教学楼建筑专业教室

四、设计要求：

此次住宅设计应突出居住类建筑的特点，结合当前国家政策对居住建筑发展的需求，并基于此进行居住空间发展前景的探讨，设计出具有实用性、经济性、科学性、可推广性等特点的居住空间方案，尤其希望学生能对住宅和公寓等进行不同方向的设计。

五、教学内容与安排

1. 前期调研（第10周－12周）
第10周一上午第一、二节 学生分组，4到6人一组自由结合。指派任课教师，每位教师负责2组左右。各位教师分别和所指导的学生见面，讲解前期调研任务的内容并制定相关计划。
前期调研，具体内容如下（任课教师可适当调整）：
1）了解长春市居住小区的特点，通过网上收集资料、实地房地产楼盘调研、文献阅读等方式，对住宅开放的定位、价格以及特色有初步的认识。
2）近期国家住宅政策有较大调整，尤其是针对保障性住房出台了一系列面积标准，应当通过多种信息途径，对这些政策有所了解。
3）选择10公顷左右的小区（不一定在长春），在交通、配套设施、景观、布局四个方面进行专项调研，形成调研报告。
4）选择10个左右的户型实例，不同面积类别，以多层户型为主。对户型的平面、功能厨卫布置进行分析，总结户型设计的一些基本原则与方法。
2. 专题讲座（第10周－14周，专题内容届时可能会有所调整）
1）住宅设计基本原理
2）居住环境行为学与实态调研要点
3）居住环境心理学
4）国内外住宅设计发展
5）中国传统住宅特点及发展历程
6）城市住宅实态分析与设计要点
7）住宅技术
3. 分组设计（第10周－18周）
4－6人一组，提供一套完整的教学成果。

六、教学成果

住宅设计方案图
  一草（三周）
    住宅（公寓）等单元平面
  二草（两周）
    住宅（公寓）等单元平面
    住宅（公寓）等单体设计平、立、剖面（1：100或者1：200···）
    经济技术指标
  三草与正式图：（三周）
    住宅（公寓）等组团设计平面
    住宅（公寓）等单体设计平、立、剖面（1：100或者1：200···）
    住宅（公寓）等轴测图（或透视图，自选）
    设计说明
    经济技术指标

七、教学成果要求

全部成果包括过程成果和最终成果，其中最终成果需包括以下内容：
(1) 典型住宅（公寓）等住宅设计平、立、剖面图（1:100或者1:200···）
(2) 典型住宅（公寓）等单元平面图，包括家具布置（1:100或者1:200···）
(3) 各类型分析图
(4) 效果图
(5) 住宅（公寓）等设计说明
(6) 住宅（公寓）等经济技术指标

成果形式

1. 组合住宅（公寓）等设计平、立、剖（1:100或者1:200···）
基本原则：同一栋组合住宅（公寓）等的全面表达，对组合单元平面，符合建筑单体方案设计表达的基本技术要求。
a) 附带主要住宅（公寓）等经济技术指标：住宅（公寓）等类型、户型种类、户型面积、户数及户型比例等
b) 平面——两道尺寸线标注，房间名称。
c) 立面——首层地评标高和屋顶标高标注，以及主要墙面材料表达；
d) 剖面——各层标高标注，表达楼梯竖向节点、屋顶设计等内容。
2. 典型住宅（公寓）等单元平面（1:100或者1:200）
a) 根据不同类型选取相对全面的户型平面；
b) 索引图表达该典型住宅（公寓）等单元在住宅建筑单体平面中的位置；
c) 三道尺寸线标注；
d) 室内家具布局；
e) 各个房间功能、面积标注；
f) 注意厨房、卫生间的管道井和通风井设置；
g) 如不是集中空调，应考虑分体式空调室外机位置；
h) 户内建筑面积标注。

居住空间设计 **1**
Living space design

2011年Autodesk杯

全國高等學校建築設計教案和教學成果評選

三年級建築設計課教案

Grade three architectural design class teaching plans

A1图幅排版两至三张，分辨率300DPI，以光盘形式提交JPG格式电子文件并提交A1打印图
要求能够充分展示住宅（公寓）等设计成果及特色，包含效果图，分析图，设计说明，住宅（公寓）等设计（平、立、剖面图）、经济技术指标等内容。
电子文件命名格式：
"作品名称－学号1姓名1、学号2姓名2、学号3姓名3、学号4姓名4－班级－编号"

八、参考资料

《住宅设计原理》
《住宅建筑设计》刘文军 付瑶编著 中国建筑工业出版社 2007
《建筑艺术与室内设计》维托里奥·马尼亚戈·兰普尼主编 中国建筑工业出版社 1993
《家具设计图集》劳智权编著 中国建筑工业出版社 1980
《室内设计资料集》 张绮曼等编著 中国建筑工业出版社 1991
《建筑设计资料集》一人体尺度部分，中国建筑工业出版社，1984；
《建筑设计资料集》一住宅建筑部分，中国建筑工业出版社，1984；
《住宅设计规范》 GB/T50096-1999
《住宅建筑规范》
《建筑设计防火规范》GB 50045-95（2005年版）
《民用建筑设计通则》GB 50352-2005

九、设计题目前后衔接关系

吉林建筑工程学院建筑与规划学院三年级上学期第一个设计题目为"高校图书馆设计"，设置该题目的目的在于培养学生在接触中小型公共建筑时的处理设计能力；之后的第二个题目更为本教案所涉及的设计题目"居住空间设计"，设置该题目的目的在于使学生了解当今城市和居住空间设计的发展历程，能初步掌握居住问题与城市、社会、文化、经济等方面的关系，认识到市场经济条件下城市住区的各种发展前景及居住空间设计的过程等基本知识，能独立完成居住建筑从最初的想法到最后成图的全过程，并从中了解住宅的规范和做法；三年级上学期设置的两个题目希望能到达使学生在真正接触一些中等以上的设计项目时，既有公共建筑也有居住类建筑都能独立处理。

在三年级下学期，我们也同样为建筑学的同学设置了两个设计题目，第一个为"吉林省西关宾馆国际会议中心设计"，第二个为"吉林省建筑博物馆设计"，不难看出，我们设置这两个题目的目的在于让学生接触更多的地方文化，从而以文化为根源，设计中小型的公共建筑，既培养学生们的独立调查研究能力，又能使学生们能掌握多样的公共建筑知识。

我们在设置三年级设计题目的时候经过教研组的几番讨论，最后确定为以上题目。讨论的过程中我们从发展学生多方面设计能力和多方面思考能力去考虑，从不同类型的设计题目入手，给予学生一个接触公共建筑与居住建筑的平台，深入了解人体工程学等专业知识。

居住空間設計 2
Living space design

2011年Autodesk杯
全國高等學校建築設計教案和教學成果評選

三年級建築設計課教案
Grade three architectural design class teaching plans

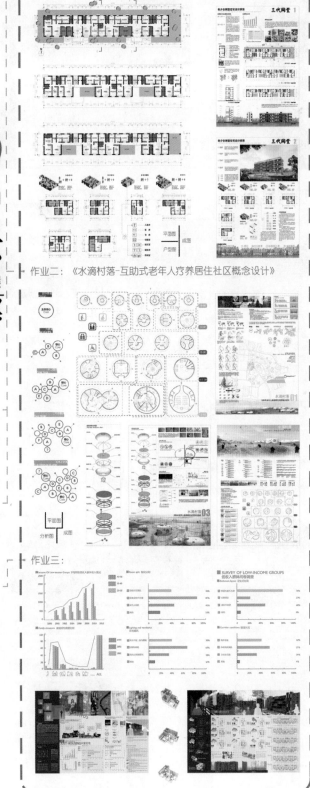

作业一：《三代同堂-老少合居型住宅设计探索》

作业二：《水滴村落-互助式老年人疗养居住社区概念设计》

作业三：

十、学生作业点评

在本次设计过程中，学生们对居住空间这一概念进行了延伸拓展，对居住空间的理解也有了新的认识，有的学生就如今热议的话题"保障性住房"进行了别样的设计，也有的学生关注如今特殊人群的居住形式，对老年人及一些残障人士的生活状况进行了深入的研究分析，对此类人群的居住空间进行了设计探索。一下就三份具有代表性的作业进行点评。

作业一：《三代同堂-老少合居型住宅设计探索》

该组学生做的老少合居型住宅设计探索，对当今社会的老龄化现状和独生子女现象进行了研究，考虑到老年人多种生活模式，设计了五个不同户型来适应现今老年人的生活状况；在平面组合上，充分考虑到老年人的休闲空间设计，设计了一些庭院空间，总体在平面和空间上的设计都比较灵活；立面设计注重整体性，也注重现今设计的潮流，采用简单的设计元素，简洁大方，可以说整体的设计想法和图文表达能力都比较突出。

但是也存在一些现实的问题，如今房价只升不跌，而该组设计的一些户型都是大户型，虽然考虑到老年人的特殊生活情况设计的配套设施也相当完善，但是按照现今的房价走势，购买一套这样的房子需要支付一大笔资金，会给现在的年轻人造成一定程度上的经济压力。

作业二：《水滴村落-互助式老年人疗养居住社区概念设计》

该组学生做的互助式老年人疗养居住社区概念设计，同样也是对当今社会的老龄化现象进行了深入的分析和研究，但是与作业一的区别在于首先所选取的地点则是老龄化现象更为突出的日本，其次该设计思路是从老年人疗养居住空间入手，一种以公寓式居住空间形成的村落式群体；另外，概念的生成是该组方案最值得称赞的地方，他们采用仿生学原理，模拟"气泡的生长分裂"规律，使建筑富有生命力。此外该组学生的绘图能力非常值得称道，处理图形的能力较为突出，绘制的分析图简洁明了，有非常美观。

但是唯一美中不足的地方在于有些平立面图等并没有按照任务书给定的规范作图。

作业三：

该组学生的设计作品《只是住宅》与前两个作品不同的是并没有老年人的局限，充分的对现在社会上出现的主要问题——保障性住房的问题进行了深入性的前景探索。该设计从预制人手，从内部功能空间到建筑整体布局都采用严格的模数制，既方便建设又具有经济型，并且在组装的过程中提出了根据人口分类的可能性，使其又具有了舒适性。在现代保障性住房的设计中，此设计可谓是具有了一定性的突破。并且在这个图面表达的过程中思路清晰，用色大胆。唯一美中不足的是没有将其城区域规划布置。

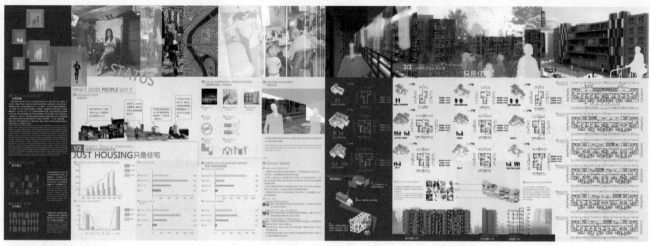

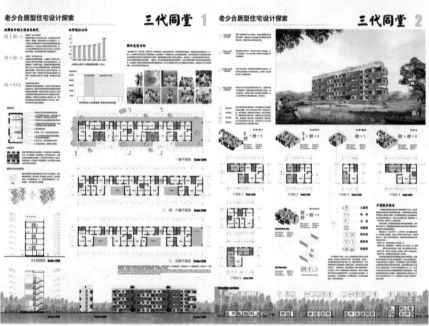

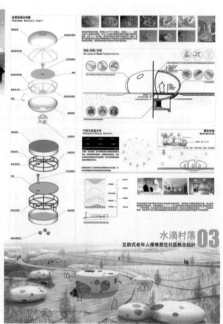

吉林建筑工程学院

邻里中心建筑设计教案

Design Studio: Community Center

（二年级）

教案简要说明

关于邻里中心的思考：

"邻里中心"是源自新加坡的一个社区服务概念，是指在3000~6000户居民中设立一个功能比较齐全的商业服务娱乐中心，是城市商业中心等级结构中最低级的中心。邻里中心以居住人群为中心，其全部设施紧密围绕人们在家附近寻求生活、文化交流的需要，构成了一套巨大的家庭住宅延伸体系。

1.教学目标

本课程为建筑学专业必修主干课——课程设计系列之二。设计题目拟为中小型多功能组合体建筑，设计内容为：邻里中心。目的是培养学生了解公共建筑设计的一般规律和特点，了解文化建筑的主要内容、功能以及建筑形式、结构、环境及场地等方面的设计要求，掌握社区中心设计的基本方法，加强资料收集、分析和对建造元素综合处理的能力。

2.教学方法

2.1 问卷调查：利用都市人类学的方法，鼓励学生走进社区，融入社区，通过发放问卷的形式，发现问题。

2.2 分组讨论：将问卷结果分组讨论并汇总，并就社区问题提出有创造性的设计概念，以此为核心塑造物质空间形态。

2.3 实例剖析：列举大量的国内外建筑实例，用公开课的形式由教师对案例的总图关系、设计构思、功能组织、建筑造型等方面进行深入剖析，引导学生建立科学的解读建筑的方法，并对课程设计提供必要的指导。

3.设计任务书及要求

3.1 为满足社区居民生活需要，提供居民生活所需的商业、休闲、活动交流、保健卫生，以及办公、培训场所空间，在某居住区内拟建一座邻里中心，用地面积约6000m²。

3.2 设计要求

（1）平面功能合理，空间构成流畅、自然，室内外空间组织协调。

（2）结合基地环境，处理好居住区整体环境与建筑的关系，做好相应的室内外环境设计。

（3）保证良好的采光通风条件，创造较好的室外交流空间。

3.3 技术指标

（1）总建筑面积约3000m²，绿地面积不小于40%。

（2）设计内容（仅作参考，根据调研内容及结果设计详细设计任务书）商业配套（800m²）：含商业服务设施，如便利店、电信邮政、各类商业服务的出租店面；休闲健身（800m²）：为居民提供休闲健身的场所、健身房、乒乓球室、台球室等；保健卫生（150m²）：必要的医务室、药房等；办公空间（100m²）：值班管理用房，如物业办公、其他办公等；多功能空间（450m²）：用于社区活动、节日聚会、社区会议的空间，如多功能厅、专业知识培训教室/展览空间等；自选空间（400m²）：通过调研确定需要设置的空间场所。注：以上面积未含交通面积，设计者可根据使用要求自定。附注：门厅、休息、交通空间、卫生间、库房等面积，设计者可自定，要满足基本使用要求和相应的设计规范。

4.教学进度与要求：8周

5.教学过程

5.1 设计的开始：实地调研、问卷调查、收集案例、空间认知。

5.2 设计进行时：城市环境分析、总平面布局、功能分区、空间营造、建筑造型、构造与材料。

5.3 设计的呈现：总平面、设计构思分析、模型、透视或轴测、三维小透视。

融——玲珑湾邻里中心　设计者：张英姿
闲"停"信步——邻里中心建筑　设计者：周骏
慢生活　漫生活——邻里中心建筑　设计者：陈网兰
指导老师：尤东晶　徐俊丽　赵秀玲
编撰/主持此教案的教师：叶露

苏州大学

"邻里中心"是源自新加坡的一个社区服务概念，是指在３０００—６０００户居民中设立一个功能比较齐全的商业服务娱乐中心，是城市商业中心等级结构中最低级的中心。服务半径为1—3公里，经营面积1—3万平方米，独体商业，2—3层。邻里中心以居住人群为中心，其全部设施紧密围绕人们在家附近寻求生活、文化交流的需要，构成了一套巨大的 **家庭住宅延伸体系：**

厨房的延伸	—— 菜市场、超市、便利店	梳妆台的延伸	—— 美容、美发
餐厅的延伸	—— 餐饮、小吃店	卫生保健的延伸	—— 药店、保健室、诊所
客厅的延伸	—— 咖啡厅、茶庭、影院	健身房的延伸	—— 健身会所、锻炼场地
书房的延伸	—— 书店、图书馆、阅览室	工具箱的延伸	—— 电信、邮局、维修

为什么选"邻里中心"？

—— "邻里中心"代表了学校所在城市社区形态的主要特征，其建设和运营已成为国内成功的典范，具备为学生研究、学习和体验的价值。

—— "邻里中心"功能多样，很多功能都是独立的建筑类型，例如超市、餐厅等。学生通过这一个设计就能了解和掌握多种建筑类型的功能流线组织。

—— "邻里中心"空间开放，公共性强，方便学生随时随地进行调研。

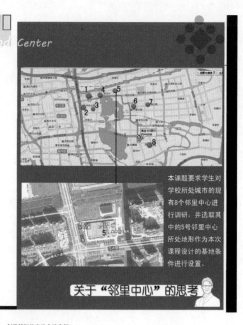

本课题要求学生对学校所处城市的现有8个邻里中心进行调研，并选取其中的5号邻里中心所处地形作为本次课程设计的基地条件进行设置。

关于"邻里中心"的思考

1. 教学目标

本课程为建筑学专业必修主干课——课程设计系列之二。设计题目拟为中小型多功能组合体建筑，设计内容为：邻里中心。目的是培养学生了解公共建筑设计的一般规律和特点，了解文化建筑的主要内容、功能以及建筑形式、结构、环境及场地等方面的设计要求，掌握社区中心设计的基本方法，加强资料收集、分析和对建造元素综合处理的能力。

1. 通过设计，理解与掌握具有综合功能要求的休闲、娱乐公共建筑的设计方法与步骤；
2. 培养解决建筑功能、技术与建筑艺术等相互关系和组织空间的能力；
3. 理解综合解决人、建筑、环境关系的重要性；
4. 初步理解室外环境的设计原则，建立室外环境设计观念；
5. 理解和运用国家有关法规、规范和条例。

2. 教学方法

1. 问卷调查：利用都市人类学的方法，鼓励学生走进社区，融入社区，通过发放问卷的形式，发现问题。
2. 分组讨论：将问卷结果分组讨论并汇总，并就社区问题提出有创意性的设计概念，以此为核心塑造物质空间形态。
3. 实例剖析：列举大量的国内外建筑实例，用公开课的形式由授课教师对案例的总图关系、设计构思、功能组织、建筑造型等方面进行深入剖析，引导学生建立科学的解读建筑的方法，并对课程设计提供必要的指导。

3. 教学衔接

6*6空间布置	教授工作室	邻里幼儿园	邻里中心
PHASE Ⅰ	PHASE Ⅱ	PHASE Ⅲ	PHASE Ⅳ
单一空间 尺度限定 无结构要求	组合空间 场地环境限定 转换结构	单元空间组合 城市环境限定 浆筑混凝土	综合空间 环境限定 框架结构

4. 设计任务书及要求

1. 设计任务：

为满足社区居民生活需要，提供居民生活所需的商业、休闲、活动交流、保健卫生、以及办公、培训等场所空间。用地位于苏州工业园区一典型的居住用地内，在某居住用地内拟建一座社区中心。用地面积约6000m2。

2. 设计要求

1) 平面功能合理，空间构成流畅、自然，室内外空间组织协调。
2) 结合基地环境，处理好居住区整体环境与建筑的关系，做好相应的室内外环境设计。

3) 保证良好的采光通风条件，创造较好的室外交流空间。
4) 考虑所处居住区的环境特征，建筑形象不仅要体现综合建筑的文化气息，又要有一定的生活气息。
5) 建筑层数不超过三层。

3. 技术指标

1) 总建筑面积约3000m2，绿地面积不小于40%。
2) 设计内容（仅作参考，根据调研内容及结果设计详细设计任务书）

商业配套（800 m2）：含商业服务设施，如便利店、电信邮政、各类商业服务的出租店面；
休闲健身（800 m2）：为居民提供休闲健身的场所、健身房、乒乓球室、台球室等；
保健卫生（150 m2）：必要的医务室、药房等；
办公空间（100 m2）：值班管理用房，如物业办公、其他办公等；
多功能空间（450 m2）：用于社区活动、节日聚会、社区会议的空间，如多功能厅、专业知识培训教室/展览空间等；
自选空间（400 m2）：通过调研确定需要设置的空间场所。

注：以上面积未含交通面积，设计者可根据使用要求自定。
附注：门厅、休息、交通空间、卫生间、库房等面积，设计者自定，要满足基本使用要求和相应的设计规范。

4. 图纸内容及要求

1) 图纸内容：
总平面图1：500，全面表达建筑与周围环境和道路关系；
首层平面图1：200，包括建筑周围绿地、广场等外部环境设计，适当布置建筑小品；其他各层平面1：200
立面图1：200（不少于2个）；剖面图1：200（1~2个）；轴测图或建筑模型一个。

2) 图纸要求：
图幅统一采用A1 （594×841mm）；图线粗细有别，运用合理；文字与数字书写工整，尺规作图，彩色渲染；效果图表现手法不限。

5、教学进度与要求：8周

5. 教学过程

设计的开始	设计进行时	设计的呈现
实地调研 问卷调查 收集案例 空间认知	城市环境分析 总平面布局 功能分区 空间营造 建筑造型 构造与材料	总平面 设计构思分析 模型 透视或轴侧 三维小透视

经典实例解析（授课内容）

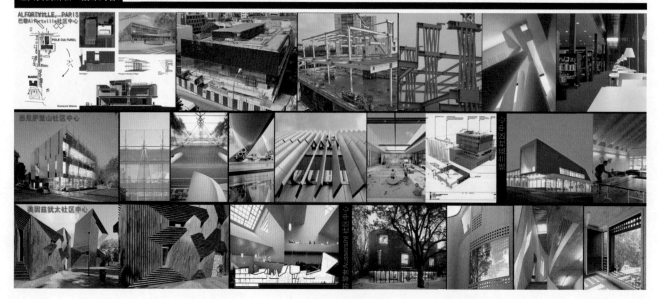

建筑学二年级设计课程—— 邻里中心 建筑设计教案
Neighbourhood Center

问卷调查

现场调研

本次课程强调"源于生活的设计"。要求学生走进社区,深入调研,考察设计所在地社区居民的生活模式,使学生在设计前先学会体验生活,发现问题。同时,通过问卷调查、对话沟通等方式,使建筑的使用者(社区居民)也参与其中,设计成为了一种互动。

这种方式能够让二年级的学生尽早建立起设计 **前期策划** 的概念,不仅让学生学会如何做设计,更要让其理解为什么要做这样一个设计,设计的条件和依据是怎样得来的,它们是否科学合理……

建筑应该 源于生活,服务社会,通过前期策划和调研,能够使学生建立强烈的社会责任感,并且训练与人沟通交流的表达能力。

本次课程要求学生分组对所在城市的8个邻里中心分别进行调研,成果以照片、分析图、问卷、数据统计表等形式表现出来,归纳总结各邻里中心的特点、优势和不足,从而提出相应的问题,并作为设计思维的元点和发散点,指导接下来的设计。

设计的开始

源于生活

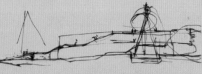

邻里中心消费者性别调查
- 男
- 女

新城邻里中心消费人群年龄调查统计
- 25岁以下
- 25至40岁
- 40至60岁
- 60岁以上

消费费用
- 100元以下
- 100元以上

消费者逗留时间调查统计
- 1H以内
- 2和3H
- 3至5H
- 5H以上

设计进行时

通过调研和策划,学生们的思路被打开了,在设计构思阶段,每个人都提出了自己关于对社区、对邻里单元、对都市生活的理解与反思,并确定了各种设计主题。例如,有的人提出在快节奏的现代城市生活背景下,应该适当放慢脚步,放缓节奏,以一种闲庭信步的心态将自己融入社区生活中;有的人认为"街"是中国自古以来聚居地的空间原型,逛街是居民生活形态的集中体现,因此将建筑定位为传统街巷空间的现代演绎;有的人则认为应该尽可能增加城市的绿化空间,充分利用建筑的屋顶以及外墙,形成立体绿化,体现生态社区、绿色人居的设计理念。

在教学过程中,指导老师鼓励多元化的设计思路,但不论何种构思,都坚持落实到具体的建筑功能和空间形态上,在放开思路的同时,也始终把握建筑设计的基本原理和方法。

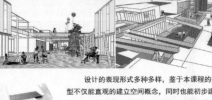

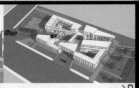

设计的表现形式多种多样,鉴于本课程的授课对象为二年级的学生,因此手绘与手工模型依然是设计表达的重要内容。模型不仅能直观的建立空间概念,同时也能初步建立建筑材料的基本概念。但手工模型制作时间较长,不便于修改,因此在设计过程中,指导教师也鼓励学生合理使用计算机辅助设计,例如用SketchUp推敲形体关系和空间尺度,在构思过程中快速而高效的推进和修正设计,用AutoCad绘制一些较为复杂的曲线,方便定位和测量等。

在信息化高速发展的今天,学生应尽早掌握计算机辅助设计的方法,但同时又不应因此而缺失对建筑设计手头基本功的训练,因此本次课程设计中鼓励运用多种辅助设计的方法,在设计的整个过程中发挥各自的优点,达到设计教学的目的。同时也为三年级的专业学习打下基础。

设计的表达

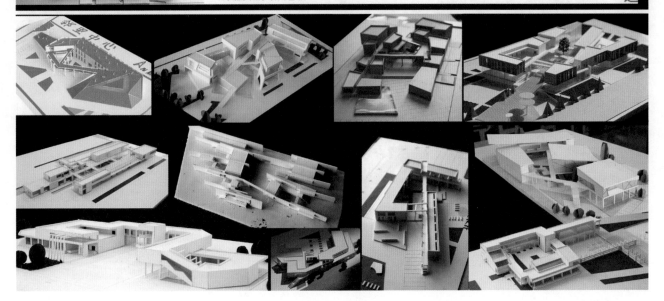

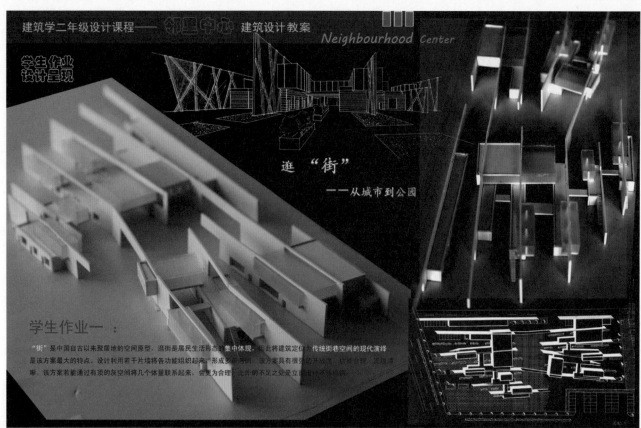

建筑学二年级设计课程—— 邻里中心 建筑设计教案
Neighbourhood Center

学生作业
设计呈现

逛 "街"

——从城市到公园

学生作业一：

"街"是中国自古以来聚居地的空间原型，逛街是居民生活形态的集中体现，因此将建筑定位为传统街巷空间的现代演绎是该方案最大的特点。设计利用着干片墙将各种功能组织起来，形成多街道所，该方案具有很强的开放性，功能合理，流线清晰。该方案若能通过有顶的灰空间将几个体量联系起来，会更为合理，此外的不足之处是立面设计还不够精美。

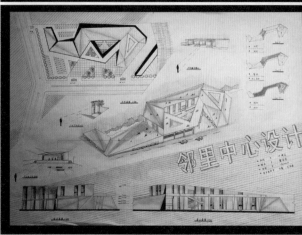

邻里中心设计

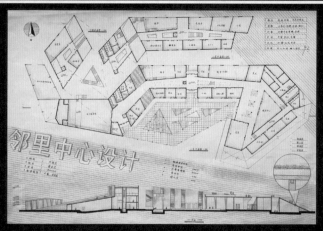

邻里中心设计

学生作业二：

该方案构思有一定特点，强调邻里中心的开放性和居民的参与性，同时考虑最大化公共空间的手法，提供给邻里一个绿色开放的屋顶花园，在漫步其中自然就融入发到邻里的生活中，融合由此而来。在流线的处理上设计比较合理，但是建筑剖面上的设计有待加强，立面的设计需深化。

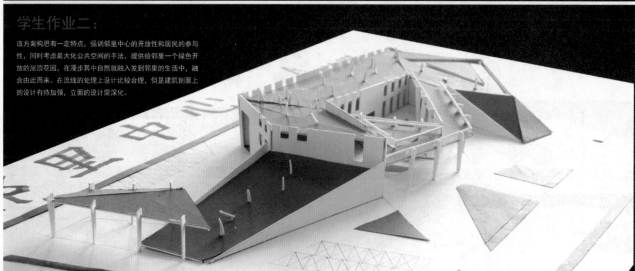

苏州大学

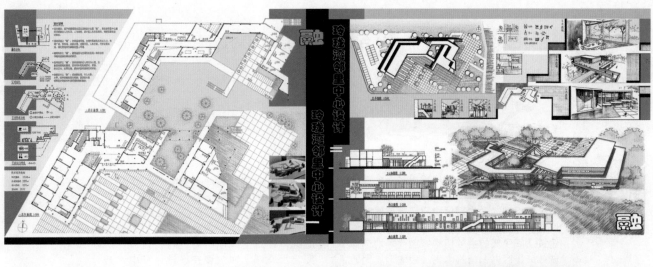

建筑设计（一）小型公共建筑设计教案
Design Studio（1）: Small Public Building
（二年级）

教案简要说明

　　本教案承接建筑设计基础训练和三个短周期设计练习。作为本科阶段第一个综合设计训练，任务书将建筑功能设定得较为简单，重点训练学生理解物质环境与建筑空间生成、功能组织的关系，坡度、坡向条件是建筑空间生成的主要因素，因此场地选择了城郊风景区内一处临水的丘陵坡地。同时，学生也必须将之前在建筑设计基础的单项训练中掌握的建筑知识与表达手段综合运用于设计过程中。

　　本教案的教学时间为七周，在此过程中，学生通过纸质模型、手绘草图、计算机模型，逐步对场地与任务书进行解读，根据景观、地形的限定划分空间、组织功能与流线，设定空间质感并进行构造设计。教案特别强调了学生要在设计过程中综合运用之前所学的建筑表达方式来帮助推进设计的深入。

作业1风景区茶室设计　设计者：陈观兴
作业2风景区茶室设计　设计者：孙冠成
作业3风景区茶室设计　设计者：魏江洋
指导老师：刘铨　冷天　丁沃沃
编撰/主持此教案的教师：丁沃沃

建筑认知：

不同的教案对于建筑认知有着不同的理解，其要点在于对建筑内涵的设定。在西方古典建筑学中，建筑作为艺术表达了形而上的美学观念，因此建筑认知的重点在于对建筑柱式、建筑立面比例的研习；而西方现代建筑认为建筑的核心价值在于建筑空间，因此作为空间分割构建的墙体和楼板的组合方式和组合逻辑构成了建筑认知的重要内容。在中国的传统观念中，建筑是"器"，作为"器"的建筑有特定的类型，类型与做法、形式以及使用者的身份都互相关联，因此建筑行业并非属于形而上的学问，而是形而下的操作，它的入门方式就是在建筑工地实际操作。当代中国建筑学是"西学"的基础"中学"的观念，建筑作为学问引入大学，整个行业知识化了。然而，对建筑本体的理解仍然基于本民族建筑是"器"的观念。因此，对于建筑认知的理解，本教案认为应该将本民族的建筑观念与西方理论化的建筑知识与方法结合，建构自己独立的建筑学认知体系。

建筑设计基础

建筑表达：

建筑的表达包括对实体建筑的纪录和对未建建筑的专业性表述，其媒介包括二维图示和三维模型。传统建筑学中建筑的表达以二维图示为主，随着工具进步和技术手段更新，现代的建筑表述技术非常丰富。表述不仅仅是表达，而且可以帮助认知。作为媒介它不仅是建筑师和他人之间交流的工具，而且是自身记忆和知识相互交流的工具，对于学生来说后者更有意义，即建筑表达是学习建筑认知的重要工具。因此，用表达技能表述学到的知识，用理解的知识帮助提高表达的技能。

作为新生建筑设计入门的课程，第一堂课尤为重要。本教案认为尽管从专业上看学生们是新生，然而，作为普通人他们毕竟有18年的生活经验，即18年的建筑体验，这就是学习建筑最好的起点，也是可以利用的教学资源。作为普通人学生们或多或少也都有欣赏建筑并表现建筑的经验如画画或摄影，建筑往往成了主题，这就是建筑表达的起点，虽然并非专业，但是行为过程并不陌生。因此，利用已有的建筑体验，学会"专业地理解"建筑；利用已知的表达过程，学会"专业地表达"建筑。

认知建筑

徒手平立剖面图绘制

基于从现象到本质，从具象到抽象，从整体到细部，从经验到知识的认知路径，将建筑认知过程分为三个步骤，通过对实体建筑不同内容的观察，用徒手线条的方法，按规定的比例绘制专业图纸。

建筑立面测绘-立面图

建筑空间测绘-平、剖面图

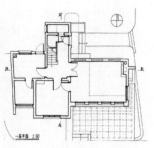

建筑构件测绘-大样图

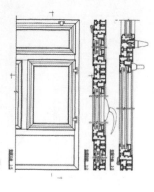

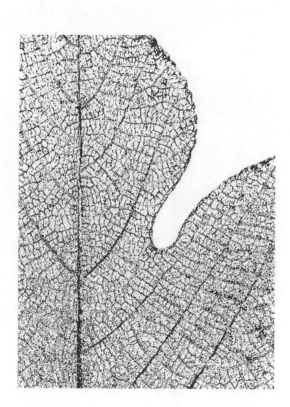

建筑的图示语汇是建筑专业人员进行专业交流的基本语言和方法，也是建筑设计要掌握的基本功之一。虽然学习图示语言的方法有多种，但从真正理解图示语言的实际意义的角度上看，能按图示进行操作是检验专业图示学习效果的最佳办法。建筑物是三维物体，然而建筑从最初设计到最终建成的整个过程中，二维图示语言是主要的交流语言，它包括了建筑设计专业各不同阶段的不同图示的表达，也包括了建筑建造中各不同专业之间不同图示语言的交流，也就是说二维的建筑专业图示语言是生成三维实体的重要手段。对于初学者来说，首先要学会阅读并理解二维图示的空间意义。因此，学习的关键不在于认识和记住图示，而在于是否能够通过阅读图示来感知相应的实体与空间。

场所（Site）是建筑物赖以生存的基础，直接影响到建筑的组织策略、形式策略以及建设策略。工业文明带动城市化进程的加速，城市取代自然成了人们主要的聚集地和居住地。在全球化的今天，中国已经告别了传统的农耕时代，更加高速地进入了城市化的高潮时期，为此，更是建筑师面对的现实。单一的讨论建筑的形式问题已经显得极为幼稚，认知城市环境、理解城市空间特色是建筑师不可缺失的任务，也是建筑设计基础的重要内容。就城市空间而言，它可分为物质空间和非物质空间（社会空间），其中物质空间的形态问题直接影响了建筑的场地位置及其相对形式的生成，因此，对物质空间形态问题的认知是城市认知的基础。

认知图示

手工实体模型制作

本阶段沿用建筑认知阶段的知识，选取不同类型的图纸，让学生做一次认知上的反馈，进一步强化实体建筑中形体、空间、构件、材料、尺度与图纸表达中的线型、比例之间的关系。

认知环境

计算机建模与绘图

基于形态特征和建筑学应对策略两方面考虑，教案将城市物质形态分成四大类。通过实际调研和照片记录获得感性认识，通过电脑建模与分析图纸的表达以及ppt演示文件、文本制作加深对不同城市空间形态的理解。

建筑空间图示解读-建筑模型

建筑构造图示解读-建筑构件模型

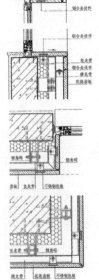
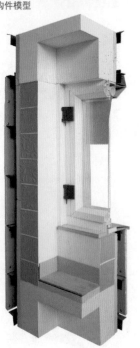

老城历史街区

新城居住区

城市中心区

城市风景区

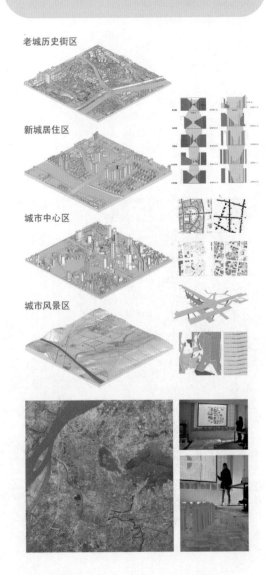

设计的基本目的是解决问题，建筑设计的基本目的是解决人们对建筑的需求问题。因此，正确认识设计本质是学习建筑设计的首要观念。建筑问题具有综合性，场地、功能、材料、施工、造价和安全使用等因素对于最普通的建筑都不可避免，需要建筑师在设计过程中加以考虑。同时，建筑形式是建筑设计价值的一个重要方面，它直接影响到人们的生存环境，又不可避免地承载着历史和文化的因素，并与意识形态直接联系。建筑设计是一个操作过程，操作的内容是综合运用建筑知识，根据对象的具体情况，优选出相对合适的形式处理手法，形成合理的建筑设计方案。就建筑设计入门而言，首先要认识建筑的基本要素，这就是：功能与空间、场所与环境、材料与建造。

认知设计

表达方式的综合运用

使用需求是建筑产生的第一要素，场地是建筑物体决策的限定因素，材料和结构是建筑物体的基本构成，此三者缺一不可。虽然建筑设计是复合问题，但对初学者，由单项问题入手才能较好地理解和体验解决问题的过程。

设计练习1-先例分析

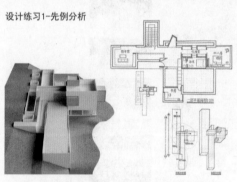

设计练习2-空间与功能

设计练习3-形式与构造

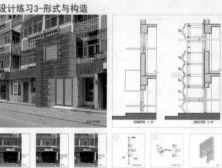

训练目标：

作为本科阶段第一个综合设计训练，任务书将建筑功能设定得较为简单，重点训练学生理解物质环境与建筑空间生成、功能组织的关系，坡度、坡向条件是建筑空间生成的主要因素，因此场地选择了城郊风景区内一处临水的丘陵坡地。同时，学生也必须将之前在建筑设计基础的单项训练中掌握的建筑与表达知识综合运用于设计过程中。

建筑所处的场地，既是进行建筑设计的重要前提条件，也是建筑设计中的重要内容。首先，场地本身包含了许多信息，对建筑形成限定，这包括了场地的物质空间信息（如区位、地形坡度与朝向、植被、气候、周边建筑等）、非物质空间条件（如历史沿革、文化习惯、经济状况、社会生态等）以及技术支撑条件（如交通与基础设施状况等）。其次，在进行建筑设计的过程中，要将建筑的功能、形态塑造与场地条件的重新组织结合起来，这时就需对场地进行必要的改造。

小型公共建筑设计
风景区茶室设计

图纸要求：

2张A1图纸（竖排），其中包括：建筑方案的总平面图(1:500)；各层平面图与剖面、立面图(1:100)；墙身构造大样图(1:20)；能够表达空间构思的计算机模型透视渲染图；必要的分析图；模型照片、构思草图等。

教案特别强调学生要在设计过程中综合运用之前所学的建筑表达方式来帮助推进设计的深入。

建筑功能：

风景区茶室，包括大厅和若干雅座，以及门厅、操作间、休息室、洗手间等必要的辅助空间，总建筑面积在200平方米(上下可浮动10平方米)。

建筑场地：

同一区域内4块场地由学生自由选择，建筑红线内用地面积500平方米，建筑周边的场地设计可超出红线。

进度安排：

环境分析与空间划分

第一周：制作1:200纸质模型（底盘面积60*60cm）来帮助研究分析场地地形条件，主要是景观朝向与场地标高变化，多方案构思空间并以模型表达；

第二周：通过A3图幅1:200比例的平面与剖面草图，在确定方案的基础上调整标高、空间划分、功能流线与场地的关系；

空间设计的深化：结构与尺度

第三周：制作1:100纸质模型和sketchUp模型来帮助进行建筑空间与场地关系的进一步深化调整；

第四周：通过A3图幅1:100比例的平面与剖面草图，根据功能要求对剖面标高变化、尺度和结构方面对空间进行细化；

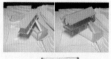

空间质感的表达与构造设计

第五周：使用透视图和模型照片表达空间设计意图，通过模型的透视角度，研究立面材料与构造，绘制1:20墙身剖面图，完成立面与墙身节点的设计；

设计成果的整理与表达

第六周：正式成果图纸、模型的制作，认知排版作为设计的一部分，它与设计意图、设计过程表达的关系；

第七周：成果的整理与答辩。

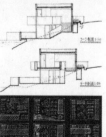

南京大学

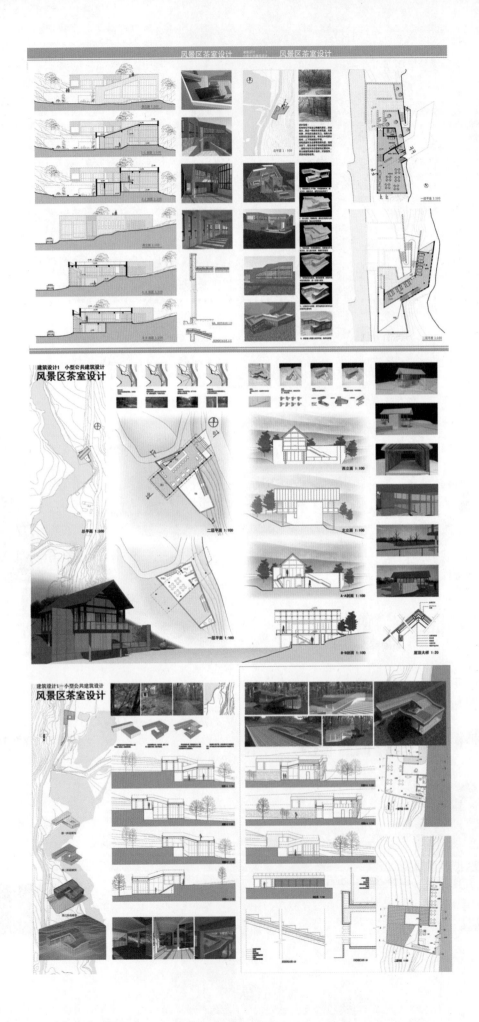

建筑设计（二）乡村小住宅扩建设计
Design Studio（2）：Small Country House Extension

教案简要说明

关键词：
秩序（order）
构件（elements）
建造（construction）
背景（background）

在我院建筑学专业4+2学制中，一年级是通识教育课程，二年级是设计的基础课，三至四年级是集中设计课。三年级上学期设计作业为乡村小住宅和大学生活动中心；三年级下学期设计作业为小区规划和住宅设计；四年级上学期是高层和大跨建筑设计；四年级下学期是毕业设计。

1.教学目标（Aim）

此作业为三年级上学期第一个作业，题目是"乡村小住宅"，作业主题是"建造"，要求掌握简单建筑最基本的建造问题，了解建筑物的基本构成，通过设计课，对小型建筑物的结构、材料、构造有直观认识。基地是农村现状宅基地，建筑面积约250m^2，作业时间8周。通过这一建筑设计课程的训练，让学生首先知道房子如何造起来，认知形成建筑的基本物质条件：结构、材料、构造及其原理，要求完成1:100和1:50以及1:10的大样图，表达出设计中材料、结构、构造等内容。

2.教学方法（Method）

从"秩序"出发，简化和涵盖功能、空间问题，强化建造和构件问题。强调秩序与功能，构件与空间，支撑与围护。所谓秩序，包含场地秩序（order from site）、结构秩序（order from structure）、空间秩序（order from space）等。让学生学会组织简单功能，学习建筑元素组织方法，赋予真实材料并且转化为真实构造。训练核心是构件、建造，秩序是借以展开设计的方法，场地、功能问题作为辅助。

3.任务书（Program）

在给定基地范围内为小住宅进行扩建设计，扩建为提供客人使用的相对独立的功能齐全的客房。目前已经存在的乡村住宅，每户宅基地约在90~120m^{2}之间，院子面积大小不等，要求在院子内进行扩建设计，建筑面积60~90m^{2}之间，建筑层高3~4.5m，平顶坡顶不限。要求充分考虑材料建造与实施的可能性。

3.1 规划布局设计总则（General Guidelines）

（1）朝向与视野（Orientation and View）：主要房间有良好采光、日照，尽量取得良好视野。

（2）退让（Retreat Distance）：建筑基底与投影不可超出院墙范围。如若与主体或相邻建筑连接，需满足防火规范。

（3）边界（Boundary）：建筑与环境之间的界面协调，各户之间界面协调。基地分隔物（围墙或绿化等）不超出用地红线。

（4）户外空间（Outdoor Space）：每户保持不超过总用地面积10%的户外空间。

3.2 建筑单体Built-up Area

会客区域Living Area（15~20m^2）
学习区域 Study Area（15~20m^2）
卧室区域Bedroom Area（15~20m^2）
厨餐区域Cooking and Dining Area（15~20m^2）
卫生区域Washroom（5~10m^2）
门厅、交通面积酌情设置
以上各部分功能可开敞布置，也可独立布置。

3.3 材料选择Material List

支撑（承重材料）：土、木、砖、石、钢、混凝土等
覆盖（楼地板材料）：土、木、砖、石、金属、混凝土现浇板等
围合（墙体材料）：土、木、砖、石、金属、玻璃等
注：主要材料必须在指定材料中选择，其他辅材自定。

作业1建筑设计2 乡村小住宅客房扩建设计　设计者：薛晓旸
作业2建筑设计2 乡村小住宅客房扩建设计　设计者：徐怡雯
作业3建筑设计2 乡村小住宅客房扩建设计　设计者：张方籍
指导老师：华晓宁　童滋雨
编撰/主持此教案的教师：周凌

南京大学

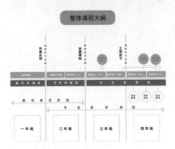

整体课程大纲

设计课程大纲

乡村小住宅客房扩建设计

学期：2010 秋季   年级：三年级上学期   学制：4 年   时间：9 周（2010.9.1-2010.11.1）
学生人数：36 人   任课老师：□□，□□□，□□□ 上课时间：（周二 10:00——18:00）（周三 10:00——18:00）

课程目标 Aim

此作业是三年级上学期第一个作业，题目是"乡村小住宅"，作业主题是"建造"，要求掌握简单建筑最基本建造问题，了解建筑物的基本构成，通过设计课，对小型建筑物的结构、材料、构造有直观认识。基地是农村现状宅基地，建筑面积约250平方米，作业时间8周。通过这一建筑设计课程的训练，让学生首先知道房子如何造起来，认知形成建筑的基本物质条件：结构、材料、构造及其原理，要求完成1：100和1：50以及1：10的大样图，表达出设计中材料、结构、构造等内容。

课程方法 Method

从"秩序"出发，简化和涵盖功能、空间问题，强化建造和构件问题，强调秩序与功能，构件与围护，支撑与围护。所谓秩序，包含场地秩序（order from site），结构秩序（order from structure），空间秩序（order from space）等。让学生学会组织简单功能，学习建筑元素组织方法，赋予真实材料并且转化为真实构造。训练核心是构件、建造、秩序是借以展开设计的方法，场地、功能问题作为辅助。

任务书 Program

在给定基地范围内为小住宅进行扩建设计，扩建为提供客人使用的相对独立的功能齐全的客房。目前已经存在的乡村住宅，每户宅基地约在90-120 M2之间，院子面积大小不等，要求在院子内进行扩建设计，建筑面积60-90 M2之间，建筑层高3-4.5米，平顶坡顶不限。要求充分考虑材料建造与实施的可能性。
一、规划布局设计总则 General Guidelines
1、朝向与视野 Orientation and View：主要房间有良好采光、日照，尽量取得良好视野。
2、退让 Retreat Distance：建筑基底与投影不可超出院墙范围。如若与主体或相邻建筑连接，需满足防火规范。
3、边界 Boundary：建筑与环境之间的界面协调，各户之间界面协调。基地分隔物（围墙或绿化等）不超出用地红线。
4、户外空间 Outdoor Space：每户保持不超过总用地面积10%的户外空间。
二、建筑单体 Built-up Area
1、会客区域 Living Area（15-20M2）
2、学习区域 Study Area（15-20M2）
3、卧室区域 Bedroom Area（15-20M2）
4、厨餐区域 Cooking and Dining Area（15-20 M2）
5、卫生区域 Washroom（5-10M2）
6、门厅、交通面积酌情设置
7、以上各部分功能可开敞布置，也可独立布置。
三、材料选择 Material List
支撑（承重材料）：土、木、砖、石、钢、混凝土等
覆盖（楼地板材料）：木、木、砖、石、金属、混凝土现浇板等
围合（墙体材料）：土、木、砖、石、金属、玻璃等
注：主要材料必须在指定材料中选择，其它辅材自定

Context

Site1

Site2

Site3

南京大学

进度和成果

Step1——基地与环境
Site and Context
要求：基地模型，13块基地，每人选择一块，分为3大组。每组制作一个整体基地模型，
个人制作基地与住宅单体模型，要求包括周边相邻建筑环境。
成果：整体基地模型，比例1：500，灰色卡纸制作基底与建筑现状。个人基地模型，
比例1：100，灰色卡纸，要求包括周边相邻建筑环境。底盘统一尺寸和高度。基地
分析图：肌理、交通、视线、植被分析，A3草图纸。

Schedule:2010.09.07-2010.09.08
周二上午：布置作业1，任务书讲解，分组。
周二下午：参观基地，现场调研，需要调研建筑层数、屋顶形状、高差变化、内部布局、
周围植被等内容。
周三上午：制作总体基地模型。制作个人基地模型。

Step2——秩序与空间
Order and Space
要求：秩序模型，选择一种秩序或序列，以点、线、面、体来限定空间，划分空间
层级关系，私密－公共，封闭－开放，大－小、动－静等，同时观照环境、功能。
秩序可以来自环境（山地等高线、城市肌理等），也可以来自结构。秩序具有功能
意义和环境意义。注意朝向、景观、私密性等，注意平面布局合理，符合居住要求。
秩序也具有结构意义和材料意义，符合某结构特性。
成果：秩序模型：黑白KT板／卡纸，单色材料。

Schedule:2010.09.14-2010.09.15
周二上午：作业2评图。分组评图，13人一组，每个同学讲解的5分钟，教师评讲
3分钟。
周二下午：个人工作。
周三上午：改图。
周三下午：个人工作。16：00点，作业2评图。布置作业3。

Step3——结构设计
Structure Design
要求：结构模型，赋予元素结构构件意义。把点、线、面分别翻译成柱、梁、墙、
体，注意结构体系符合砌体或框架结构特性，满足搭建的可行性。考虑围合、开口，
兼顾功能、构图。
砖结构：砖墙厚度240，砖柱240x240，混凝土构造柱240x240，混凝土框架结构：
柱300x300，填充墙体厚度200。木结构：主柱断面200次柱100，木楼板结构格栅
50x150，填充材料自定。钢结构：尺寸自定。
成果：结构模型，KT板、瓦楞板、木棍1：100或1：50，A3草图，轴侧图。

Schedule:2010.09.21-2010.09.22
周二下午：改图。
周二下午：个人工作。
周三上午：个人工作。16：00点，作业3评图。布置作业4。

Step4——围护设计
Encloser Design
要求：在结构模型和平面图基础上，进行围护体系设计，包含墙体与玻璃的虚实关系，
封闭与开窗等。砖墙厚度240，填充墙体厚度200-300。注意开口与室内布置的关系。
注意立面的构成关系。
成果：构件模型，KT板、瓦楞板、木棍，比例1：100或1：50，A3草图，轴例图。

Schedule:2010.09.28-2010.09.29
周二下午：改图。
周二下午：改图。
周三下午：改图。16：00点，作业4评图。布置作业5。

Step5——构造设计
Construction Design
要求：围护模型。材质、保温。强化平面图表达。
成果：围护模型，多种材料，比例1：100，A3草图，详细立面图，表达材料。

Schedule:2010.10.05-2010.10.06
周二上午：作业4评图。
周二下午：个人工作。
周三上午：改图。
周三下午：评图。布置作业6。

Step6——细部设计
Detail Design
要求：细部设计。雨棚、台阶、散水等。大样图，详图。
成果：围护模型，灰白卡纸，比例1：100，A3草图。

Schedule:2010.10.12-2010.10.13
周二上午：作业5评图。
周二下午：个人工作。
周三上午：改图。
周三下午：评图。布置作业7。

Step7——制图 Drawing
图纸要求：区位图1:2000; 总图1:1000; 平立剖1:50; 剖轴测图，大样1:20, 1:10, 1:5

Schedule:2010.10.19-2010.10.20
周二上午：作业6评图。
周二下午：制图。
周三上午：制图。

Step8——排版 Typesetting
要求：横排版，黑白图表达。
成果：A1正图，不少于3张，成果模型一个

Schedule:2010.10.26-2010.10.27
周二上午：制图－排版。
周二下午：制图－排版。
周三上午：制图－排版。
周三下午：制图－排版。

Step9——评图
Reply
邀请学院教师、校外老师、职业建筑师参加评图。学生分为三组，每组评委不少于
四人，其中外请评委不少于一人。学生每人陈述5分钟，讲解基地、概念、构造问题。
教师评述10分钟。

Schedule:2010.11.2
周二：9:00-18:00

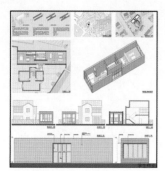
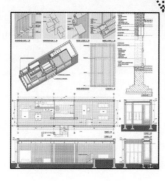
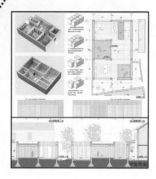

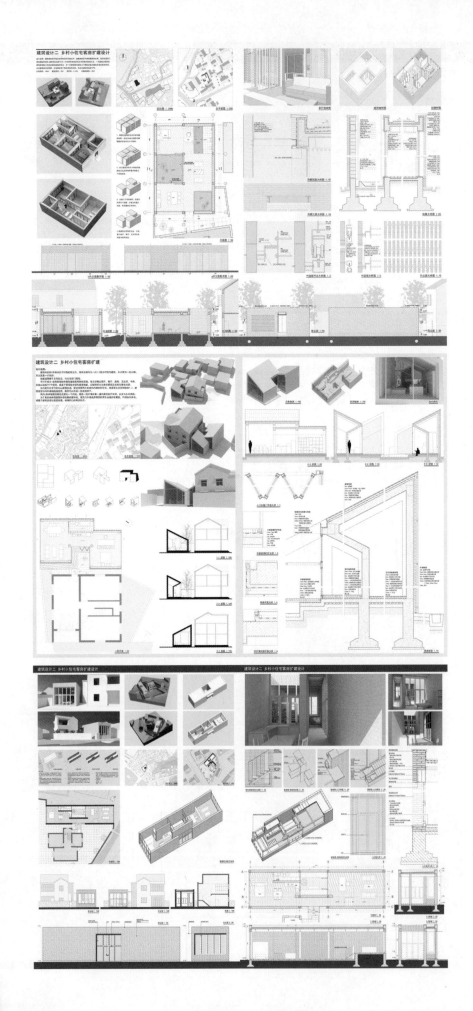

南京大学

建筑设计（三）大学生活动中心设计教案

Design Studio（3）： College Student Union Center
（三年级）

教案简要说明

1.背景（Background）

在我院建筑学专业4+2学制中，一年级是通识教育课程，二年级是设计的基础课，三至四年级是集中设计课。三年级上学期设计作业为乡村小住宅和大学生活动中心；三年级下学期设计作业为小区规划和住宅设计；四年级上学期是高层和大跨建筑设计；四年级下学期是毕业设计。

2.教学目标（Aim）

此作业为三年级上学期第二个作业，设计题目是"大学生活动中心"，作业主题是"空间"，课题训练空间组织的技巧，掌握空间组织的方法。基地位于校园宿舍区中心轴线花园一角，建筑面积约2500m²，作业时间8周。要求区分公共与私密空间、服务与被服务空间、开放与封闭空间，训练重点是空间秩序、流线安排、功能配置。要求系列剖面、剖透视、轴测展开图、拿捏透视图来表达空间，完成系列图纸，让学生理解图纸不仅是表达工具，也是辅助设计和推敲方案的手段。

3.教学方法（Method）

空间问题是建筑学的基本问题，本课题基于复杂空间组织的训练和学习。从空间秩序入手，安排大空间与小空间，独立空间与重复空间，区分公共与私密空间、服务与被服务空间、开放与封闭空间。训练重点是空间组织，包括空间的秩序、空间的内与外、空间的质感及其构成等。以模型为手段，辅助推敲。设计分阶段研究体积、空间、结构、围合等，最终形成一个完整的设计。

4.任务书（Program）

4.1 空间组织原则（The Principle of Organizing Space）

空间组织要有明确特征，有明确意图，概念要清楚。并且满足功能合理、环境协调、流线便捷的要求。注意三种空间：

（1）聚散空间（门厅、出入口、走廊）；

（2）序列空间（单元空间）；

（3）贯通空间（平面和剖面上均需要贯通，内外贯通、左右前后贯通、上下贯通）。

4.2 空间类型（The Type of Space）

（1）多功能空间：200座报告厅；容纳80人会议的活动室×2间；容纳40人研讨的活动室×2间。

（2）展示空间：展厅180m²。

（3）专属空间：文体类：舞蹈房60m²×1间；画室60m²×1间；讲座教学类：教室60m²×2间；办公类：学生社团活动用房20m²×8间；教师指导办公用房20m²×8间。

（4）休闲空间：咖啡座120m²（附带操作间）。

（5）服务空间：卫生间、储藏间等。

（6）交通组织空间：门厅、走廊等。

总建筑面积控制在2500m²以内，层数控制在4层以内。

4.3 成果

（1）空间与环境：总平面（1：500）；序列人眼透视（环境融入）。

（2）空间基本表达：平、立、剖面（1：200）。

（3）空间解析与表现：分层轴测；水平楼板秩序轴测；垂直墙体秩序轴测；仰视轴测；剖透视；人眼透视。

（4）手工模型：1：500总图体量模型；1：300带环境模型；1：50单体模型（包含室内空间）。

作业1建筑设计3 大学生活动中心设计　设计者：耿健
作业2建筑设计3 大学生活动中心设计　设计者：林骁睿
作业3建筑设计3 大学生活动中心设计　设计者：王洁琼
指导老师：华晓宁　童滋雨
编撰/主持此教案的教师：周凌

南京大学

整体课程大纲

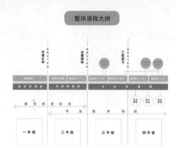

设计课程大纲

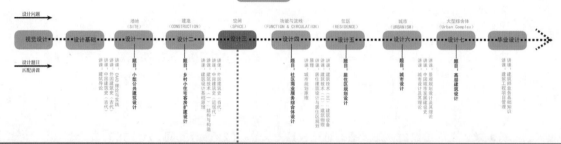

大学生活动中心设计

学期：2010 秋季　　　年级：三年级上学期　　　学制：4 年　　　时间：9 周（2010.11.2–2010.12.31）
学生人数：36 人　任课老师：□□，□□□，□□□　上课时间：（周二 10:00——18:00）（周三 10:00——18:00）

课程目标 Aim

此作业为三年级上学期第二个作业，设计题目是"大学生活动中心"，作业主题是"空间"，课题训练空间组织的技巧，掌握空间组织的方法。基地位于校园宿舍区中心轴线花园一角，建筑面积约2500平方米，作业时间 8 周。要求区分公共与私密空间、服务与被服务空间、开放与封闭空间，训练重点是空间秩序、流线安排、功能配置。要求系列剖面、剖透视、轴侧展开图、是摆透视图来表达空间，完成系列图纸，让学生理解图纸不仅是表达工具，也是辅助设计和推敲方案的手段。

课程方法 Method

空间问题是建筑学的基本问题，本课题基于复杂空间组织的训练和学习。从空间秩序入手，安排大空间与小空间，独立空间与重复空间，区分公共与私密空间、服务与被服务空间、开放与封闭空间，训练重点是空间组织，包括空间的秩序、空间的内与外、空间的质感及其构成等，以模型为手段，辅助推敲。设计分阶段体积、空间、结构、围合等，最终形成一个完整的设计。

任务书 Program

一、空间组织原则 The Principle of Organizing Space
空间组织要有明确特征，有明确意图，概念要清楚。并且满足功能合理、环境协调、流线便捷的要求。
注意三种空间：
1、聚散空间（门厅、出入口、走廊）
2、序列空间（单元空间）
3、贯通空间（平面和剖面上均需要贯通，内外贯通、左右前后贯通、上下贯通）
二、空间类型 The Type of Space
1、多功能空间：
200 座报告厅；容纳 80 人会议的活动室 *2 间；容纳 40 人研讨的活动室 *2 间
2、展示空间：
展厅 180 平方米
3、专属空间：
文体类：舞蹈房 60 平方米 *1 间；画室 60 平方米 *1 间；讲座教学类：教室 60 平方米 *1 间
办公类：学生社团活动用房 20 平方米 *8 间；教师指导办公用房 20 平方米 *8 间
咖啡座 120 平方米（附带操作间）
5、休闲空间：
6、服务空间：
卫生间、储藏间等
7、交通组织空间

门厅、走廊等
总建筑面积控制在 2500 平方米以内，层数控制在 4 层以内。

三、成果
1、空间与环境：总平面（1:500）；序列人眼透视（环境融入）。
2、空间基本表达：平立剖面（1:200）。
3、空间解析与表现：分层轴侧；水平楼板秩序轴测；垂直墙体秩序轴测；仰视轴测；剖透视；人眼透视。
4、手工模型：1:500 总体量模型；1:300 环境模型；1:50 单体模型（包含室内空间）

四、时间：9 周
第1周：基地分析。场地模型（卡纸），认知基地，分析环境
第2周：体量分析。体积模型（泡沫），草图（概念），skp，着重外部空间，人眼透视
第3周：空间与秩序。空间模型（卡纸），草图（概念），skp，着重内部空间，提出概念，人眼透视
第4周：空间与功能。空间模型（卡纸），草图（矢量），skp，功能和流线
第5周：结构设计。结构模型（卡纸、木框），草图（矢量），skp，结构选型，框架建模
第6周：构造设计。构造模型（卡纸），草图（矢量），skp，cad，与空间表达相关的质感和构造
第7周：制图。平立剖总图，人眼透视，室内透视，分层轴侧，剖透视，cad，skp
第8周：排版。A1 竖排，4 张
第9周：评图。每组评委四人，其中外请一人

南京大学

进度和成果

STEP1

Step1——基地与环境
Site and Context
要求：基地模型，全班36个人，分为3大组，每组制作一个整体基地模型，个人制作基地周边现状模型，要求包括周边相邻建筑环境。
成果：整体基地模型，比例1：500，灰色卡纸制作基底与建筑现状。个人基地模型，比例1：100，灰色卡纸。要求包括周边相邻建筑环境。底盘统一尺寸和高度。基地分析图：肌理、交通、视线、植被分析，A3草图纸。

Schedule:2010.11.02-2010.11.03
周二上午：布置作业1，任务书讲图，分组。
周二下午：参观基地、现场调研，需要调研建筑层数、屋顶形式、交通状况、人流密度、周围植被等内容。
周三上午：制作总体基地模型，制作个人基地模型。
周三下午：个人工作，16：00点，评讲作业1。布置作业2。

STEP2

Step2——体量分析
Volume Analysis
要求：体量模型。对场地周边建筑或者其他重要的保留元素进行体量关系研究，分析道路，人流，绿化等重要环境元素，寻找合适的建筑体量形式和插入点。学生运用体块模型、草图以及Skp等形式表达概念。着重外部空间，人眼透视。
成果：体量模型：泡沫，单色材料。

Schedule:2010.11.09-2010.11.10
周二上午：作业2评图。分组评图，13人一组，每个同学讲解约5分钟，教师讲评3分钟。
周二下午：个人工作。
周三下午：个人工作。16：00点，作业2评图。布置作业3。

STEP3

Step3——空间与秩序
Space and Order
要求：空间模型。从空间秩序入手，选择合适的空间模式，安排大空间与小空间，独立空间与重复空间，区分公共与私密空间、服务与被服务空间、开放与封闭空间。重点是空间秩序、空间的内与外、空间的感受及其构成等。学生运用空间模型、草图以及Skp等形式表达概念。着重内部空间，人眼透视。
成果：空间模型。KT板，单色材料，比例1：200或1：300。A3草图，轴侧图。

Schedule:2010.11.16-2010.11.17
周二上午：作业2评图。
周三上午：改图。
周三下午：个人工作，16：00点，作业3评图。布置作业4。

STEP4

Step4——空间与功能
Space and Function
要求：选择的空间形式结合建筑功能要求，组织功能、流线等。学生运用空间模型、草图以及Skp形式表达功能以及流线组织。着重内部空间。
成果：空间模型。KT板，单色材料，比例1：200或1：300。A3草图，轴侧图。

Schedule:2010.11.23-2010.11.24
周二上午：改图。
周三上午：改图。
周三下午：改图，16：00点，作业4评图。布置作业5。

STEP5

Step5——结构设计
Structure Design
要求：结构模型。赋予元素结构构件意义。把点、线、面分别翻译成柱、梁、墙、体。注意结构体系符合框架结构，钢结构等特性，满足搭建的可行性。考虑围合，开口，囊顾立面，结构图。
成果：结构模型。KT板、瓦楞板、木棍，比例1：200或者1：100。A3草图，轴侧图。

Schedule:2010.11.30-2010.12.01
周二上午：作业4评图。
周二上午：个人工作。
周三上午：改图。
周三下午：评图。布置作业6。

STEP6

Step6——构造设计
Construction Design
要求：构造模型。设计与空间表达相关的质感和构造。
成果：构造模型：多种材料，比例1：100。A3草图，详细立面图。表达材料。

Schedule:2010.12.07-2010.12.08
周二下午：作业5评图。
周三上午：个人工作。
周三上午：改图。
周三下午：评图。布置作业7。

STEP7

Step7——制图
Drawing
图纸要求：平立剖总图，人眼透视，室内透视，分层轴侧，剖透视，cad，skp

Schedule:2010.12.14-2010.12.15
周二上午：作业6评图。
周二下午：制图。
周三上午：制图。

STEP8

Step8——排版
Typesetting
要求：A1竖排，c彩色图表达。
成果：A1正图，4张。成果模型一个

Schedule:2010.12.21-2010.12.22
周二上午：制图－排版。
周二下午：制图－排版。
周三上午：制图－排版。
周三下午：制图－排版。

STEP9

Step9——评图
Reply
邀请学院教师、校外老师、职业建筑师参加评图。学生分为三组，每组评委不少于四人，其中外请评委不少于一人。学生每人陈述5分钟，讲解基地、空间、功能问题。教师评述10分钟。

Schedule:2010.12.29
周二：9:00-18:00

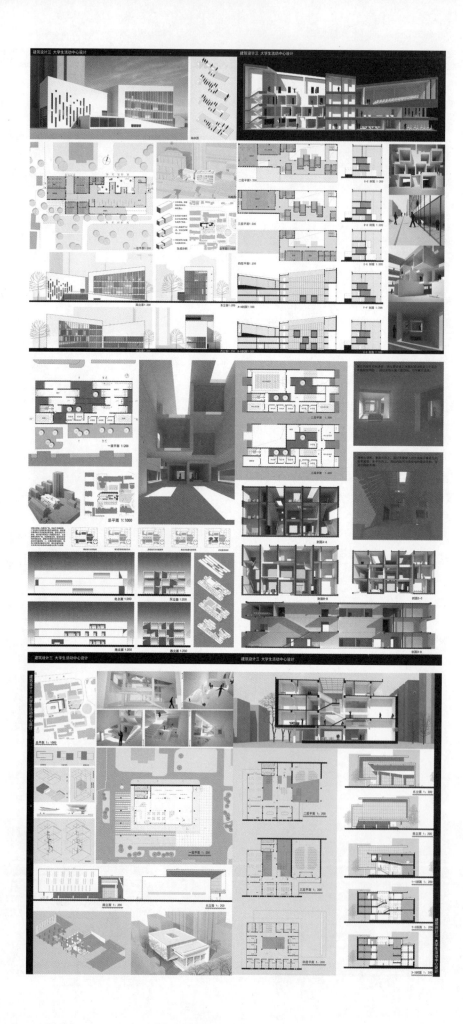

城市旧区更新
——厦门集美学村石鼓路更新计划设计教案
Design Studio: Historical District Renewal
（四年级）

教案简要说明

1.教学目标
通过深入的基地调研、市民访谈、文献搜集，掌握和熟悉设计前期工作，并基于调研分析设计的目标、服务对象，形成相对成熟的设计理念，在此基础上不断深化，最终掌握理性设计的方法，更重要的是在设计过程中，通过对城市的了解、城市问题的关注，培养和强化建筑师的社会责任感。

2.教学方法
2.1 更多地让学生学会自己调研并采用适时点评的方式培养学生设计的主观能动性，而不是以往带领学生进行调研的方式。

2.2 在设计过程中，不进行过多的约束，而是通过提问的方式让学生自己思考和分析设计的可能性。

2.3 在设计过程中伴随设计理论教学。教学方式不是填鸭式的教师授课形式，而是教师指定相关汇报主题，由学生根据主题搜集相关资料，并在设计课时进行专题汇报。

2.4 在同一街区中由学生自己根据调研选择不同地块，鼓励学生两到三人进行合作设计，同时各个地块又能相互衔接和协调，从而形成比较完整的更新概念。

3.基地选择
厦门集美学村由爱国华侨陈嘉庚先生一手创建，经过100多年的不断发展成为著名的"大学城"，因风光秀丽以及著名的"嘉庚风格"，成为厦门的重要旅游景点。辖区内有多所高校，人文气息浓厚，具有发展创意产业的先天优势。然而因城市的发展，许多社会问题不断侵蚀该地区的良好氛围，集美学村周边日益混乱、破败。"石鼓路更新计画"的主旨就在于延续集美的历史文脉，以创意为手段，以更新为平台，提升集美学村的环境品质，创造人文的、时尚的、高雅的现代"学村"，使之与现代的城市发展相融合。

4.教学步骤和教学内容
第一周：调研（实地调研、资料搜集）

第二周：分析（现状分析、设计可行性分析）

第三～六周：设计（理论分析、草图草模推敲）

第七、八周：成果（图纸、模型）

5.教学过程
5.1 设计调研（居民调查、现场踏勘）

5.2 调研汇报（现状综述、可行性分析）

5.3 相关主题汇报（德国哈克雪庭院、日本代官山集合住宅、日本北型岐阜公寓公共庭院、日本表参道之丘）

5.4 范围界定和设计前期分析：通过理论学习和案例分析，学生提出了一个愿景：更新计画不仅仅要改造建筑的外观、优化交通，更重要的是增加更多的交往空间，建筑体量应是近人的，功能分布应是混合的，范围界定应是模糊的，以使得更多人能偶遇、驻留、交谈。老人能感受到年轻人的朝气，孩子能肆意玩耍而不担心机动车的危险，不同职业的人可以互动交流……也许这些感性的愿景无法通过"大拆大建"来解决，对于政府而言无法带来可观的GDP，但这些愿景体现的是对人的关怀，对居民生活的改善，对城市文化的保护，回归公共生活、保留和延续历史与记忆才是更新的目的和意义所在。通过小规模的更新激发区域活力，建筑以一种触媒的方式影响社区，主角不再是建筑而是生活。

5.5 分组合作

5.6 设计构思过程

5.7 成果制作

集美集　设计者：林建先　葛海艳　连俊钦
一个以保留工业区为触媒的城市更新设计　设计者：蒋坤　高原子　黄元韬
斗阵买菜趣　设计者：曾恩杰　李捷　陈颖　林章芳
指导老师：姚敏峰
编撰/主持此教案的教师：姚敏峰

城市舊區更新——廈門集美學村石鼓路更新計畫
URBAN REGENERATION

壹·教學目標

通過深入的基地調研、市民訪談、文獻搜集，掌握和熟悉設計前期工作，並基於調研分析設計的目標、服務對象，形成相對成熟的設計理念，在此基礎上不斷深化，最終掌握理性設計的方法，更重要的是在設計過程中，通過對城市的了解、城市問題的關注，培養和強化建築師的社會責任感。

貳·教學方法

1. 更多地讓學生學會自己調研並適時點評的方式培養學生設計的主觀能動性，而不是以往帶領學生進行調研的方式。
2. 在設計過程中，不進行過多的約束，而是通過提問的方式讓學生自己思考和分析設計的可能性。
3. 在設計過程中伴隨設計理論教學。教學方式不是"填鴨式"的教師授課形式，而是由教師指定相關匯報主題，學生根據主題搜集相關案例資料，並在設計課時進行專題匯報。
4. 在同一街區中由學生自己根據調研選擇不同地塊，自行劃定設計範圍並擬定設計任務書，鼓勵學生兩到三人進行合作設計，同時各個地塊又能相互銜接和協調，從而形成比較完整的更新概念。

叁·基地選擇

廈門集美學村由愛國華僑陳嘉庚先生一手創建，經過100多年的不斷發展成為著名的"大學城"，因風光秀麗以及著名的"嘉庚風格"，成為廈門的重要旅遊景點。轄區內有多所高校，人文氣息濃厚，具有發展創意產業的先天優勢。然而因城市的發展，許多社會問題不斷侵蝕該地區的良好氛圍，集美學村周邊日益混亂、破敗。"石鼓路更新計畫"的主旨就在於延續集美的歷史文脈，以創意為手段，以更新為平臺，提升集美學村的環境品質，創造人文的、時尚的、高雅的現代"學村"，使之與現代的城市發展相融合。

肆·教學步驟和內容

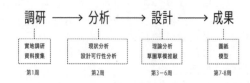

調研 ⟶ 分析 ⟶ 設計 ⟶ 成果

實地調研 資料搜集	現狀分析 設計可行性分析	理論分析 草圖草模推敲	圖紙 模型
第1周	第2周	第3-6周	第7-8周

伍·教學過程

1.設計前期調研

居民調查

現場勘察

2.調研匯報

現狀綜述

可行性分析

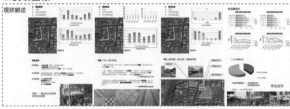

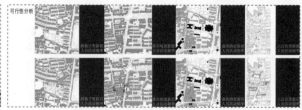

3.相關主題匯報

城市舊區更新——廈門集美學村石鼓路更新計畫
URBAN REGENERATION

伍·教學過程

4.範圍界定和設計前期分析

通過理論學習和案例分析，學生提出了一個願景：更新計畫不僅僅要改造建築的外觀、優化交通，更重要的是增加更多的交往空間，建築體量應是近人的，功能分布應是混合的，範圍界定應是模糊的，以使得更多人能偶遇、駐留、交談。老人能感受到年輕人的朝氣，孩子能肆意玩耍而不擔心機動車的危險，不同職業的人可以互動交流……也許這些感性的願景無法通過"大拆大建"來解決，對於政府而言無法帶來可觀的GDP，但這些願景體現的是對人的關懷，對居民生活的改善，對城市文化的保護，回歸公共生活、保留和延續歷史與記憶才是更新的目的和意義所在。通過小規模的更新激發區域活力，建築以一種觸媒的方式影響社區，主教不再是建築而是生活。

集美集　　　王公宮　　　菜市場　　　斜巷　　　嘉庚路

5.分組合作

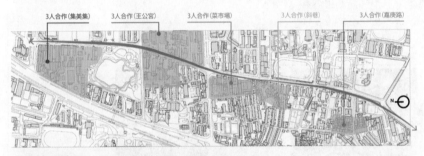

3人合作(集美集)　3人合作(王公宮)　3人合作(菜市場)　3人合作(斜巷)　3人合作(嘉庚路)

6.設計構思過程

街區更新後總平面

7.成果製作

城市舊區更新——廈門集美學村石鼓路更新計畫
URBAN REGENERATION

陸．作業成果及設計點評

集美集

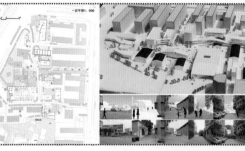

優點：該設計分析了廈門集美集在從屬逐漸身為創意園區之後所存在的規模過小、景觀渙散、交通混亂等問題，導致了該地塊與周邊聚集校、城市空間的矛盾衝突，園區活力不足，日益衰敗。同學們通過打通道路、景觀改造、建築功能置換等方式消解和改造場地的消極空間，形成人車分行的交通系統，創造了富有情趣的外部空間，並通過連接與「王公宮」地塊的更新形成一個整體，實現了地塊的活化。設計表達清晰完整，圖面表達準確，模型製作精妙，圖面表達準確，設計深度較高。

缺點：建築之間的聯系渙廊完整性不足。

王公宮

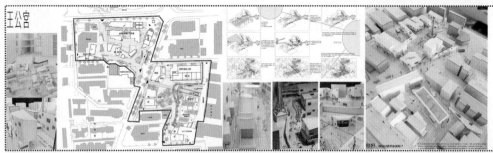

優點：該組同學在調研過程中善於發掘城市中的被遺忘角落，並對其進行深入分析。難能可貴的是在分析中關註「城市工廠」這一中國普遍存在的現象，並提出城市工廠是否一定需要搬遷的問題以及如何在城市更新中保留部分舊工廠的工廠，並進行相應的城市設計策略以使之更好地融入城市。設計中通過增加為保留娟妙設置的廟租房、與地塊充分結合的公交站，改造發展冷清廢墟為「城市展廊」，打通多處節點，並增加天橋聯系兩側的建築物等一系列措施，實現了地塊的活化，同時也在設計中把城市的連線空間還給市民，設計內容豐富，具有一定的現實操作性。圖面表達效果清晰、準確，富有表現力。

缺點：地塊兩側公交站的設計形式感過強，局部空間較為局促。

菜市場

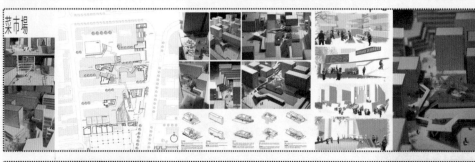

優點：該地塊是石鼓路街區最具人氣的區域，亦為交通匯聚的節點。對於「菜市場」這一城市生活不可缺少的內容，景系、運轉是留存需要慎重考慮。經過大量調研和市民訪談，改組同學給出的答案是保留並進行調整擴充和優化。通過適位、自行車及行人流線、停車場地、公交車站等的再組織，舒緩目前混亂的交通狀況，並通過步行綠路與周邊地塊互超聯系，使菜市場更好地融入城市空間，並成為城市活力的亮點。同時，合理的步行引導也使之能與另一地塊的更新設計形成一個整體，設計表達效果較好，主題新穎突出。

缺點：菜市場如何擴容考慮和表達深度不足。

斜巷

優點：斜巷是集美航海學院、華文學院等高校通往石鼓路的捷徑，故於易發形成的城市街道，內容單一，街道寬度狹窄，在上下課高峰期引起人流混亂。該組同學在調研過程中深入觀察，對斜巷的功能定位進行了較多的思考和分析，其確定位為以服務學生為主的線性交往空間，並與周市場互通，從而避免人流量的日值波動。在地塊內引入教室也源於調研時發現片區內的教室數量甚多。此外，露天電影院、小廣場的設置也都是在對地區域老齡化嚴重、老年人活動設施不足以及老年人喜歡群體交往等調研分析的基礎上得出的結果。設計精致、細膩，生活氣十足，無不體現設計者的用心和人文情懷。

缺點：地塊的改造範圍略顯偏小。

嘉庚路

優點：嘉庚路地塊的現狀是大量的城中村住宅。住宅品質低下，原住民流失嚴重，大部分住宅由租房周邊院校學生。該組同學通過分析，認為這富減法能有利於激活該區域，在調情分析課題質量、性質的基礎上，通過一系列庭院的設置和串聯，形成航海學院後行到嘉庚路的捷徑，並且邏輯中引入置業的功能，使地塊的改造改益與拆遷成本平衡，立體式廣場的設置也巧妙柔化城市部分建築過嘉所存在的壓迫感。

缺點：由於設計周期沒有合理把舊導致設計深度稍顯不足。

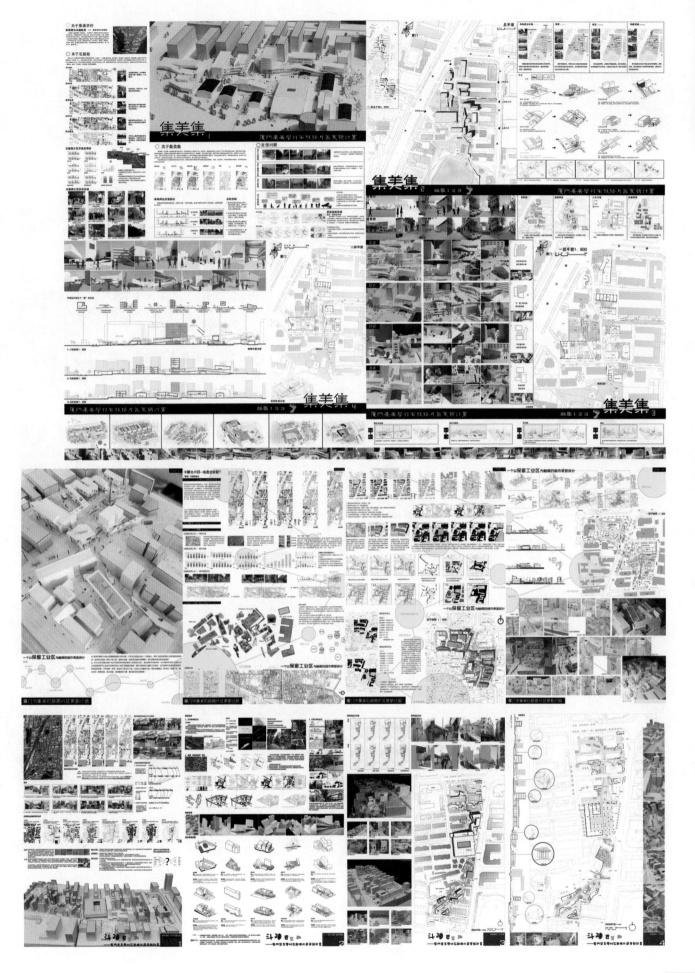

从开拓式案例学习到互动式设计过程
——1+1小型居住空间设计教案

Design Studio:1+1 Small Living Space
（二年级）

教案简要说明

1.本设计题目的教学目标

在条件相对严酷的条件下（小地块、进深长、高度、沿街红线、居住人数……），限制并不是束缚创造力，限制不能阻碍想象，于是设计者可以潜心下来，单纯的研究此时此地的1+1，1+1，1+1=？……然后，多种猜想可能的涌现，寻觅各种空间可能性的组合方式，绞尽脑汁创造丰富的空间，那么，设计远远不止几个模型几张图纸——其实1+1是可以大于2的。

2.本设计题目的教学方法

限制——让学生充分理解建筑设计创作实际上是一个"戴着镣铐跳舞"的过程，而并非是一个天马行空的纯艺术行为，其本质是要在各种束缚中去挖掘设计的缘起、进程、结果以及特色。

互动——给学生提出一个具有互动关系的工作程序，即组成本课程所要求的"邻里关系"街区，改变一下以往自给自足的"自留地式"任务模式，既从设计中完成对外部变因的反馈，又从中得到博弈游戏的乐趣。

3.设计题目的任务书

基地：临街某地段

任务：每个设计者获得带状地块的一部分，每小块基地上的建筑须满足以下要求

3.1 每人基地位置均不同，尺寸限定在8m×16m红线内，你的基地与"同学邻居"紧密相接，形成线性商住街区。

3.2 临街首层商用，业态自定，需有至少各一人使用的男女卫生间，其上部为居住，二者卫生间尽可能对位，并考虑商业噪声问题（1+1）。

3.3 建筑限高16m（坡屋顶以最高脊线

计），沿街红线不得退让（即建筑投影线必须与沿街红线重叠）。

3.4 居住主体为一户人，可自住和出租，格局为2室2厅2卫1厨，主卧卫生间1个，衣帽间1个，所有厨卫至少间接采光通风，主卧卫生间不低于4.5m^2，公卫不低于3.5m^2，厨房不低于9m^2，居住部分室内面积不超过150m^2（面积按中轴线计算）。

3.5 为了"加强"邻里关系，要求必须与每个邻居共享一个空间要素（相邻隔墙除外）。

4.本设计题目与前后题目的衔接关系

第一阶段（小型公共空间—休闲展示空间）：在较为宽松的条件下进行设计训练；

第二阶段（1+1小型居住空间设计）：在较为严格限制（基地）条件下的创新学习；

第三阶段（文化及教育空间）：在多功能（文化教育娱乐展示等）条件下进一步系统学习。

5.教学过程：

主题词：a.开拓式案例学习；b.互动式教学

教学进度安排：总8周，课内8学时/周，课外8学时/周，共计16学时/周

在进度安排中的详细研究对象：

1.对一案例进行拓展性研究和学习；

2.主要空间方面：异质空间：商—居空间变化可能性；同质空间：由不同的行为、概念引发的内部空间变化；

3.内外交通路径的设定和邻里相互的空间影响；

4.立面与空间的整合；

5.综合。

洞悉　设计者：黄晓璐
三角变奏　设计者：刘兆龙
Interlacing　设计者：王宇实
指导老师：邓敬　韩效
编撰/主持此教案的教师：邓敬

1+1小型居住空间设计

——从开拓式案例学习到互动式设计过程

教学计划与教学目的

二年级是本科设计课教学极为关键的承上启下阶段，会极大影响学生今后的创作行为与习惯，因此，促进学生了解建筑设计的创作的真实基础，并设定一个不乏有趣的工作过程，成为本设计课程的教改宗旨：

教学目的

在条件相对严酷的条件下（小地块，进深长，高度，沿街红线，居住人数...），限制并不是束缚创造力。限制不能阻碍想象，于是设计者可以潜心下来，单纯的研究此时此地的1+1，1+1，1+1=？...然后，多种理想可能的涌现，寻觅各种空间可能性的组合方式，绞尽脑汁营造丰富的空间，那么，设计远远不止几个模型几张蓝纸——其实1+1是可以大于2的。.

教学方法

1+1
模式

⟿ 1-限制

让学生充分理解建筑设计创作实际上是一个"戴着镣铐跳舞"的过程，而并非是一个天马行空的纯艺术行为，其本质是要在各种束缚中去挖掘设计的缘起、进程、结果以及特色。

⟿ 1-互动

给学生提出一个具有互动关系的工作程序，即组成本课程所要求的"邻里关系"街区，改变一下以往自给自足的"自留地式"任务模式，既从设计中完成对外部变因的反馈，又从中得到碰撞激发的乐趣。

命题——"镣铐"

基地：临街某地段

任务：每个设计者获得带状地块的一部分，每小块基地上的建筑须满足以下要求：

1. 每人基地位置均不同尺寸限定在8m x 16m红线内你的基地与"同学邻居"紧密相接，形成线性商住街区；
2. 临街首层商用业态自定须有至少各一人使用的男女卫生间其上部为居住两者卫生间尽可能就位并考虑商业噪音问题（1+1）；
3. 建筑限高16m（坡屋顶以最高脊线计）沿街红线不得退让（即建筑投影线必须与沿街红线重叠）；
4. 居住主体为1户人可自住和出租格局为2室2厅2卫1居主卧厨卫间至少1个衣帽间1个所有厨卫至少间采光通风卧卫卫生间不低于4.5m²;公卫不低于3.5㎡,厨房不低于9m²,居住室内面积不超过150㎡（面积按中轴线计算）；
5. 为了"加强"邻里关系要求必须与每个邻居共享1个空间要素（相邻部分删除外）。

"1+1"与前后教学的衔接关系

第一阶段（小型公共空间-休闲展示空间）
在较为宽松的条件下进行设计训练

本次设计（1+1小型居住空间设计）
在较为严格限制（基地）条件下的创新学习

第三阶段（文化及教育空间）
在多功能（文化教育娱乐展示等）条件下进一步系统学习

> 教学计划的制定是个十分重要的，从一开始我们就希望将互动贯穿始终！

解题——如何"跳舞"

学生设计中的"1+1"

通过1+1的课程段设计训练的重点：

1从居住空间要素之间（商业部份和居住部分空间上的关系）

2从邻里互动之间（共享关系）

教学进展与研究对象安排：

空间层面上——主要空间：异质空间（商-居的关系）； 同质空间：由不同的行为、概念引发的居住内部空间变化

教学过程中的"1+1"

教学过程中也是采取1+1的模式——开拓式案例分析
互动式教学

首先，通过开拓式案例分析（先例研究），希望从设计手法等方面给同学们以设计启发。

> 异质空间（商-居的关系）同质空间：由不同的行为、概念引发的居住内部空间变因关系在建筑空间上的表达 这也是我们划的重点

第二，通过互动式教学法，以模型的推敲学生与老师的交流、学生之间的互动，增加教学的趣味和学生的主观能动性。

功能层面上——内外交通路径对邻里空间的相互影响　　表现层面上——立面综合

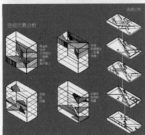 

PART 1-开拓式案例学习

01

案例介绍——MVRDV双宅

对公园的良好朝向 拥有街道花园
屋顶的方便出入口 并联建筑
进餐如在露天花园
卧室与电视沙发处于同一层面
业主A

对公园的良好朝向 拥有街道花园
屋顶的方便出入口 并联建筑
高贵的幽静空中花园
卧室置于顶层下
业主B

> 开拓式案例分析选取了MVRDV的"双宅"，重点是想上学生了解"邻里关系"如何在建筑设计上得到体现和表达。

1+1 Small 'Dewelling&Commercial' Space Design

1+1小型居住空间设计
——从开拓式案例学习到互动式设计过程

02 案例分析

功能

合理性改造

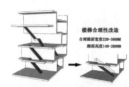

楼梯合理性改造
合理踏面宽度220-300MM
踏面高度140-200MM

除了常规的分析外，我们还要求同学们提出建议或做出合理性改造，用"如果我是建筑师，我该怎么做"的心态探讨案例变化的可能性。

流线

住户2交通
住户1交通
私家专用

未加底商的交通原型

住户与后花园的交通关系

2F 原型   3F 原型

2F 改造   3F 改造

对于"开拓式的案例分析"，我们希望同学能对具有"邻里关系"的案例有充分的理解，并能从分析中学习，在设计方法、平面布置、或是立面元素中，提取一些来影响和指导自己的设计。

立面

开窗分析

03 互动分析

PART 2-互动式教学

01 抽签分组

我的邻居是我的室友哦~

大家好！

我只有一个邻居，呜呜......

多多关照！有点害羞~

街区A
管理员——韩效老师
各位邻居

街区B
管理员——邓敬老师
各位邻居

通过抽签，将班里的同学分成两组，两位老师作为"开发商"，形成具有不同"气质"的街区。

02 一草模型

增加环节
张雷——混凝土宅分析

为了强化一草阶段学生对建筑形态与功能关系的深入理解，我们增加了对狭长小型独立式建筑的案例分析，用的是张雷的作品，由担任助教的研究生进行分析讲解。

1+1 Small 'Dewelling&Commercial' Space Design

1+1小型居住空间设计

——从开拓式案例学习到互动式设计过程

03
二草图纸与模型

二草模型的深入除了功能、流线、造型等基本问题的解决外，"邻里关系"开始正式成为影响同学们设计的因素。

04
最终模型

通过"邻居"间的互动，模型的推敲和调整，让学生们更加注重建筑和周边环境的关系，它们之间是可以相互作用和影响的。这也是我们这次的教学目的所在。

共享空间是"邻里关系"的一种建筑化表达，同时也是学生间互动的体现。

05
共享空间

共享入口楼梯　　共享室外空间　　共享平台

让我们共享一个屋顶平台吧!!!!

不，我们能不能共用一个空中走廊呢？

06
优选作业

教师评语：该方案题通过引入斜线形成三角形空间，以此打破基地中略的刚硬条件，形成了三角形天井的暧昧变化，和垂直方向上富有层次的空间序列，巧妙地解决了居住空间中的采光遮阳问题。该方案平面划能划分合理，垂直空间富有变化，有效地将刚硬条件变成了方案的创新空间形态，并在成果中利用散散的图示语言和图面相结合，深入表达了设计的想法，是一份优秀作业。

教师评语：作业基于对基地限制条件的考虑，将建筑体块到以交错，空区间错到到形到划分与呼应，增加了治南立面的趣味性，同时挑战邻里共享空间和户外休区空间；建筑后面空间上，解决了居住部的采光要求。最终成果的表达准确、完整，图面效果精而有序，是一份优秀作业。

优选作业1

教师评语：该作业基于双宅案例的研究的分析，从自身的角度妥善处理了邻里的关系，既有共享空间又保持着一定程度上的独立性。方案以将传统的天井旋转平接，形成"孔洞"的核心概念，各使用功能体块绕螺几围旋而上，形成路径中的多重视觉变化。其最终成果壳型地表达了作者的过程成果，表现效果精美，图面清晰有序，是一份优秀作业业。

优选作业2　　　　优选作业3

洞悉　　洞悉

07

互动式的教学除了在专业素养上的提高外，享受愉快的设计过程也是很重要的。

1+1 Small 'Dewelling&Commercial' Space Design

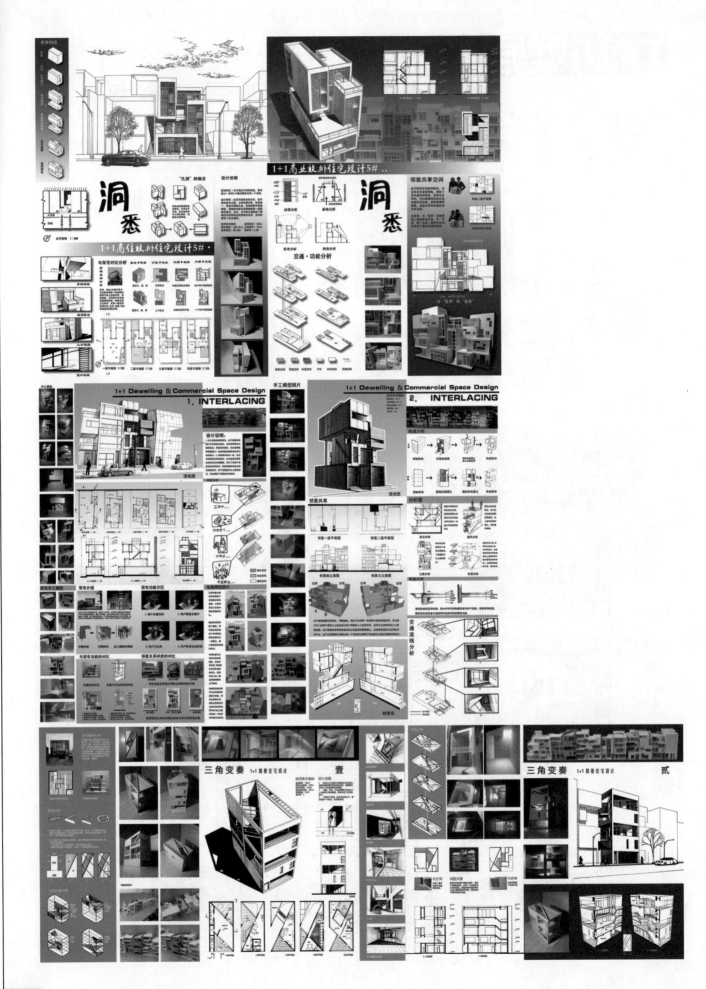

创造力的自我建构
——一体化课程设计探索教案

Design Studio: Introduction to Creative Architecture
（三年级）

教案简要说明

1.教学目标

学生创造力的培养和锻炼是建筑学教育中的难题。三年级位于整个建筑学教育中承上启下的重要阶段，学生已具有了基本的建筑知识和一定的设计能力，如何能加深学生对建筑的理解，提高其创力是本课程的重要任务。

本教案是引入建构主义教学理论进行教学的。即学习的重点不是简单的掌握知识，而是建构知识。只有在教师帮助下学生自己建构知识，才能使学生具备更好的创作能力。因此，本教案的目的设定为以下三点：

（1）加深学生对建筑的理解，拓展相关知识面。

（2）通过较复杂的空间组合、交通流线、环境及场地设计提高学生的建筑设计能力。

（3）训练学生思考与研究的方法，培养学生的创造力。

2.教学模式

本教案引入建构教学理论，其核心是激发学生的主动性，培育其在学习中的主体地位。在教师的指导下通过协作交流，利用有效的学习资源，通过意义建构的方式获取知识。因此我们以建构主义学习环境四大要素即"情境"、"协作"、"交流"和"意义建构"为基础，结合教学实践的需求，形成以学为中心的教学模式。

3.教学方法

问题驱动式教学法强调激发学生运用知识的主动性。熟悉知识并不意味着掌握知识，重要的是把握知识的运用方法。只有通过个体的主动建构并加以理解，课本知识才能变成认知结构中的知识，它才获得意义。在教学中，教师引导学生对建筑及其相关知识进行思考研究，提出矛盾，共同探讨，加强学生独立思考和思辨能力，激发学生的创造力。

4.教学过程

本教案建立了一个贯穿一学期的一体化设计递进过程，总体时间安排为"4+6+6"。前面4周我们要求学生现场调研、收集资料、分析案例，提出自己关注的主题，并深入研究。设计中提取出来的建筑问题要贯穿后"6+6"周的两个设计题目始终。从整体上看，前期研究被强化，虽然后续方案与作图的时间被压缩，但学生后期的设计中思维清晰，研究更有深度，工作效率普遍提高。

5.问题反思

5.1 开放性问题的把握

三年级展开的建筑学知识点较多。本教案采用先放后收的方式，引导学生去繁就简，通过团队合作，拓展研究的深度和广度。各个团队资源共享，有助于学生扩展知识面，并养成良好的研究方法。

5.2 时间安排的重点

当课题重点从"务实"向"就虚"调整后，部分同学的图纸出现了重概念，轻功能的问题。我们计划在以后的教学中强化公开评图环节，以基本知识作为交流的重点，解决制图不规范的现象，保证学生对建筑基础知识的重视和掌握。

5.3 两极分化的难题

不同的学习习惯与学力造成了较为明显的两极分化，主动型学生表现出较大的学习优势，被动型学生则表现出无所适从的无奈。如何保证整体的教学质量是一个让人困惑的问题。

5.4 计算机辅助的对与错

本教案要求学生手绘各种草图，包括正图的透视图，不鼓励CAD制图，但提倡使用计算机辅助软件进行表现（如Photoshop、SketchUp）。总体来看，这种平衡手段起到了较好的效果。

Weaving Bamboo!——民俗博物馆设计　设计者：刘剑颖
ONE CITY HOME——城市旅馆设计　设计者：冯正
栖山望喧——都江堰西街旅馆设计　设计者：顾卓行
指导老师：殷红　祝莹　王载波　尹朝辉　张宇　王侃
编撰/主持此教案的教师：王侃

创造力的自我建构

—— 三年级上一体化课程设计探索

创造力之源：建构教学理论与教学目标的设定

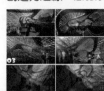

■不设计教学理论——建构主义

创造力在建筑设计上是一个逐渐不定的、谜幻的能力。创新能力仿佛是天生的，设计灵感好像是偶然的，应如何系统的提升建筑创意、创造力一直是建筑学教育中的难题。

本设计课是引入建构主义教学理论来组织实施教学的。建构主义教学观是建立在建构主义知识观基础上的。建构主义认为：知识是认识主体对现实的准确表征和对客观规律的正确反映，它只是人们对世界的一种解释。因此，知识不可能以实体的形式存在于人以外主体之外，也必须依赖于具体的认知中，具有个人性。反映在教学上，学习不是知识的传递，而是对知识的建构，是在教师帮助下学生自己建构知识的过程。进此，才能使学生具备合作能力。

三年级的建筑设计课程处于建筑学教育过程中在承上启下的重要阶段，学生已掌握了基本的建筑知识，具有一定的设计能力，如何加深对学生对建筑的理解，继续提高其创作能力是本课程的重要任务。

■主要教学目的

一、加深学生对建筑的理解，拓展学生的知识面。引导学生开始关注建筑与城市环境、历史文脉、生态环境、材料构造等方面问题。

二、提高学生的建筑设计能力。通过繁复杂的交通流线组织、多空间组合、环境与场地等设计训练，并结合结构、构造等相关知识，逐渐提高学生的设计能力。

三、训练学生的思考与研究方法，培养学生的创造力。指导学生进行资料收集、案例分析，培养其发现问题与分析问题的能力。

建构的过程：教学模式的探讨

■以学生为中心

建构主义强调个体通过积极主动的思维建构来获取知识的，教学的重心在于学生的学习，教学活动的核心目标是激发学生学习的主动性，培养学生在学习活动中的主体地位。在教学方法上不应以知识灌输为主，而应以使学生自主地构建认知结构为主。学生是获取知识的过程，即学生借助一定的情境，通过协作和交流等方式，结合自己的知识经验、心理结构。在教师与同学的帮助下，利用必要的学习资源，通过意义建构的方式获取知识。"情境"、"协作"、"交流"和"意义构建"是建构主义学习环境的四大要素。

■四个环节

结合"建筑设计"教学实践的需求，在建构主义教学理论的指导下，通过从情境、交流协作、意义构建等几个方面，构建基于建构主义的教学设计，形成以学为中心的教学模式。建立建筑设计的教学模式：

(1) 情境设计：
情境是指学生学习的具体体实环境。在建筑设计课程中可通过区域地形的设定来建构情境，本设计的题目选取了一个真实的环境——都江堰西街，是历史中"茶马古道"的一部分，是历史中一个重要的商户区，实际重建中的旅游核心区，具有复杂的历史、地理、人文、经济等。包含了人与地理、经济、历史的复杂互动关系，学生在此环境中具有广阔的理解空间，此种非人为模拟假定的"纠结的情景"具有强大的吸引力，学生在现场观中就表现出极大的探究兴趣。

为了把握如此复杂的情境，学生先选定关注主题，然后根据兴趣组成3~4人学习团队，分别对该相关主题的现场调研、资料收集、案例分析等工作，并提出发展方向以及设计概念。

团队交流是教学中的重要环节。每个团队在课堂中提交调研成果，其余同学在观摩的同时提出问题，团队中的同学进行解答。最后教师提出引导性的评价。在这个过程中每个学生的观点或成果得到分享，也促进了小组间的知识共享。学生的交流达到意义建构的重要方式之一。同时教师通过与学生交流，可以充分进行指导，通过交流实现师生的情境互动，促进学生的意义建构。

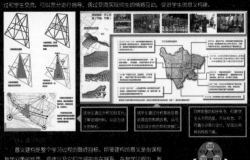

(4) 意义构建：
意义建构是学习过程的最终目标。所要建构的意义是指课程教学对象的性质、规律以及它们之间的内在联系。在教学过程中，教师先对象进行目标分析，在此基础上确认当前所学知识的基本内容，基本方法及基本过程。作为当前所学知识的主题，通过情境、协作、交流等过程，让学生对所学主题达到深刻的理解，围绕这个主题进行意义构建。

三年级（上）课程设计

■基地背景

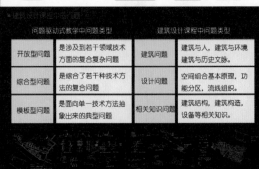

■课程设计流程

主题	任务	时间及过程	教学模式	重点问题
城市环境危机下的思考 都江堰西街重建	概念设计	四周 1现场调研 2资料收集 3案例分析 4概念设计 5深入概念	团队合作	建筑问题
	民俗体验馆设计	六周 6一草设计 7调整方案 8制作模型 9完成正图 10	交流讨论 自己深入 个别指导	设计问题 知识问题
	城市旅馆设计	六周 11一草设计 12调整方案 13二草方案 14制作模型 15完成正图	交流讨论 集中度课 自行深入 个别指导	建筑问题 知识问题

■建筑设计课程中心问题

问题驱动式教学中问题类型		建筑设计课程中问题类型	
开放型问题	是涉及到若干领域技术方面的复合复杂问题	建筑问题	建筑与人，建筑与环境建筑与历史文脉。
综合型问题	是综合了若干种技术方法的复合问题	设计问题	空间组合基本原理，功能分区，流线组织。
模板型问题	是面向单一技术方法抽象出来的典型问题	相关知识问题	建筑结构，建筑构造，设备等相关知识。

纠结的问题：问题驱动教学中的问题梳理

问题驱动式教学法的目标强调激发学生运用知识的主动性。传统课本的知识只是关于各种现象的极为抽象的解释和说明，不一定是解决实际问题的最优答案，在不同的问题情境下具有特异性。学生熟悉了知识并不意味着掌握了知识，更重要的是把握知识在不同情境里的运用方法。课本知识在某种程度上只能看作一些信息和符号，在没有被人们理解之前还不是有意义的东西，只有通过个体的主动建构，使其变成认知结构中的知识，它才能获得意义。

建筑问题是开放性问题，探讨建筑与人、建筑与环境相互之谜的关系，没有确定的答案和结论。在此过程中指导老师只提建出要解决问题的原则要求，具体的模型、工具、方法和解决方案由学生自主确定。教师无法直接提供正确结论，而是鼓励学生自己对现象或问题进行探索和解释。如果出现矛盾，通过讨论和协商来解决，得出正确结论并在深对建筑的理解。通过对此案例的探讨，学生的理解力与创造力得到极大的提高。

设计问题更多的属于综合性问题，主要包括多空间组合的能力训练、较复杂流线的组织等。设计能力的提高是培养学生基本建筑能力的重要环节，在教学过程中，我们设立了一个开放任务书，引导学生自我完善。在这个过程中深刻理解建筑空间的意义。

相关知识问题属于模板性问题，其特点是客观性与相常性。我们通过适时的集中授课方式先做出训练，随后在个别的图纸指导过程中逐渐完善相关的结构、技术等基础知识的培养。

优秀作业：

形式结构凭借训练"四界"——空间训练教案

Design Studio: Introduction to form, structure and space
（一年级）

教案简要说明

《形式结构凭借训练·四界》是一年级《设计初步》课程中"中国属性的空间设计训练模块"的第三个重要训练内容，设于第二学期，也是课程体系中的经典训练内容之一。它是继第一学期的空间语汇训练之后的重要的空间句法训练。它与空间语汇训练，空间营造训练（篇章训练）共同构成了依托于中国文化，源于中国文化的空间设计训练模块。

在此展示的《形式结构凭借训练·四界》教案包含三大部分内容：教学内容与组织，教学环节与过程，教学成果。

第一部分（教学内容与组织）清晰地介绍了：（1）训练课题与《设计初步》课程的重要关系，以及与之相关的配套的主要辅线训练——书法空间解析和园林空间解析；（2）训练课题的主要教学任务，包含教学目标，教学内容与要求，参考书目和"四界"的文字解析和空间解析；（3）教学重点与课时安排。在图示的表中，通过不同色块重点突出了教学组织中的几个重要环节：观察体验，集中讨论（五个班级共同）以及过程与最后成果的控制（研究与表达模型，过程草图与正图，辅线训练等）。

第二部分（教学环节与过程）重点展示了教学过程中各个教学环节的组织。（1）观察体验环节。此环节设定的目的是让学生能从一年级就逐步掌握和理解进行设计创作的常规步骤，即在解读了设计任务书之后的一项重要工作。观察体验的具体内容紧密结合主线训练而设置，要求学生从真实的生活环境中和已有的参考书籍、文献中找寻，记录（速写、拍照等）与解读主线训练中的关键点，以使同学们能够较快速地、较好地掌握训练的主旨，同时顺利地运用到自己的设计中。这个环节的组织方式灵活多样：有参观调研的，有解析作品的，有快速设计训练的，这些都较好地成为与主线相搭配的辅线训练。（2）设计交流环节。这个环节是设计过程中必不可少的，也是贯穿设计始终的。

在这里想突出说明的是除了常规的以班为单位的设计讨论之外，我们更注重强调三个不同专业的五个班级的同学们在不同阶段的集中交流、讨论，反馈与讲评，这样使一年级的同学们从设计之初就能体会到设计过程中实时交流与沟通的重要性，也能体会到作为设计专业的学生培养自身语言表达能力的重要性。在设计过程中，工作模型（研究模型）成为一年级学生推敲与研究设计的重要手段之一，他们从三维模型的研究中不仅直观地表达出自己的设计思路，而且还直观地体会到设计过程的真正含义，即设计创作思维活动的过程。

第三部分（教学成果）重点展示了具有代表性的教学成果。在《形式结构凭借训练·四界》训练中，最终的教学成果包含两大部分：表达模型与成果图。表达模型特别要求强调反映纯粹的空间设计，因此一律不涉及任何材质、色彩等的变化。而成果图部分则是结合整个课题训练目标给学生规定了明确的表达内容与表达方式，如要求图面墨线黑白表达，其中必须绘制轴测图，三维（轴测）分解图，用水墨渲染的方式渲染平面、立面和剖面图等等。这种结合设计引入了多种表达训练，会使学生更有意识地去掌握与运用多种方式充分表达自己的设计。

众所周知，《设计初步》课程是基础课程，是学生从事设计专业学习的入门课程。教什么？如何教？是从单纯的表达技法训练开始还是从有意识地引导学生解读设计开始呢？我们选择了后者。从《形式结构凭借训练·四界》教案中就可以清晰地解读出设计内容与设计表达（模型与图纸）是相伴而行的。纯粹的表达训练教的更多的是技法，在某些程度上割裂了与设计的密切关系。因此在整个《设计初步》教学内容的设置上，我们没有专门的技法训练，而是将其融于一个个"具有中国属性的空间设计训练模块"中，使得学生在设计思维的培养与设计表达的训练上双双受益。

四界之层——仙阁　设计者：漆悦之
四界之迴——游园　设计者：刘玉超
四界之半——行走在"半"墙之间　设计者：施展
四界之围——玩·味　设计者：孙冬

指导老师：欧阳文　金秋野　孙恩扬　李春青
编撰/主持此教案的教师：金秋野　李春青　孙恩扬　丁奇　吉少文　杨晓

北京建筑工程学院

与设计初步课程的关系

设计初步训练模块（中国属性的空间设计训练）

第一学期		第二学期	
空间语汇训练（字词训练）	空间语汇训练（字词训练）	结构凭借训练（句法训练）	空间营造训练（篇章训练）
观器十品	居器六品	**四界**	九宫格
十字院宅 观器人物（活动） 园林空间元素解读	院落空间元素解读 园林空间元素解读 经典建筑空间解读	书法结构解析 园林空间结构解析	院落空间解析 园林空间解析 经典建筑解析

教学目标

1. 学习对图解的基本空间属性的解读：
   方位、走向、内外、表里、开敞、闭合、均质、渐进、中心、边缘……。
2. 以具体的空间形式作为设计的结构性凭借，培养结构意识，培养对结构进行利用、破解、控制的能力。
3. 学习建筑与"结构凭借"之间的种种关系的可能性组合；体会设计操作的逻辑性。
4. 学习并实践"建筑的动作"：穿越、窥探、贴附、悬挂、夹间、骑跨、镶嵌、凭望、粘连……
5. 学习空间的定义：深度，浅表，层次，时间，经验……。
6. 培养设计的分析能力和表述能力。
7. 学习对空间形式－行为－事件的关联认识。
8. 学习并体会设计形式结构与建筑力学结构之间的关系。

教学内容与要求

1. 以给定的4个界面（墙垣体系）；围、半、层、逦作为形式与结构的凭借，进行建筑空间设计，并完成相应的叙事铺垫。
2. 建筑空间设计需满足：可居、可游、可观的要求。
3. 建筑空间设计需重视与叙事关系。
4. "建筑的动作"在设计中必须要有一定的体现与落实。
5. 设计严格按照12*12*12(8)米的尺寸规定，不得超越。

参考书目

精读：有关John Hejuduk（海杜克）的"墙宅研究"。《非常建筑》相关教学课件 有关构成方面的书或资料

半精读：《非常建筑》《清杨沂孙篆书》秦汉印章 明清印章《设计与视知觉》《型和现代主义》《勒·柯布西耶的住宅空间 构成》《中国古代建筑砖雕》《苏州古典园林》

教学重点与课程安排（总学时：36学时）

周 （学时）	课内教学内容	教学重点	教学方式 与手段	课外内容	教学成果
第1周 (6)	·课题讲授：四界——形式结构凭借训练 ·有关课题问题提出与思考 课题解读	·解说课题任务与课程其他训练模块之间的关系 ·详细讲解课程内容，使学生了解课题选题的来源并对题目内容有个初步的理解 ·引导学生带有思考地理解课题 ·深入理解各"界"和所选形式的具体要求以及相关内容	集中授课 （ppt演示问题研究） 分班讨论 （问题解答）	查阅收集资料 初步理解课题任务；准备工具	
第2周 (6)	观察体验：找寻各界的交接（真实生活+文献资料） 观察体验交流	·观察体验是设计过程中的重要环节，强调学生要学会记录自己的观察（照片拍摄） ·鼓励学生从身边寻找与课题设计相关的知识与素材，为下一步设计打好基础 ·对重要知识点（建筑动作，界与建筑动作的关系）的理解。 ·纠正对学生在课题认知中的错误判断与理解	分班讨论 （问答解答） 集中交流 （以学生演示讲解为主，教师引导）	·观察记录（真实生活+文献资料） ·认知书法中的结构与空间（结合平时书法训练进行）	观察体验报告（照片+手绘图示分析+文字陈述）
第3周 (6)	构思设计：草图与工作模型（1:100或1:50，材料自选）	·了解每位学生的构思，形成初步方案； ·学会运用工作模型（简单易操作）进行设计思考 ·建立工作模型（草图）的交流习惯 ·训练口头表达力	分班讨论讲评（每位同学课堂讲解构思，教师引导讲评，随堂记录成绩）	·观察体验：园林空间结构解析（以第一圈林为认知对象，先抄绘，然后对于其墙垣体系、图底关系和院落空间进行图示解析）	工作模型（多样化的简便易操作的材料）
第4周 (6)	深化设计：草图与工作模型（1:100或1:50，材料自选）	·推进设计进度，深化设计 ·利用工作模型深化设计，让学生真正体会与感受设计中"建筑动作"与"界"的相互关系 ·充分考虑人的活动与尺度 ·课题进展过程中必需的重要环节，全体学生间的设计阶段成果的展示与交流（草图与工作模型）	分班讨论（每位同学课堂讲解构思，教师引导讲评） 集中交流（以学生为主讲阶段设计，师生集体讲评）	·设计思考推敲（工作模型+草图）	园林空间结构解析（手绘训练） 设计草图+作模型（1:100或1:50，材料自选）
第5周 (6)	草图反馈与讲解（绘图与表达问题） 完善设计：草图与表现模型（白色pvc板，1:50）	·对基本绘图知识的强调 ·对图中常见问题的纠正 ·构图与表达	集中（师生互动）	设计的最后调整修改，绘制正式图；表达模型制作	设计图（A1, 2-3张, 手绘） 表达模型（白色pvc板, 1:50）
第6周 (6)	绘制设计正立图（A1, 2-3张, 手绘）；表达模型（白色pvc板, 1:50）	·注重设计内容在图面上的最终呈现（横版照片，设计思路，基本图纸内容，字） ·正确绘图	分班辅导		
	课题成果最后讲评				

四界解析

围 一个围合的内向性的空间形式，空间有双重性，体现在中心与边缘的一对关系：分为内围和外围。内围置于当中，建立了对空间基本的辨识，当然这取决于对图形的不同解读：或，为内围所构筑的回寰空间；或，为重重构筑的几进院落；或，为两墙之间的经营，而其余皆为外。

半 剖分之意。一个十字形的墙就是一个物质的坐标，他分解出方向、位置、朝面（阴阳向背），建立了基本参照体系，十字的剖分，对行为活动作为一定的形式分区，建立了看似均质但却拥有微妙的差异，简单之中蕴涵了很多重关系：中心与边缘/角落与 空场/壁上与墙下/墙左与墙右/形式与结构……

逦 此图形表示的既是"逦"字的形式又是进入的动作。成为一个结构凭借的同时，他又建立了一个行为的过程和方式，如峰逦，如路转，具备了一个明确的指向性，暗含了起点与终点，暗含了中心与边缘，暗含了时间，……当然他在可能的条件下可以被破解或者被反向阅读或多向阅读。

层 层字与曾字是相互并存的两个字。可以认为他们表示度量空间的载体不同：一个是"云"，就是墙垣。一个是"曾"，就是时间，他属于经验。他们在相互解释：云层般的墙垣建立了对时间感的落实，而空间其实是时间累积的经验。他要我们穿越他，反复的。

形式结构凭借训练 · 四界

观察体验 → 建筑动作解读（找寻与界的交接） ＋ 园林空间结构解析

训练目的

紧密结合主线训练（形式结构凭借训练——四界），从真实的环境和已有的参考书籍中找寻并解读主线训练中的关键点，以便于同学们能够自主较好地掌握训练的主旨，同时顺利地运用到自己的设计中。

训练内容

1、观察与体验"建筑的动作"：穿越、窥探、贴附、悬挂、夹间、骑跨、镶嵌、凭望、粘连……

2、观察与体验建筑个体（元素）与界（"结构凭借"）之间的种种关系的可能性组合：体会设计操作的逻辑性。

训练要求

1、资料的解读：从已布置过的有关科布西耶、园林、砖雕、语汇等的参考书籍中摘取并解读；

2、真实生活的解读：从生活中的空间中摄取并解读

3、每位同学需独立完成，各部分内容须独立较好地构图于A2图纸上，墨线或铅笔表达均可，黑白、彩色不限。图示语言与照片资料相结合。

苏州畅园平面图

庭院空间布局分析

图底关系分析

墙垣体系分析

设计过程 → 设计交流 ＋ 过程草图与模型推敲 ＋ 成果展示与讲评

设计过程是设计师的创作思维活动的过程。在这个过程中，设计师的思维活动经历了准备阶段，构思阶段，深化与完善阶段。正是这几个阶段反映了设计师对一个事物，或一个问题是如何思考，如何研究的。图纸、模型、语言、文字和计算机演示都是思维表达的方式。然而，对初学设计的学生来讲，我们更注重训练他们直接运用工作模型进行思考与研究，同时训练他们运用草图以图示语言表达自己的设计。教师与同学的实时交流与沟通，不断地讲评与反馈则更是引导学生理解与深化自身设计的关键所在。

工作模型 也称研究模型，是思考推敲与研究设计的重要手段。在设计过程中能直观地反映设计研究的思路与成果。

形式结构凭借训练·四界

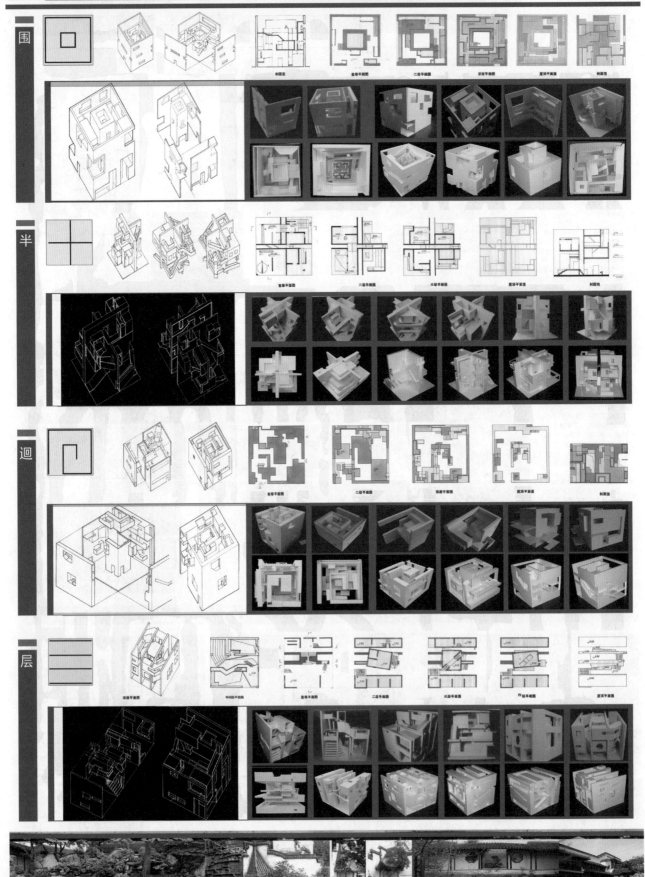

北京建筑工程学院

教学成果

围

半

迴

层

石膏造宅、建构——模型设计训练教案
Design Studio: House Model Making
（二年级）

教案简要说明

为了避免常规的"类型+规模"式建筑设计课程题目中"平面+立面"的过分注重功能主义的建筑设计方法，为了进行创新思维、独立人格和设计能力的培养，我们进行了以空间设计为主线的建筑设计教育教学改革，旨在引导学生建立起良好的建筑思维习惯与方法。同时，为了避免教师进行单纯侧重经验式知识传授的教学方式，使设计课能成为师生互动、激发、合作的设计实验室。因此，我们把作为教学载体的设计课题都设计成了以空间设计为主线的、弹性的、开放的，希望通过这些经过特殊设计的教学载体能够激发我们直接思考和进入以上所提出的3个问题。《石膏造宅·建构》教学载体的设计就具备了以下两方面的特点：

教学载体设计弹性化。题目参考项目策划设计类型，给出清晰的项目背景和总体方向，但不对项目进行具体定位，更不设定具体的空间量化（多少+多大）任务，期望通过"策划思考"过程，达成思维训练的结果，这种结果应该是多样性和个性化的。同时强调思考的逻辑性，确保这种多样性和个性不会演变成毫无意义的随意性。

教学活动和成果的终点是弹性的。在保证基本教学目标可达性的前提下，刻意赋予课题比较浓重的研究性色彩，为创造性思维的拓展预留充分的空间，努力做到"有教无类"、"因材施教"，响应"高等教育普及化"的发展趋势。

对《石膏造宅·建构》教学载体来说，题目的已知条件在使用材料、材料改性、建构方式、空间尺寸、功能设定等都给出了非常具体的要求，但是对建筑类型（一般意义的住宅）、建筑规模（建筑面积）等都没有明确确定。学生不得不从8mx8mx8m的实体石膏块开始挖取空间或反转筑造空间，从而避免了常规建筑设计中对墙体（实体）的过分关注和对空间（虚体）的忽视；学生利用生活中所有可得到的物质来改变石膏材料的色、质、脆性、坚固度等属性，从而把设计直接推入到材料设计的微妙敏感境地；学生不得不对减法造就的方块体"宅"空间开始研究，洞悉"诗意地栖居"之真正含义所在，从而避免了常规住宅对最基本功能的最经济之追求；学生还不得不考虑石膏材料和石膏材料的加工方式、组合方式到底适合塑造的空间特征，从而最大限度地发挥材料及加工方式对空间生成的重大意义；教师在面对石膏这种塑造空间的新材料和新工艺时，也能与学生一起进行各种各样的研究与实验，提出新的想法和可能性，指导学生最终完成师生共同的设计作品，达到教学相长，共同创新。

因此，一个载体就是一场精心设计的即兴舞台剧，虽然没有现场导演，但却呈现出舞台人物之间交相呼应燃起的火花；虽然没有固定的结局，但却绽放出具有无数可能性的设计方案成果。

雕园塑宅·石膏造·浇筑与镂刻·二合一宅　设计者：贾园　张雨晴
石膏造·半·穴崖　设计者：王超逸　杨尚智
指导老师：李春青　王欣　胡雪松　段炼　陆翔　蒋方
编撰/主持此教案的教师：李春青　王欣

石膏造宅·建构·教案

一、设计题目前后衔接之关系

年级教学	五年制　建筑学专业　二年级建筑设计课　教学内容				
课程名称	建筑设计及原理（一）				建筑设计及原理（二）
载体简述	为了避免常规的"类型+规模"式建筑设计课程题目中"平面+立面"的过分注重功能主义的建筑设计方法，为了进行创新思维、独立人格和设计能力的培养，我们进行了以空间设计为主线的教学改革，旨在引导学生建立起良好的建筑思维习惯与框架。因此，作为载体的教学课程题都被设计成弹性的，体现在两个方面： 1、　教学载体设计弹性化。题目参考项目策划设计类型，给出清晰的项目背景和总体方向，但不对项目进行具体定位，更不设定具体的空间量化（多少+多大）任务，期望通过"策划思考"过程，达成思维训练的结果，这种结果应该是多样性和个性化的。同时强调思考的逻辑性，确保这种多样性和个性化演变成毫无意义的随意性。 2、　教学活动和成果的终点是弹性的。在保证基本目标可达性的前提下，刻意赋予课题比较浓重的研究性色彩，为创造性思维的拓展预留充分的空间，努力做到"有教无类"、"因材施教"，响应"高等教育普及化"的发展趋势。				
教学载体	门窗空间	石膏造宅	藏友之家	周遭六记	路径空间
示例图片					
教学目标	基本空间概念设计 ——无中生有 培养本质性思维； 打破常规，塑造自我； 发散思维，演绎可能训练创新思维，建立建筑设计价值观； 在一年级初步建立起的以空间为主线设计能力的基础上，进行空间词汇的思辨设计练习。	材料营造与建构 ——建构空间 在空间设计的基础上探讨以营造逻辑和构造美学为基础的空间设计； 培养以材料作为起点与思考角度的设计能力与方式。 理解材料的特性与设计的关联； 探讨材料组件组合方式与空间的关联， 比较浇筑与镂刻方式与空间关联的差异性； 初步构建居住行为与游憩行为对空间设计的影响； 锻炼团队协作能力。	居住展示行为空间 ——物我空间 构建行为-空间的关联思维；人体工学；文化与个性；量化尺度等； 人、物与空间关系设计，即空间与物（给定尺度角度）、空间与人（行为与体验）、展示空间之间的关系设计训练； "诗意的栖居"的理解与实现； 展示与居住空间的综合关联的设计，公共与私密的功能关系组织设计； 叙事性空间设计，展示空间序列设计。	建筑策划与城市 ——修补城市 基于复杂城市环境的策划性、综合性的空间概念设计； 构建起立足于综合的环境分析、场地分析、社会状况分析基础上的项目策划基本思维； 建立文脉与地域的观念基础；建立市场与开发的观念基础。 建立城市、文化、生活的综合关联的设计，建立具有研究性的设计训练程序； 建立具有通用性的设计平台；评价客观化与交流情境化（策划、经营、生活、偶发事件等）与建筑设计的并行。	空间语言综合组织 ——集零为整 基于单个空间元素的整合设计的策划性空间语言组织设计； 体会空间模式语言本身的丰富性和复杂性； 为生活与模式空间存在互塑互成的关系。 空间词汇与诗意行为的关系设计； 大尺度地块上的设计的起始、发展和整合之化零为整的过程训练； 训练路径对空间的整体性之间关系，达到整体大于局部之和的满现性。
空间语言线 ➡	在给定大小的空间体积内，通过引入空间结构，建立建筑元素的形状、尺度、围合、位置等空间操作，体察空间元素的多样性与空间结构及整体的关系。	将"居"行为剖析到食、宿、学、娱、休等，以尺度变化、个性、特殊性为目标构建物特性三维空间。	空间随居者、观者与展品的各种关系而产生，并形成叙事（居住的故事、游览的故事）线索。	城市空间中丰富多彩的百姓生活激发并促成了空间概念的产生，同时也让设计出的空间成为上演多样生活的剧场。	练习模式空间词汇、句法与篇章的设计与组织。
行为叙事线 ➡	从人的行为与体验出发，体会门窗元素的采光、窥探、展示、遮蔽、炫耀、展望等本源作用，进行三维乃至四维的空间叙事设计，并训练四维空间叙事记录与表达。	宅之居行为叙事：入、睡、餐、厕、厅、读等； 园之游行为叙事：游、停、观、思、歌、爬、登……等等。	居住与展示空间的尺度序列、展品序列、光线明暗变化序列、心理体验序列等。	城市空间中丰富多彩的百姓生活激发并促成了空间概念的产生，同时也让设计出的空间成为上演多样生活的剧场。	个性化、特殊化人群的行为模式空间的设计；行为产生空间，空间促成行为；因此行为的叙事也就是空间的叙事。
材料营造线 ➡	初步观察、体验和记录空间材料与建构。	材料特性会给空间带来什么？ 材料加工工艺会产生什么样的空间？ 加工工具的不同会给空间带来什么样的可能？ 材料组件的组合方式会产生什么样的空间？	建筑空间材料与古玩展品的材料呼应与对比训练。	材料尊重场所环境追求协调？还是新旧分开追求真实？	人体尺度的空间材料设计——铺地、草地、家具与墙体选材等。
基本教学要求	总则	以建构主义学习指导教学活动，在教学过程中强调学生为主体，教师为主导。 强调以教学内容、教学方法、教学过程、教学环境为核心的教学设计。			
	学生	回到最初，对"门"、"窗"、"梁"等建筑基本元素进行本源性思考，从根本上明了这些元素的价值与意义所在，并以此为基础，展开设计思维，形成设计概念，最后完成一个概念空间设计。	以建构的理论和方法为指导，用石膏浇筑与镂刻给定尺寸的形体，体会和学习材料特性、加工工艺、组合方式给空间带来的营造逻辑关系，同时不同的加工方式所形成的空间形体进行整合设计，训练团队的协作能力。	在给定的基地范围内设计一户藏友之家+艺术品展示工作室，业主的家庭成员给定。要求完成人的基本生活的诗意构想，合理放置给定的九种大小种类各不相同的藏品，并建立藏品与人与空间的对应。要求策划生活方式，选择空间凭借，在追求意境中策划展示功能。	在人文环境的背景和给定的开发意图下，对旧城中的一块废弃砖台的场地进行深入研究，探寻它的特点、价值和可能的再生途径，在此基础上，形成设计概念并最终发展成完整的概念设计。	在给定的大尺度场地上，根据社会个性化游乐需求策划特殊游戏的游戏空间；空间结构的引入便之与空间元素发生紧密的影响关系，形成整体。
	教师	重新定位教师的角色，在教学过程中调整师生关系，这是推行素质教育和思维培养的关键，在专业教学中教师是路标和拐杖。 教师的根本任务，不是判定学生的设计的对与错，也不是简单的告诉学生门窗的宽度、墙体的厚度，而是要帮助学生形成并完善设计概念，要帮助学生寻找并完善设计概念的具体途径与方法。 因此，学生的重点不仅仅是设计的结果，更重要的是设计的过程，以及在教师引导下在设计过程中逐渐形成的自己的设计方法。			

二、教学目标详解及重点、难点

项目	内容	作业示例
教学目标	1、建立"营造"的概念； 2、构建基于建构理论的建筑空间生成方法； 3、以营造的逻辑为基础，构建基于设计的建筑材料和建筑构造的观念与思维方式； 4、培养利用概念工具（物体）思考建筑问题的能力与习惯。 5、培养以材料为起点与思考角度的设计能力与方式。 6、理解材料的特性与设计关联性的认识方法与改造方法及其对空间产生的作用； 7、理解材料的建构方式与设计的关联；探讨材料的加工工艺能给空间设计带来的可能性；探讨不同的材料组件之间的组合方式能够给空间带来的可能性； 8、比较浇筑与镂刻方式与设计产生关联的差异性（空间实体、工艺、设计、感受等等）； 9、实验并改造材料的干稠度、坚实度、密度、色质、肌理等属性，以及这些属性与空间设计与感知的关联。 10、学习石膏浇筑的基本方法：支模、调浆、浇筑、捣实、堵漏、硬化、拆模、修整……等等。 11、学习镂刻空间的基本方法：画、掘、刷、磨、钻、刻、刮搓等。 12、培养小组协作设计的能力。	
教学重点	本设计载体重点解决构建于建构理论的建筑空间生成方法； 以营造的逻辑为基础，构建基于设计的建筑材料和建筑构造的观念与思维方式； 培养以材料作为起点与思考角度的设计能力与方式。	
教学难点	空间设计要以充分、直接、纯粹地与材料特性、加工方式和组合方式等建立直接的关联，因为要打破原有的正交网格结构控制下的空间设计习惯并不容易，需要完全打破常规思维。	

北京建筑工程学院

三、教学方法与手段

	分类	方法详解	记录图片
教学方法	讲授法	**明确目标：** 讲授建构的概念及发展历史，明确建构是对结构（力的传递关系）和建造（构件的相应布置）逻辑的表现形式。 讲授教学载体的教学目标、训练意图及可能的发展方向。 讲授试件的实例作品及制作与加工过程，讲授往届优秀作业。	
	示范法	**演示作法：** 通过教师和选出学生的提前和现场试作，介绍石膏材料的特性，示范各种工具的作用和使用方法； 演示石膏材料通过添加其他材料可以获得的材料质感； 演示石膏材料通过表面的加工处理可以获得的纹理质感。 演示石膏材料的浇筑给空间带来的可能性； 演示石膏材料的镂刻加工（包括加工工具和加工方法）给空间带来的可能性； 演示分别浇筑不同尺度的组件后，组件之间的组合方式给空间带来的可能性。	
	讨论法	**辩论归纳：** 教师与单个同学的讨论设计； 各班用4—8节课进行班级讨论，每位同学起来介绍自己的设计构思和概念模型，然后由介绍方案的学生选择2-3位学生（或学生自愿）对其进行评价、质疑、肯定和辩论，教师进行必要的引导和评价； 通过班级讨论后，教师挑选方案进展较快、概念构思具有新意或代表设计发展方向的学生3—4名，并要求其课下准备讲演ppt，其中包括草图构思、草模的过程与发展。 然后进行合班讨论，通过不同班级中的代表性方案的介绍，不同班级学生就方案进行的提问、质疑、辩论，和各班不同教师最后的即时点评，让所有的学生都经历了多角度、多视点、多价值观等的方案价值判断的头脑风暴。并进一步强化设计结果并不那么重要，设计的从无到有、层层推步步推理与发展的过程才是建筑设计的理性方法。	
	引导法	**教学相长：** 教师的教学载体设计实际是设计了一种建筑空间设计的实验程序，这个程序虽然规定的内容很确定，但是学生设计的发展方向却是非常开放、丰富的。因此，设计结果不是唯一的，不同的出发点、不同的推理过程、不同的思维方向都会产生不同的结果。 在这种情况下，教师的引导和启发是指引设计的航标，而学生的设计发展则是在教师引导下的一种科学研究，其成果是具有科学价值与意义的。 教师的引导与学生的设计共同完成了一项科学研究成果。因此，教与学相互激发，共同演绎出丰富的设计可能性。	
	总结提高	**总结提高：** 作业评图后进行集中讲评与答疑，共同总结设计概念、设计过程、设计表达等各个方面的经验与问题。	

四、设计载体题目任务书

	建筑设计及原理（一）：石膏造·浇筑与镂刻·二合一宅	作业示例
设计内容	1、以二人的组合作为一个设计小组单元，人数不足时才可一人形成一组。以给定的立方体作为体积限定，分别利用石膏材料，以"浇筑"和"镂刻"的不同方式各作出一个空间单元，每人独立承担一个设计，二者合成为一个"宅"的空间。 2、"宅"的设计需符合人对居所的基本要求（可居、可游、可观），具体空间配置自定。 3、"浇筑空间"者，为变质（改性）石膏造，即以石膏作为主要材料，同时在石膏中混合添加其他材料，诸如：稻草末、墨水、细砂石、颜料、胶水等等，以改变"石膏"的表面质地、颜色、空间感受……学习浇筑这种方式，以及改性石膏的属性对设计本身的互动与影响。 4、"镂刻空间"者，以原始纯净的石膏体作为空间设计与制作的基础，运用刻刀等工具，以减法的方式，掏刻出空间，学习此种建造方式对设计本身的互动与影响。 5、二者空间须相互沟通，相互联系，通过合一的方式体现出"宅"空间的完整性。	
条件与要求	1、给定的立方体尺寸为8×4×8（高）米（模型空间为20×10×20厘米），作为设计的起始条件，尺寸须严格遵守，设计须保持给定立方体的体积感。 2、"浇筑空间"与"镂刻空间"并置合成为8×8×8（高）米的"宅"空间（模型空间为20×20×20厘米），不得固定死，可分可合，以便作独立的观察与评价。 3、因石膏材料的属性（生脆易碎），以及制作过程的难度，并不是适合精细设计与过分雕琢，故要求设计应具有相当的简明性。 4、可适当考虑错位拼合的可能。 5、可试验2组之间的4空间拼合效果（不作为作业成果）。 6、要求叙事情节的介入。 7、需要准备的材料与工具： 袋装石膏粉，自定混合材料（仅对于"浇筑空间"设计者）：肥皂、杯子、脸盆、小桶等容器。毛笔（刷肥皂水）。搅拌勺。胶带纸，纸粘土（包封堵漏）。pvc或者硬卡纸板（制作模型的范形）。刮刀、水砂纸、自制砂纸板、砂纸条、木刻刀（仅对于"镂刻空间"设计者）。	
基本制作步骤	**"浇筑空间"的工作步骤为：** 1、依据设计制作范形，材料自定；pvc、硬卡纸板等等。 2、封卡板交接的缝隙，堵漏，防止浇筑流体的跑浆。 3、在倒入石膏液之前，用肥皂水通涂范形内表面以便容易脱模。同时可以开始湖拌石膏粉，绕筹进行。 4、石膏粉一般采用模型石膏粉，用水湖拌石膏粉，即以石膏作为主要材料，同时依据自身材料设计加入其它材料，与石膏混合，比例自定。 5、水与石膏粉的参考比例为3：1左右，这个比例上下的弹性比较大，可自行先试验，找到适合自己的方式。可适当加入无水酒精作为缓凝剂。最好把石膏粉倒入水中搅拌，这样容易拌匀。 6、倒入范形，搅拌搅匀，防止死角或者气泡的产生。观察是否有漏浆，模板是否变形，在凝固之前及时修整。保证石膏流体顶部平整。（应适当留出一定的尺寸富余，以便磨平顶部） 7、等待石膏硬化，这个步骤会放热，彻底硬化的时间较长，视环境条件而定。 8、以指甲探顶部外露石膏是否达到一定的硬化强度，如达到，可进行拆物，此时石膏依旧有相当的湿度，拆物也是为了石膏能及早干透，轻拿轻放，此时石膏模型的边角很容易破碎。 9、待石膏完全硬化干透，用适当的工具进行修整打磨。 10、"浇筑空间"的独立设计工作完成，待与"镂刻空间"拼合成"宅"。 2、"镂刻空间"的工作步骤为： 如浇筑空间基本同步将浇筑完成一个8×4×8实心石膏体（不添加其它材料）。 待石膏体完全硬化干透之后，依据自己的设计用木刻刀等工具对石膏体进行镂刻，以减法的方式掏刻出空间。 适当修整，完成"镂刻空间"的独立设计工作，待与"浇筑空间"拼合成成宅。	
成果要求	1、模型（底盘名牌按统一格式粘贴书写）： 模型比例为：1/40；模型无需底盘；模型材料使用：石膏与变质（改性）石膏。 2、图纸： 图纸：正式图纸图幅绘图纸A1，2-3张。构图：构图依据表达内容自行设计。 基本图量与要求：各层平面图，屋顶平面图，立面图（至少两个），剖面图（至少两个），轴测图，分析图，过程记录（照片），模型照片，简要的设计说明。 绘制与输出要求：平面图、立面图、剖面图等工程图表达一律采用手工绘制，构制表达、模型照片表等可采用计算机ps排版绘制。	
参考书目	1、精读课件。 2、有关石膏体制作的资料。 3、有关混凝土、夯土类、传统民间混合性材料建造的资料。 4、有关减法建筑的资料。 5、有关镂刻方法与技巧的资料。 6、《建筑文化研究》，肯尼思·弗兰普敦，王骏阳译，中国建筑工业出版社。 7、《非常建筑》，张永和，黑龙江科学技术出版社。 8、《建筑学教程2：空间与建筑师》，赫曼·赫兹伯格，天津大学出版社（第282-283页，Take-home Exam 中介性空间练习）。	经营位置 石膏造宅 石膏造·浇筑与镂刻·二合一宅·展廊之宅 石膏造·二合一宅

五、进度安排

周次	日期	星期	节次	课内计划教学内容[教学手段]	课外内容	阶段成果	提交时限
2	0906	一	5~8	《石膏造·浇筑与镂刻》设计课题开题。	借参考书，购买材料	复习《石膏造·浇筑与镂刻》设计任务书，带着题目阅读参考书，构思一草。（购买的一定是模型石膏，不要买建筑石膏。）	下次课前
	0909	四	1~4	各班讨论、辅导、进行基本构思。进行基本的材料特性试验和分析。	完成一草	相关的材料分析、构思图片和概念草图，可单线。	下次课前
3	0913	一	5~8	课前张贴一草于图板，一律A2图幅。分班集体评图（一草）构思主题（一草计成绩）过程成绩由教师按照5分制评分，包括设计与表达两个方面。一、二、三草图一律为A2拷贝纸草图。平立剖面图必须手绘，其他图可电脑辅助设计。	修改一草	根据评图出现的问题修改，试验石膏造	下次课前
	0916	四	1~4	分班辅导 试验石膏造 推敲设计	开始二草	概念构思草图及平立剖面图，双线。试验石膏造	下次课前
4	0920	一	5~8	课前张贴二草于图板，一律A2图幅。分班集体评图（二草）具体深化与表达（二草计成绩）	完成二草概念模型	概念构思草图及平立剖面图，双线。试验石膏造 选出同学做好讲演准备	下次课前
	0923	四	1~4	分班讨论与辅导 试验石膏造 推敲设计 每班选出2-3名同学准备合班交流			下次课前
5	0927	一	5~8	合班集体评图	交流辩论	取长补短 修改并完善各自方案 开始正草，平立剖轴测分析构思图	下次课前
	0930	四	1~4	设计定案		完成正草，平立剖轴测分析构思图	下次课前
6	1004	一	5~8	实验并制作最后的模型 根据模型进度计分（模型计成绩）构图、制图注意事项讲评	制作模型	制作模型 选出同学做好讲演准备	下次课前
	1007	四	1~4	合班集体评图	交流辩论	整理正草、模型、模型照片、	下次课前
7	1011	一	5~8	课前张贴正草于图板，一律A2图幅（正草计成绩）分班辅导 实验并制作最后的模型 完成正草，开始上板	上板	制作正图	下次课前
	1014	四	1~4	分班辅导 修改最后的模型 制作正图	上板	最终模型成果 模型拍照照片 正图（平面图、立面图、剖面图、轴测图及分析图）	下次课前
8	专用周	一到五	全天	分班辅导，每天上午各班保证一个老师在班里辅导，最后正图细化与修改。周五早上8:30交最终图及模型，教师集体评图。	上板	正模、正图	

各学生石膏造宅模型组合照片

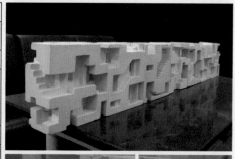

六、辅线作业

辅线作业载体	古崖居调研	手绘空间表达练习	书法及篆刻临摹训练练习	与建筑设计相关的影视作品欣赏与评析
教学分目标	减法空间体会；家具尺度空间认识；加工方式与空间的关联。	行为空间体会；空间层次表达；空间序列记录；构图理法理解。	笔画关系体会；章法结构解析；古文图记理解。	建筑师设计方法讨论；电影叙事结构安排；影视空间表达与解析。
教学要求	课前组织到北京延庆古崖居调研参观，记录并讨论塑性空间的特点与丰富性。	单周周四四枚钢笔画一张，主题为"有生命力的空间/建筑/城市"，内容不限。	双周周四四枚书法或名家篆刻临摹一张宣纸，邓石如的《庐山草堂记》，齐白石、邓石如等名家篆刻。	课后组织观看与建筑设计类同的影视作品欣赏与评析，撰写观后感。
学生作业示例			今宁翕家且 在墙薦牡平 薬外豆敕鈴 家蔡合秩民	某学生的电影观看报告摘录："通过电影《日间房框》，我观察到剧中人公对待设计的态度。他能够各备具屋牛徒、观察牛群的行走路线，体味牛的思考。设计师将含各各各准的洗牛龙牙。因此，我们在设计中也要不断丰富自己的生活体验，甚至深入到败北了耐益性，就能够设计出符合人寻生活的空间与建筑！"

七、试作过程

过程记录	构思	推敲	制模	标记	记录	模具完成	调浆	灌浆	养护
过程记录	堵缝	拆模	推拆	拉拆	完成	分层浇筑失败	镂刻失败	镂刻失败	焚烧法拆模失败

八、教学过程

教学过程	内容与示范归纳							学生作业实例示例
	起	承	转	合1	合2	细部	模型	空间语言组织
空间语言设计								
	转角相遇	探寻花园	沉思畅想	随遇而安	卧游山水	共剪西窗	生活宝阁	行为空间关联
居住行为与空间								色彩质感改变

材料属性改造实验

纯石膏粉	石膏+燕麦片	石膏+墨汁	石膏+柠檬片	石膏+胶水	石膏+彩砂	石膏表面处理
试验1：纯粹	实验2：燕麦	实验3：墨汁	实验4：柠檬片	实验5：胶水	实验6：彩砂	试验7：刮擦
材料：石膏粉，水	材料：石膏粉，水，燕麦片	材料：石膏粉，水，墨汁	材料：石膏粉，水，柠檬片	材料：石膏粉，水，胶水，颜料	材料：石膏粉，水，彩砂	材料：石膏粉、水、小钢锯

材料浇筑特性实验：制模 / 完成模具 / 灌浆 / 拆模 / 局部出现裂缝 / 浇筑空间

材料雕刻特性实验：保湿 / 镂刻方式一 / 镂刻方式二 / 镂刻方式三 / 镂刻方式四 / 镂刻方式五 / 镂刻方式六 / 雕刻空间

材料组件组合实验：部件式组合 / 分层式组合 / 四分式组合 / 咬合式组合

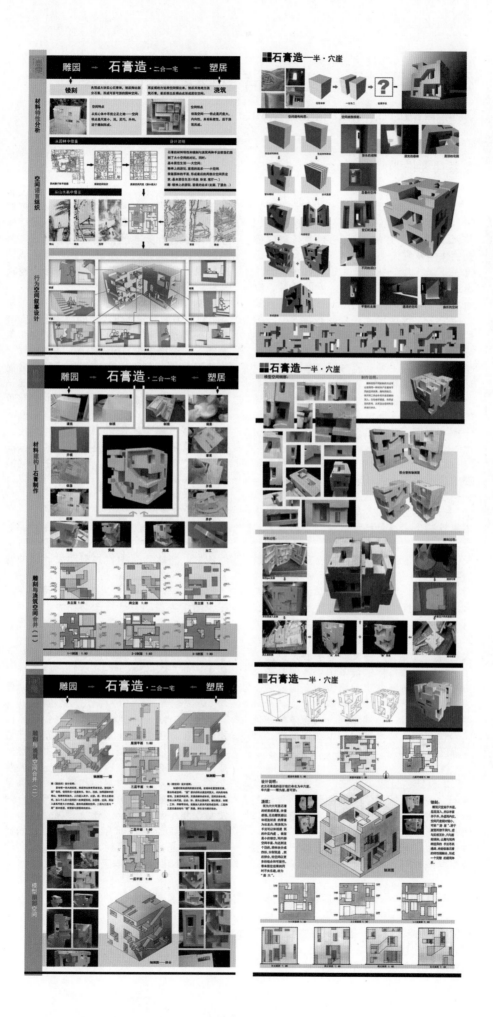

绿色与再生——图文信息中心设计教案

Design Studio: Information Center

（三年级）

教案简要说明

教学目标：

在本科三年级教学过程中，我们注重以下方面的训练：综合能力——掌握功能、技术、艺术、经济、环境等诸因素对建筑的作用及它们之间的辩证关系；中型建筑——有能力在中型公共建筑方案设计中通过总体布局、平面布置、空间组织、交通组织、环境保障、构造设计等满足建筑功能要求；场地设计——有能力进行一般的场地设计；环境文脉——建立可持续的环境意识，学会处理建筑同环境（城市或自然）之间的关系，通过建筑手段表达对环境和文脉的尊重，有能力根据城市规划与城市设计的要求，对建筑个体作出合理的布局和设计；团队合作——培养团队协作精神，培养在城市设计尺度完成建筑设计的思路和方法。

本科三年级训练的重点是使用前两年掌握的基本句法来完成较复杂的主题训练。这些题目一方面遵循原有的类型化训练方法，一方面适当加入文化要素，尤其是中国属性的空间想象和营造意识，以培养具有本土意识的建筑职业人才。三年级课程设计题目本着由易到难、综合重复、多层训练的原则进行设置。三年级下学期最后一个题目，是对前三年教学的回顾与综合，所以训练内容最多，线索也最庞杂，对学生的建筑语言能力提出较高要求。同时，增加建筑的复杂性和规模，为四年级大型公建做准备。图文信息中心设计涵盖了三年级训练目标的最多选项，包括总体布局、平面布置、空间组织、交通流线、细部构造、历史文脉、城市环境、自然环境、建筑改造、公共属性、大跨结构、团队合作和绿色技术等的一个涵盖面广、训练强度大的综合性设计题目。

教学选题：

本设计题目除满足三年级课程训练的目标之外，还提出了附加的要求，那就是旧建筑改造、大跨结构和绿色生态要求。同时，竞赛组委会要求建筑图纸使用Revit软件完成。基地位于重庆大学城巴渝职业技术学院新校区用地内，为原国有507厂库区，厂区有保存完好的大空间厂房设施三座，厂区内生态条件优越，现状植被繁茂，古木参天。现取其中最大的一座厂房作为本次设计竞赛的范围，完成对该厂房的改造设计，并努力使建筑达到绿色低碳的效果；场地文件及厂房模型为Revit格式文件。

教学进度：

我们遵循教学大纲规定的教学进度安排和成果要求；强调调研过程的针对性和深度要求，对结果进行ppt演示；强调课程设计的连贯性，分段提交成果并计分；重视成果的完成度，在正式交图之前提交准正式图纸，以完善提高。教学安排中，有草图提交过程两次，强调草图和模型在设计概念形成过程中的作用。强调多种手段、多种工具的协同作用，强调课程辅导过程中师生交流的启发作用。引导学生自觉搜集资料、建立问题意识，使设计过程成为自觉的研究过程。

教学方法：

重视概念草图：锻炼学生的心手协调能力，体会在模糊的探索阶段寻找积极信息的能力。将概念草图作为前期设计的关键要素加以强调。

重视模型制作：要求前五周必须以模型配合图纸来说明设计概念。在本设计中，强调不允许单独使用Sketchup作为构思手段，必须结合草图和模型来说明问题。

重视多种软件的综合使用：根据竞赛要求，使用Revit来进行方案的综合表达。在此期间，鼓励学生使用其他软件辅助思考。

强化BIM设计流程的思维方式和具体操作，使学生熟悉并掌握新的建筑设计工具。图为学生通过Revit软件设计并自然生成的建筑室内模型。通过合理设定并调整参数，解决设计中的漏洞和微差，在满足结构逻辑和建构要求的同时，获得符合建筑身份特征的形式感。建筑建模过程中，有本校CAD专业教师介入。同时，他们也在绿色生态技术方面对学生给予指导，例如Ecotech软件的基本应用。

作业1 绿色与再生——图文信息中心 　设计者：王超逸　文璎
作业2 绿色与再生——图文信息中心 　设计者：安聪　刘温馨
作业3 绿色与再生——图文信息中心 　设计者：李飚飚　杨诗卉
指导老师： 金秋野　格伦　赵可昕　蒋方
编撰/主持此教案的教师： 金秋野

北京建築工程學院

151

方案甲 設計過程

方案乙

方案丙

方案丁

1. 初期概念草圖（第2周）

2. 第一輪sketchup模型（第3周）

3. 第二輪sketchup模型（第4周）

4. 第三輪sketchup模型（第5周）

5. 第四輪立面模塊（第6周）

6. 最終成圖（第8周）

[教學成果]　　　綠色與再生—圖文信息中心設計　教案部分　本科三年級　建築設計及原理（四）

空间认知与构成单元教学教案
Design Studio: Introduction to Space & Unit
（一年级）

教案简要说明

本课程设计是一个空间概念设计，重点对学生的空间认知与构想能力进行训练。时间为9个教学周，共分4个教学环节。

1.认识形式（2周）

教学目标：低年级学生对形式的认识和兴趣往往比空间更强烈。我们尝试从形式开始引导学生。"盒子"是最简单也可以是最复杂的形式。尽管形式千变万化，但是形式不是无理性的随意生成，在每一个形式背后都隐含了很多内容。鼓励学生对形式的深层内涵有所思考。

教学内容：首先从各种艺术形式中获得启发，收集各种类别的盒子产品，如家具、建筑、产品本身等，认识形式的丰富性；以各种盒子为例，分析其形式的内在逻辑，以此说明形式与世界息息相关。

阶段性成果：
A2调研报告（图片+图解+文字）

2.认识空间（2周）

教学目标：形式只是一个出发点，形式与空间是互为图底的，在各种"盒子"形式的启发下，引入建筑形式的相关内容。建筑形式更多地与空间、功能、环境联系在一起。将这些因素整合在一起，形成一个"盒子"的空间概念设计。

教学内容：

空间限定：在基面、顶棚、垂直面上进行限定和围合，凹凸、设立、覆盖、架起、转合……

空间特性：开敞与封闭、连续与静止、独立与联系、明亮与黑暗、高大与低矮……

空间与行为：将具体使用方式置入抽象的空间，来考虑空间的形状、大小、视线、光线等特征；

阶段性成果：A2空间概念设计图1~2张，包括构思过程和空间特性的分析。

3.空间构成（5周）

教学目标：构成既是一种分析问题的方法，也是一种解决问题的方法。是对抽象环境下的建筑问题做出思考和训练。通过动手制作"盒子构成"的实物模型，探讨形式与空间的关联性，以及形式与空间的生成过程。

教学内容：

（1）空间界面：材料、结构、节点、几何语言……决定了界面的虚实、光影效果细节特征……

（2）空间体量：加减、切削、扭转、叠加……多种造型手法。

（3）空间组织：不同空间之间的分离、积聚、融合、关联……多种组织关系。

阶段性成果：

（1）实物模型：尺寸15cm×15cm×15cm，材料不限。要求做工精细；材料运用恰当；空间关系清晰。

（2）A1设计图一张，图纸内容不限（平、立、剖、轴测），要求表达出构思和分析过程；成果模型照片。

4.空间建构实践（课下时间）

教学目标：在构成训练过程中，缺少对真实建造过程的体验与了解。例如材料的物理性能、细部构造，空间尺度等。因此，增加了一个实践环节。在这一环节中，学生分组合作完成一个空间建构任务。

阶段性成果：在给定场地内建造一个高度不低于1.7m的构筑物，该构筑物可以被穿越、或可以驻留期间从事某种活动。作品要以盒子构成的概念为基础，考虑材料特点和构造、节点的可实施性。

盒之故事　设计者：邢艳龙
FACTOR元素　设计者：周阳
藏　设计者：王越
指导老师：王靖　陈曦　吕健梅　李丹阳
编撰/主持此教案的教师：吕健梅

空间认知单元教学教案 —— 盒子的故事
The Spatial Cognitive Unit Teaching Plan The Story of The Box

一年级建筑设计基础课程体系框架图

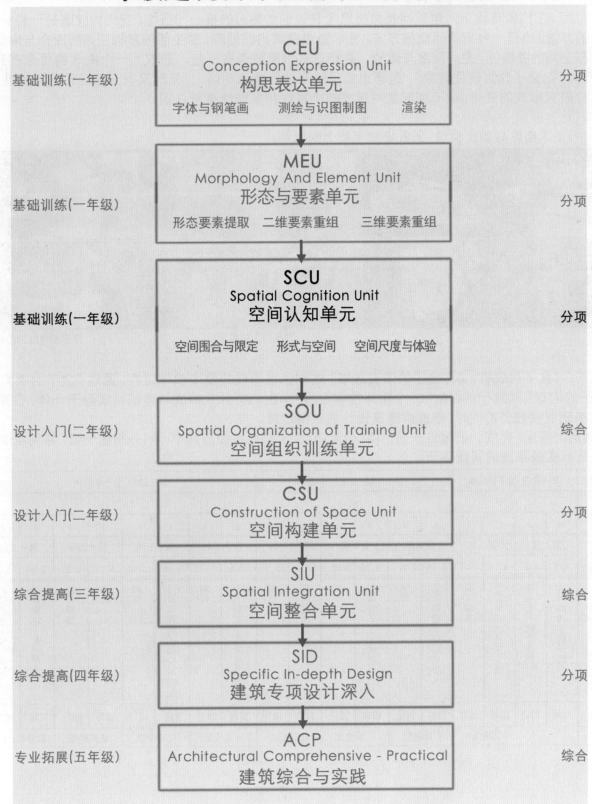

基础训练(一年级)　　**CEU** Conception Expression Unit 构思表达单元 字体与钢笔画　测绘与识图制图　渲染　　分项

基础训练(一年级)　　**MEU** Morphology And Element Unit 形态与要素单元 形态要素提取　二维要素重组　三维要素重组　　分项

基础训练(一年级)　　**SCU** Spatial Cognition Unit 空间认知单元 空间围合与限定　形式与空间　空间尺度与体验　　**分项**

设计入门(二年级)　　**SOU** Spatial Organization of Training Unit 空间组织训练单元　　综合

设计入门(二年级)　　**CSU** Construction of Space Unit 空间构建单元　　分项

综合提高(三年级)　　**SIU** Spatial Integration Unit 空间整合单元　　综合

综合提高(四年级)　　**SID** Specific In-depth Design 建筑专项设计深入　　分项

专业拓展(五年级)　　**ACP** Architectural Comprehensive - Practical 建筑综合与实践　　综合

设计题目——盒子的故事

《盒子的故事》是一年级建筑设计基础训练中空间认知与构成单元的设计题目，是对整个建筑设计基础课所学内容的综合运用和一个总结，是低年级建筑学学生从单纯的形式构成向建筑设计过渡的重要一环。

教学目标 在抽象环境下对建筑问题做出思考是该训练题目的核心与目标。空间构成既是一种分析问题的方法，也是一种解决问题的方法。希望通过空间构成训练，学生能够掌握空间的围合与限定、形式与空间的关联性、空间尺度与体验，并将这些因素整合在一起，形成为一个概念构思来展开建筑设计。把盒子作为研究对象， 是考虑盒子的形体简单而明确， 同时又有无限变化的可能性，非常适合研究形式的变化，从而使学生对形式的丰富性和多样性有所认识。

教学方法 1.启发与类比教学; 2.直接动手能力的培养。

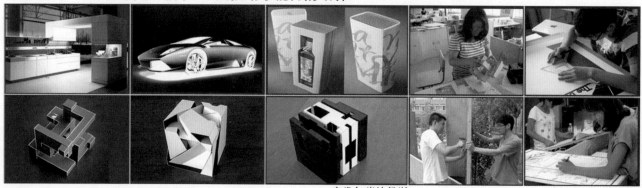

启发与类比教学　　　　　　　直接动手能力的培养

任务书 《盒子的故事》以"盒子的演变故事"戏剧化地串联起整个教学过程，通过"盒子的收集"，"盒子的构想"，"盒子的深化"三个阶段的学习，使学生们将形式构成与建筑构成融于一体，在完成建筑基础课程任务的同时，形成向建筑设计的顺畅过渡。

在9周的时间里，完成调研报告一份，15cm x 15cm x 15cm 模型两个，A1分析图一张，并利用课下时间进行实景搭建的实践环节。

进程	第一阶段 盒子的收集				第二阶段 盒子的构想						第三阶段 盒子的深化							
学时	16				24						32							
	4	4	4	4	4	4	4	4	4	4	4	4	4	4	4	4	4	4
周次	第七周		第八周		第九周		第十周		第十一周		第十二周		第十三周		第十四周		第十五周	
	4.2	4.7	4.11	4.14	4.18	4.21	4.25	4.28	5.2	5.5	5.9	5.12	5.16	5.19	5.23	5.26	5.30	6.2
内容	认识形式—盒子世界	收集盒子相关资料	分析形式的内在逻辑	绘制草图	盒子概念—空间构思	制作	创造盒子—形式要素	制作	探讨整体效果	制作	深入形式—引入建筑要素	制作	建筑边界特征和空间特质	制作	推敲	制作模型	设计表达—整理思路	设计表达—绘制成图
方式	讲解	讨论	辅导	辅导	讲解	讨论	辅导	辅导	讨论	辅导	讲解	辅导	讲解	辅导	辅导	辅导	讨论	辅导
成果	调研报告				一草模型		二草模型		正式模型		一草模型		二草模型		正式模型		设计表达图	

沈阳建筑大学

空间认知单元教学教案 ——盒子的故事
The Spatial Cognitive Unit Teaching Plan The Story of The Box

教学过程 对于低年级的教学,培养学生提出问题的能力,比训练学生解决问题的能力更重要。本课程试图在培养学生专业知识和技能的过程中,树立学生正确的思考方式,促进其建筑观的形成和设计方法的掌握。

我们尝试这样引导学生,形式只是一个出发点,形式并不是我们通常认为的,仅仅在视觉效果上起作用,形式所表达的和人们通过形式所体验到的内容更重要。因此希望学生对形式的深层内涵有所思考,把形式与空间、人的使用和体验等紧密结合起来。

第一阶段	认识阶段——资料收集 从其它艺术形式中获得启发。尽管形式千变万化,但是形式不是无理性的随意生成,在每一个形式背后都隐含了很多内容。 1. 收集各种类别的盒子,认识形式的丰富性; 2. 以各种盒子为例,分析其形式的 内在逻辑,以此说明形式与世界息息相关。	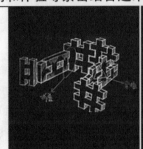    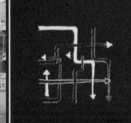 
第二阶段	创造阶段——概念构思 在各种盒子形式的启发下, 引入构成的相关内容,带领学生去发展创造空间形式。通过直接动手制作模型,探讨形式的生成过程。 1.盒的概念——空间构思 (空间性质,空间限定,空间组织) 2. 盒子的创造——形式要素 (盒子的界面,体量关系,材料运用与组织,整体与细节)	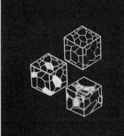  在盒子里延攀爬的轨迹游走、浮动,模块依附轨迹生长,进而衍生出动态的空间。人藏身于空间的褶皱里,感受自我……    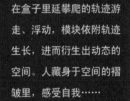   

第三阶段

深化阶段——模型推敲
在盒子构成基础上，加入对尺度与体验的考虑，更多地与空间、功能、环境寻求关系，进一步生成建筑空间与形式。

1. 建筑与盒子构成的关联性与连续性；
2. 建筑的边界特征、建筑空间特质、建筑空间序列。

插片在斜交的框架结构中飞舞上升。演变的建筑中插片成为主体空间，斜交的框架成为结构部分。

在立方体的限定中，线和多边形随机组合，自由生长，形成了大小不一的、或封闭或开敞的空间。

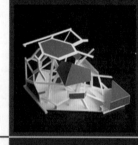

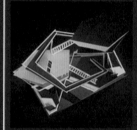

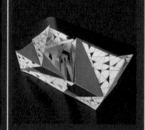

第四阶段

体验阶段——空间搭建
在盒子演变过程中，对于在建造过程中真实材料的特性以及对形态的影响还缺乏直观的认识。因此，我们增加了一个实践环节。

在这一环节中，学生成组合作完成一个真实的搭建物。使学生不仅对材料的潜能和细部构造有所了解，而且对人与空间尺度的关系有进一步的体验。

（注：本阶段在学生课余时间完成。）

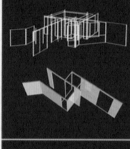

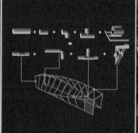

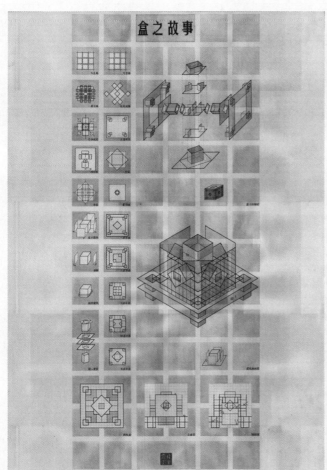

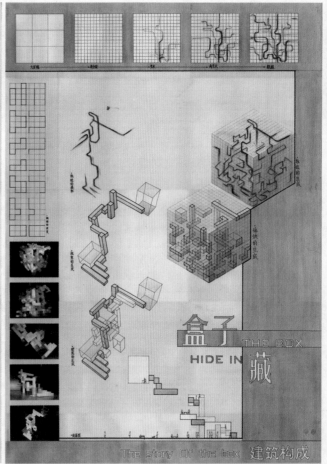

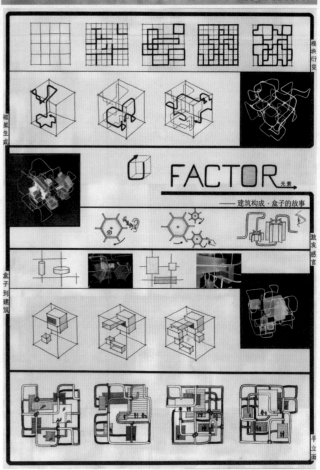

沈阳建筑大学

159

空间组织训练单元下的环境模块
——空间组织训练教案

Design Studio: Introduction to Environmental Space & Unit Combination
（二年级）

教案简要说明

二年级处于整个建筑学专业教育的入门阶段，这一阶段中，以建筑空间组织训练为主线的教学体系设置，是在一年级抽象空间认知训练基础上的递进与延伸，是三年级城市尺度的空间整合单元训练的基础和前提。二年级教学除了以建筑空间训练为教学核心，同时也加入了环境模块的教学手段，使得学生在入门阶段可以建立良好的环境观念。

教学设置：以空间组织训练为主线。二年级空间组织训练单元的教学，目的是逐步引导学生建立基本环境意识，把握人体空间尺度，掌握合理设计方法，了解合理设计过程，熟练正确建筑制图，培养创新思维习惯。

教学手段：以区域环境模块为手段。区域环境模块（REM）的设置，是提供具有地域特征的真实区域环境条件，在其中选择设计用地，完成其下的不同子题目。旨在通过大区域的环境整体性和子题目基地的相互关联性，着重培养学生掌握由环境认知入手的设计意识，通过场地分析来明确设计目标的基本设计方法。

教学过程：以阶段教学要求为组织。分为：区域环境模块讲述、公共原理讲述、场地资料调研、调研报告讨论、构思设计指导、构思设计讨论、深入设计指导、深入设计讨论、完善设计指导、完善设计讨论、成果表达指导。

艺廊印象　设计者：董威宏
折·盒——社区里的幼儿园　设计者：宋妮蔓
工业博览　设计者：李晏
指导老师：王靖　武威　刘万里　戴晓旭
编撰/主持此教案的教师：王靖

空间组织训练单元下的环境模块教学教案
The Module Teaching of the Regional Environmental Module Plans Bass on Spatial Organization of the Training Unit

教学设置
以空间组织训练为主线

整体体系架构

建筑学的本科教学是一个循序渐进的过程。在五年的专业教学中，我们将其分为基础训练、设计入门、综合提高和专业拓展四个阶段。不同的教学阶段以不同的教学重点为训练核心，从而以此设定了空间认知单元、空间组织训练单元、空间建构单元、空间整合单元、建筑专项设计深入单元和建筑综合与实践单元留个阶段性的训练单元。二年级处于整个建筑学专业教育的入门阶段，这一阶段中，以建筑空间组织训练为主线的教学体系设置，是在一年级抽象空间认知训练基础上的递进与延伸，是三年级城市尺度的空间整合单元训练的基础和前提。二年级教学除了以建筑空间组织训练为教学核心，同时也加入了环境模块的教学手段，使得学生在入门阶段可以建立良好的环境观念。

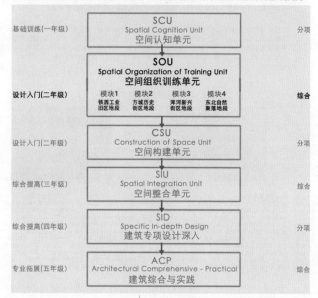

单元教学设置

二年级空间组织训练单元的教学，目的是逐步引导学生建立基本环境意识，把握人体空间尺度，掌握合理设计方法，了解合理设计过程，熟练正确建筑制图，培养创新思维习惯。空间组织训练教学体系首先明确教学目的，将设计内容划分为四个递进性训练内容，从简单空间的划分到展览空间的深入塑造，逐渐培养学生空间组织能力，并以环境模块作为题目统筹，从而能够更好的控制了教学效果。

结构主线

简单空间布置设计训练	独立居住空间设计训练	单元空间组合设计训练	小型展览空间设计训练
训练重点 人体尺度 环境意识 空间划分	**训练重点** 人体尺度 环境意识 功能分区	**训练重点** 环境意识 分区流线 使用心理 建筑形态	**训练重点** 环境意识 分区流线 建筑形态 空间塑造
训练目的 通过64+1k学时的简单空间布置设计训练，学习并初步掌握建筑空间的基本知识；包括空间的构成要素、限定方法、空间尺度等内容，熟悉人体活动的基本尺度；思考环境对建筑空间的影响；学习并掌握设计的图式表达、模型表达和语言表达技能，重点训练工具墨线技法。	**训练目的** 通过64+1k学时的独立居住空间设计训练，熟悉居住类空间功能分区和动静分区。进一步学习和掌握人体尺度和空间属性，强化由某体入手设计、以人体尺度为依据、以满足使用功能为前提的基本设计方法。进一步强化图示和模型表达能力，训练水彩渲染等技法。	**训练目的** 通过64+1k学时的单元空间组合设计训练，学习单元组合式建筑的基本组合方式。了解托幼建筑的基本设计方法，树立由心理感知出发的建筑空间、形态塑造原则。学习幼儿园、中小学校的基本功能布局，了解使用人群的行为activities特点，强化手绘制图，和模型制作能力。	**训练目的** 通过64+1k学时的小型展览空间设计训练，了解、掌握博览建筑设计与纪念性建筑的基本特点、设计原理及设计方法。培养环境意识，训练针对特殊环境进行设计能力，提高面对复杂环境条件解决问题的综合能力。培养对空间尺度、界面、序列等要素合理把握的能力。
可选题目 社区网吧 中街茶室 浑河休闲驿站 林间活动室	**可选题目** 工人居所 夹缝住宅 SOHO别墅 度假别墅	**可选题目** 工人村里的幼儿园 街区幼儿园 河畔幼儿园 山村希望小学	**可选题目** 铁西工业发展馆 方城历史展示馆 未来生活馆 森林博物馆
设计要求 以"浑河休闲驿站"为例 1. 总建筑面积控制在300㎡。（上下浮动5%） 2. 零用部分。内容包括：(1)营业厅：120㎡ (2)门厅：15㎡。(3) 柜台：15㎡。(4) 卫生间：12㎡。 3. 辅助部分。内容包括：(1)制作间：15㎡。(2) 库房：8㎡。(3) 办公室：(4) 更衣室：10㎡。(5) 卫生间：6㎡。	**设计要求** 以"SOHO别墅"为例 总建筑面积不超过350㎡。（上下浮动5%） 起居室20~40㎡、主卧室20~30㎡、卧室三个9~15㎡、工作间（书房）10~20㎡、餐厅6~10㎡、厨房4~8㎡、家政间 4~6㎡、佣人房8~12㎡、卫生间2~3个、4~6㎡、车库 20~40㎡，宜设置多间储藏间。	**设计要求** 以"工人村幼儿园"为例 总建筑面积1800~2000㎡。班单元130㎡、6个（活动室50㎡、寝室50平米、卫生间15㎡、衣帽间10㎡）；音体活动室1个120㎡；服务用房120㎡（医务室12㎡、隔离室8㎡、晨检室12㎡、办公室12㎡3个、资料室15㎡、厨房15㎡）；供应用房110㎡。还应设置班级室外活动场地等。	**设计要求** 以"未来生活馆"为例 总建筑面积2000~2500㎡。展室：600平方米；工 作 室：30×4平方米；接待室：30平方米；值班室：15平方米；办公室：15×2平方米；研究室30×2平方米；报告厅：100平方米；库房：40平方米；配餐室、门厅、过厅、卫生间等酌情安排。
成果表达 尺规墨线 单色水彩渲染 手工模型	**成果表达** 尺规墨线 彩色或单色渲染 手工模型	**成果表达** 尺规墨线 彩色渲染 手工模型	**成果表达** 尺规墨线（可计算机辅助制图） 彩色渲染（可计算机辅助表达） 手工模型

空间组织训练单元下的环境模块教学教案

The Module Teaching of the Regional Environmental Module Plans Bass on Spatial Organization of the Training Unit

教学手段
以区域环境模块为背景

模块教学简介

建筑设计作为分析问题和解决问题的过程，实质上就是将复杂问题分层级依次解决的过程。模块(Module)式是指解决一个复杂问题时自顶向下逐层划分成若干模块的过程。建筑设计的模块式教学是把环境、功能、结构、材料、构造、空间物理环境、生态技术等不同层级的问题进行拆解，设定对应的教学模块，在不同教学阶段挑选实施和搭接组合的教学方法，从而使得教学目的更加明确。

环境模块教学

区域环境模块(REM)的设置，是提供具有地域特征的真实区域环境条件，在其中选择设计用地，完成其下的不同子题目。旨在通过大区域的环境整体性和子题目基地的相互关联性，着重培养学生掌握由环境认知入手的设计意识，通过场地分析来明确设计目标的基本设计方法。

环境模块设定

区域环境模块教学方式下的区域环境地段作为设计题目的载体，其设定原则为：(1). 真实性。地段选择必须为真实环境。(2). 地域性。应具备地域特征，城市环境应具有一定文化底蕴或能反映城市发展过程的地段；(3). 复杂性。选址地段应包含一定比例的建成环境和自然环境，供不同题目用地选用；(4) 可达性。用地选择尽量位于本市或市域周边，以方便现场调研工作开展。

环境模块举例

模块1 铁西工业旧区地段

区域环境模块REM1——"铁西工业旧区地段"位于沈阳铁西区，这里曾经是沈阳的工业区。经历产业结构调整和城市总体发展变革，铁西区大部分工厂已经迁至城市远郊区，曾经的工业旧区只有零星片段保存下来，成为了珍贵的城市历史印记。如何在建筑设计中考虑建成环境的限制以及工业旧区的文脉影响，是这一地段选址的教学的重点。选取的区域环境地块地段面积约为470公顷，地段内拥有"劳动公园"反映铁西工业大院生活历史的"工人村旧址"、"铁西铸造博物馆"，以及遗留废弃厂房等工业特征鲜明的可利用地。本模块下空间训练设计单元的建议子题目为：A 社区网吧、B 铁西工人居所、C 铁西社区幼儿园、D 铁西工业发展馆。

区域范围图(红色标注为建议选址，学生可根据实地调研自选用地。)

模块2 方城历史街区地段

区域环境模块REM2——"方城历史街区地段"位于辽宁省沈阳沈河区。作为沈阳历史最为悠久的城区，这里曾经是满清入关之前的都城建设的核心所在。其三横三纵的方城布局如今依稀可辨。由于商业化的过度开发，加之人们对城市历史文脉体保护的意识淡薄，很多街区近些年被大型商场所代替，曾经的方城肌理破坏严重。如何在这样的重要历史城区内进行建筑的设计，平衡新旧关系，将成为了这一地段选址的教学重点。区域环境地段面积约77.8公顷，地段内保存"沈阳故宫"、"大帅府"、"中街"等重要历史建筑和街道。本模块下空间训练设计单元的建议子题目为：A 中街茶室、B 夹缝住宅、C 艺术家工作坊、D 沈阳历史博物馆。

区域范围图(红色标注为建议选址，学生可根据实地调研自选用地。)

模块3 浑河新兴街区地段

区域环境模块REM3——"浑河新兴街区地段"位于沈阳浑河新区。浑南新区是沈阳市跨浑河南向发展而形成的新区。在城市化快速发展的今天，这一区域在10年间发生了巨大的变化。区内的城市发展区已经由地产开发模式的商品小区所取代，区内的城市尺度与老城区形成鲜明的对比。如何在缺少历史文脉限制的新兴街区中发挥创作性，进行建筑设计，营造高品质的城市场所与空间，将是之一选题的教学重点。区域环境地段面积约310公顷。地段北临浑河，主要包含新建商品小区、360m宽沿河绿色景带公园以及部分大学城用地，具有典型当下中国城市发展特征。本模块下空间训练设计单元的建议子题目为：A 浑河休闲驿站、B 度假别墅、C 社区幼儿园、D 未来生活家。

区域范围图(红色标注为建议选址，学生可根据实地调研自选用地。)

模块4 东北自然聚落地段

区域环境模块REM4——"东北自然聚落地段"位于黑龙江省海林市柴河镇。柴河镇地处郁长白山脉张广岭东麓，以林业和旅游业为支柱产业。这里风景优美，以7个相邻的火山天池而闻名，作为发展较小的原生态村镇，柴河镇保存还保持着建筑脱自然地貌特征而形成的村镇空间肌理，具有较为鲜明的自然聚落特征。如何在自然环境优美、建成环境独特的北方自然聚落环境中进行建筑设计，利用当地建筑材料和施工工艺，是这一选题的教学重点。区域环境地段面积约98公顷，毗邻"卧牛天池"景区。区域内自然生态环境良好，以村落、河流、森林为自然特征。本模块下空间训练设计单元的建议子题目为：A 林间活动室、B 聚落院宅、C 村镇希望小学、D 森林博物馆。

区域范围图(红色标注为建议选址，学生可根据实地调研自选用地。)

   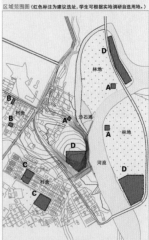

空间组织训练单元下的环境模块教学教案
The Module Teaching of the Regional Environmental Module Plans Bass on Spatial Organization of the Training Unit

沈阳建筑大学

教学过程
以阶段教学要求为组织
以一个64+1K学时设计题目为例的教学过程图示

阶段	学时(64+1K)	授课方式	授课重点	课下要求
公共原理讲述	4	年级公共课	题目的基本设计原理、地段状况、实例分析	布置场地资料调研的任务和要求
场地资料调研	4	小组现场指导	场地环境状况、相关实例现场讲解	课下完成A1图幅大小的场地与资料调研报告
调研报告讨论	4	班级公共讨论	调研报告的环境分析的综合合理性和资料内容充实度	课下小组完成选址基地环境模型
构思设计指导	12	单独指导	设计构思草图、总平面图草图绘制、草模制作	课下完成构思分析、总平面图草图、体量草模
构思设计讨论	4	班级公共讨论	从环境分析到构思设计的衔接、鼓励创造思路	
深入设计指导	16	单独指导	功能分区、交通流量、建筑形象、二草绘制	课下完成平立剖面徒手草图、形体空间模型
深入设计讨论	4	班级公共讨论	内部空间塑造、徒测草图、模型深入设计方法	
完善设计指导	12	单独指导	立面形式、材料选择、细部节点、版面制图	课下完成平立剖面工具草图、立面完善模型
完善设计讨论	4	班级公共讨论	版面制图注意事项、正图、正版表达方式	
成果表达指导	1K	单独指导	布置、版面方式与技法、模型制作与拍摄	集中周最后一天下午17点整收图

环境模块讲述
区域环境模块公共讲述课, 4学时。授课过程中主讲教师详细讲授不同区域环境的自然地理条件、建成环境特征、历史发展过程和区域文化特征。在进入环境模块训练前, 通过环境特征公共讲述课, 使学生初步了解各个区域环境设计地段的环境特征, 便于学生自主选择希望进入的环境模块。

现场环境调研
根据学生选择模块情况, 形成教学小组, 由指导教师组织学生进行实地环境调研, 课下进行。调研内容包括区域环境整体认知, 区域内重要建筑、街道、场所的重点调研, 区域内主要人群构成等。

设计原理讲述
设计题目公共原理讲述课, 4学时。设置于单元下每个设计题目教学初。内容包括设计任务书、功能要求、基本设计原理、不同用地特征和用地选取原则、设计过程与成果要求以及实例与范图讲解。

设计过程指导
应合理把握学生设计过程, 依据不同阶段设计要求, 检查设计进度, 阶段学时依据总学时调整。每个设计题目的教学过程应包含: 调研报告公共讨论; 初步构思设计辅导; 初步构思公共讨论; 构思深入设计辅导; 深入设计公共讨论; 方案完善设计辅导; 完善设计公共讨论; 设计成果表达辅导。

阶段性草图的表达

阶段性模型的表达

设计成果评定
设计成绩是对学生学习态度和设计能力的综合反映, 其由设计过程成绩(30%)、设计成果成绩(40%)和方案答辩成绩(30%)三部分构成。成果讲评包括答辩公开点评、班级内部讲评和年级集体展评三个环节。

学生作业选案

简单空间布置设计训练	独立居住空间设计训练	单元空间组合设计训练	小型展览空间设计训练

教师点评: 方案选址于浑河沿岸公园中, 设计者以灵活自由的建筑形态与环境中的道路、水体取得了和谐的关系, 以流动的空间、活泼的立面、简单的材质表现了建筑的性格。

教师点评: 作为新兴街区模块中的居住类空间设计, 作者较好的分析了临湖坡地的自然环境特征, 以错落的建筑体量形成与环境的对话, 图面表达较深入, 模型制作深度不足。

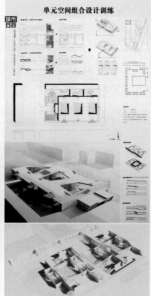

教师点评: 方案以铁西工业旧区环境模块为背景, 在工人村中设计了一个以院落组织单元空间的幼儿园。设计构思深入, 折板屋盖使得建筑形体富有变化, 并成为了儿童们游戏的平台。

教师点评: 作者在工业旧区的环境中充分考虑了建成环境的限定要素, 并以逐渐抬起的体量塑造了建筑的动态感, 内部空间设计深入, 模型制作精美, 但图示语言表达还不够充分。

3

163

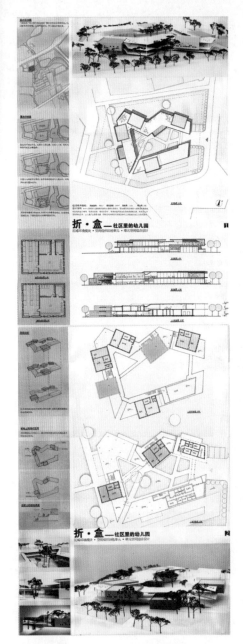

折·盒——社区里的幼儿园

折·盒——社区里的幼儿园

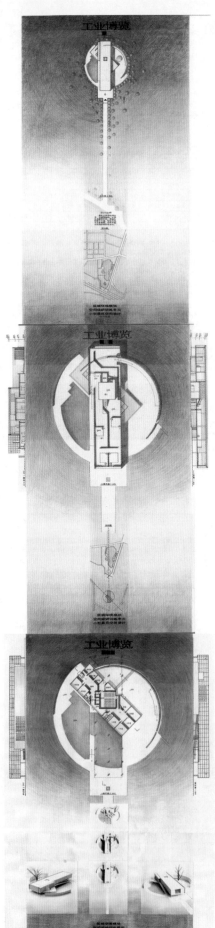

工业博览

工业博览

工业博览

艺廊印象

ART GALLERY SOHO HOUSE

艺廊印象

ART GALLERY SOHO HOUSE

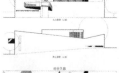

艺廊印象

ART GALLERY SOHO HOUSE

沈阳建筑大学

164

建筑专项深入设计教学教案
Design Studio: Specific & Unique Building
（四年级）

教案简要说明

　　四年级的建筑设计教学在整个教学训练体系中所处的位置是综合提高阶段。怎样使学生将所学知识加以综合运用并融会贯通，并将前三年所学的设计方法进行归纳总结并强化训练？这些都是四年级教学中要解决的问题。

　　根据四年级的专业教学要求，我们的课程在解决了"建筑技术"与"城市环境"两个问题的基础上，设置了"建筑专项深入设计"的课程内容。在 "建筑专项深入设计"训练中，按照"建筑技术专项设计"、"城市与建筑专项设计"、"历史地段保护专项设计"与"国际建筑竞赛专项设计"等不同方向设置题目，不同的设计专题各有侧重又存在一定的学科交叉，学生结合自身兴趣选择专题，在不同指导教师的辅导下，完成毕业实习前的最后一个设计题目。

高层低收入住宅设计——城市长卷　设计者：张孝廉
金山谷国际学校太阳能建筑一体化——生活·成长·可持续　设计者：李明亮　程晓
法国欧什西班牙兵营改造设计　设计者：张一功　张孝廉　李世冲　孙悦岑　高龙　王喆
指导老师：吕列克　付瑶　安艳华　吕海萍　吉军　张勇
编撰/主持此教案的教师：李绥

建筑专项深入设计教学教案
四年级建筑设计教案

一、教学体系

四年级的建筑设计教学在整个教学训练体系中所处的位置是综合提高阶段。学生进入四年级以后，绝大部分专业基础课都已学完。怎样使学生将这些知识加以综合运用并融会贯通？怎样将前三年所学的设计方法进行归纳总结并强化训练？这些都是四年级教学中要解决的问题。

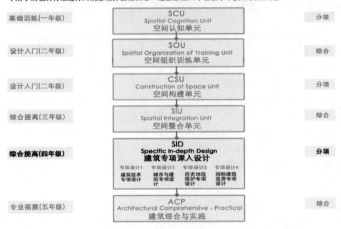

二、课程构架

根据四年级处于"综合提高"这一阶段的专业教学要求，我们的课程在解决了"建筑技术层面深化"与"城市环境层面扩展"两个问题的基础上，设置了"建筑专项深入设计"的课程内容。

在"建筑专项深入设计"训练中，按照"建筑技术专项设计"、"城市与建筑专项设计"、"历史地段保护专项设计"与"国际建筑竞赛专项设计"等不同方向设置题目，不同的设计专题各有侧重又存在一定的学科交叉，学生结合自身兴趣选择专题，在不同指导教师的辅导下，完成毕业实习前的最后一个设计题目。

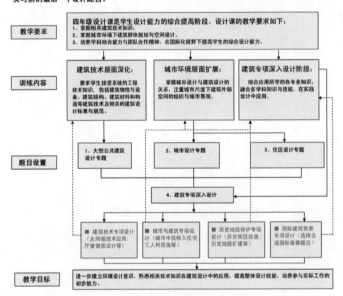

三、教学方法

以往的教学方法，包括低年级的教学方法，一般是先讲大课，讲原理，布置任务书，基地调研进行设计，深化设计，成果表达。对于高年级的学生这种方法很难让其感兴趣，尤其是原理讲授部分，教师花了很多时间讲，课后学生却很快淡忘了，效果很差。

在这个课题中我们尝试采用新的教学方法，同时也改变了学生的学习方法。新的教学方法主要体现研究性和自主性。以下是具体的方式及其与以往方式的对比：

	以往的教学方式	新的教学方式
"教"法	集中上大课，布置任务书，拿出大段时间讲授原理知识。	上大课教师只讲解课题要求，布置任务书，对于原理部分只提出知识点提纲。
"学"法	记录笔记，按照教师的讲授的原理，进行设计。	根据要点提纲学生分组收集归纳相关知识，并作成果汇报(PPT)。学生可以根据自己的兴趣点做重点研究。汇报的过程也是组与组之间学习的过程。

建筑专项深入设计教学教案

四年级建筑设计教案

四、任务书概要

■ **建筑技术专项设计**
——广州金山谷国际学校太阳能建筑一体化设计

一、选题背景

太阳能建筑一体化设计目的在于推动太阳能建筑一体化设计的结合，探索太阳能系统与建筑的最佳结合方式，是使学生利用所学习的知识解决问题的过程，有助于培养学生的创新精神和实践能力。

二、专题设计要求

1. 建筑设计：综合地段的地形条件、规划条件、规范要求；周边建筑环境、交通环境，处理好建筑总体布局、地段内外的人、车流交通布局，主次入口的设置，场地停车、绿化环境设计；正确理解相关规范与指标，组织好各功能空间的组合及主次流线关系，了解掌握相关类型建筑的基本特征；综合建筑平面、立面的设计，营造室内外协调统一的空间组合和外观造型。
2. 技术设计：鉴于公共建筑构成的综合性、复杂性，注重建筑的技术原则、技术措施及构造详图等对设计构思、空间处理的影响因素，并结合绿色、节能、生态等设计指标达到：
（1）认识并理解技术环节在设计中的主动作用，在设计初始阶段能够运用技术的思维去分析设计问题；
（2）了解并掌握多种技术设计手段，以达到灵活运用；
（3）充分激发学生的创造力，在技术设计中大胆务实地创新。

附：地形条件

■ **城市与建筑专项设计**
——中低收入住宅设计

一、选题背景

近年来，城市中低收入人群居住问题越来越成为社会关注的焦点。今后3年，中央财政将投资9000亿元，用于廉租住房、经济适用住房建设和棚户区改造。沈阳市也出台了很多相关政策，大力推进保障性住房建设。怎样使中低收入人群获得高品质的居住环境，满足他们对物质文明和精神文明的双重需要是这次设计课题主要研究的问题。

二、专题设计要求

1. 建设用地：
（1）地段：沈阳市区（具体地点由设计者确定，附件中有参考地点）。
（2）用地范围：自定，注意周边环境对基地的影响
（3）用地面积：用地面积控制在1-3公顷之间。
2. 控制性指标：
（1）容积率：2.0-4.0；
（2）建筑限高：100米；
（3）套型及面积：套型的设计可根据具体调研情况自行制定，面积可根据《沈阳市2008年解决城市低收入家庭住房困难实施方案》确定。
（4）其他配套部分内容和面积可根据设计方向和策略酌情考虑。

附：地形条件

■ **历史地段保护专项设计**
——沈阳方城博物馆建筑设计

一、选题背景

拟在沈阳路与盛京路围合处局部街区（清盛京方城故址）进行沈阳方城博物馆建筑设计，要求能够满足旅游产业开发，弘扬地域文化，保护方城文物。要求建筑设计体现时代特征并兼具传统建筑与城市空间特征，合理处理基地内部及周边新旧建筑空间关系。

二、专题设计要求

1. 建设用地：清盛京方城故址内，具体范围参见总图。
2. 规划要求：
（1）沿周边交通干道均退后道路边线6米.
（2）建筑层数二至四层，限高25米内。
3. 古建保护要求：
（1）了解并实践国际主要古建筑保护宪章、条文及相关理论。
（2）体现沈阳方城重要保护建筑相关限制性条文政策、重点明确国家及沈阳市关于沈阳故宫及总督府文物遗产保护的相关法规和政策。
（3）了解沈阳方城历史沿革、重要形制特征及其主导性规划思想与历史背景。
（4）了解并表现沈阳方城重要历史节点人文与文化背景，表达其文脉特征。
（5）学习并实践古建筑保护、再利用设计相关理论知识、合理处理新旧建筑之间的关系，有效尊重地域文脉组织适宜的城市空间与环境。

附：地形条件

■ **国际建筑竞赛专项设计**
——法国欧什西班牙兵营改造

一、选题背景

由法国拉维莱特建筑学院所创办的国际建筑院校联合设计workshop活动，至今为止已有十年的历史。从最初的法国拉维莱特学院与清华大学两所学校小规模的学术交流，发展为九所来自全球各地建筑学院学生，包括清华大学（北京-中国）汉阳大学（首尔-韩国）、拉维莱特建筑学院（巴黎-法国）、哈尔滨工业大学建筑学院（哈尔滨-中国）、庆尚道大学（晋州-韩国）及南美洲的几所建筑学院，展示自己设计理念的联合设计竞赛随着参与院校的增多，活动规模的扩大，这项活动逐渐成为促进各国师生交流互动的平台、与国际知名建筑院校教学接轨的一种手段，一种方式

二、专题设计要求

1. 城市设计要求：在设计的同时要充分考虑周边几处重要的影响因素，包括位于地段西北侧的教堂，以及西南侧的行政中心，使原有较封闭的地段经改造后，与这二者结合，成为一个开放而又极具历史文化底蕴的街区。
2. 原有建筑的保护与再利用：针对地段内现有的兵营建筑，以保护为主，可以适当进行改造利用尤其位于东侧由艾佛尔设计的钢结构屋面建筑，是极具代表性意义的一部分，在新的设计中应有所体现与强调。

（此次竞赛专项设计包括了法国欧式西班牙兵营改造与美国波士顿地区城市改造两个国际建筑设计竞赛题目。）

五、教学过程

周次	建筑技术专项设计——广州金山谷国际学校太阳能建筑一体化设计	城市与建筑专项设计——中低收入住宅设计	历史地段保护专项设计——沈阳方城博物馆建筑设计	国际建筑竞赛专项设计——法国欧什西班牙兵营改造
准备阶段 一	（1）讲解课题，布置任务书，下发知识要点提纲；（2）组织学生进行分组，确定要研究的分项知识重点；（3）教师对参考建筑的基础进行介绍讲解；（4）专题讲座问卷调查的方法	（1）讲解课题，熟悉任务书；（2）分组做基地调研，组织学生进行调研、广东气候适宜调研	（1）讲解课题设置意图，布置任务书；（2）组织学生进行分组，进行测绘辅导与讲解；（3）专题测绘的技巧进行初步测绘	（1）题目分析，布置任务书，讲解设计要求；（2）组织学生进行分组；（3）教师对设计的场地作介绍和定位；（4）学生对基地的环境条件调研
研究与概念阶段 二、三	（1）组织学生根据先前的分组进行讨论、研究，汇报；（2）引导学生在总结的基础上确定构思的切入点。	（1）在完成场地环境体验分析的基础上，结合自己对场地环境的印象与理解，拟开功能要素，在适定地段上完成"从环境形态创造与应用形态"的概念性设计；（2）建筑方案设计，根据任务要求，利用调研等方法，综合建筑空间组合及各项功能分析、拟定概念太阳能技术的确定。	（1）学生进一步测绘，根据测绘资料对测绘的部分细部研究与讨论，探讨博物馆改造的模式；（2）专题讲授历史变迁的更新与改造；（3）学生在研究的基础上确定立意，形成基本方案雏形	（1）讲解当地城市及建筑做细致研究，挖掘其中要点及特色；（2）专题讲授城市设计方法；（3）在研究的基础上确立方案。
方案比较与深化阶段 四、五	（1）协助学生明确概念，结合构思选择好适宜的研究及设计方法；（2）帮助学生选定初步设计方向，帮助学生完善任务书的细节；（3）介绍比较、模拟化设计等相关方法的特点；（4）重视培养学生理性分析能力与概念转化能力	（1）确定太阳能建筑设计竞赛的技术原则，深入分研究赛事条件及方法，掌握相应的技术应用与建筑方案的整合；（2）确定建筑设计中应用的太阳能技术措施，根据适宜的太阳能技术应用构建建筑方案，在分析基础上确定气候适宜的技术集成。	（1）学生在基本方案的基础上，深化探讨各种更新方法的适用性；（2）通过各种方案的对比，形成有特点的发展方向，并判断同各种影响因素微妙关系；（3）专题讲解新旧建筑的链接方法。	（1）在研究周围环境特点的基础上确定方案中建筑的布局和其本尺度关系；（2）推敲广场的位置和咬合方式；（3）对比不同密度对尺度和围合的影响；（4）确定各部分建筑的功能和出入口位置
设计深化阶段 六、七	（1）指导学生对方案进行深化和调整；（2）针对不同的知识要点进行研究，并结合中央辅导解题的方法；进一步分组讲解相关实例，培养学生对细节处理的能力	（1）根据采取的技术原则进行技术检验、软件模拟、或相关计算，完成技术设计深度；（2）深化太阳能建筑设计程度，调整建筑设计方案、太阳能建筑设计详图节点、技术集成要点；（3）三草制图，规范建设计思路和操作过程并形成一系列分析图文。	（1）对学生方案的空间做进一步深化，注意体现空间与造型间的组织布局；（2）对有重点的部位做进一步的考虑，特别注意建筑节点和建筑内部；（3）研究各种材料在建设计中的应用方案	（1）深入研究各部分细节；（2）研究保留部分改造的构造；（3）推敲最佳单元的布局及布置；（4）深化广场的细部的设计
设计表达阶段 八、九	（1）指导学生选择适宜的表达方式，突出构思重点；（2）注意表达的系统性、清晰性；（3）强化学生对概念深化过程的分析。	集中制图：制作方案正式模型和设计图纸。	（1）表达方式着出重点，注意新旧之间的关系；（2）分析突出历史地段的价值与更新前的活力；（3）成果描图用图表达	（1）制作模型，注意过程的表达；（2）注重空间内部的表现与表达；（3）注重分析的条理性与清晰性；（4）注意表达的完整性

建筑专项深入设计教学教案

四年级建筑设计教案

六、作业点评

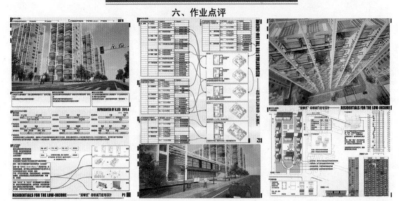

城市与建筑专项设计——中低收入住宅设计作业点评:

设计者针对中低收入人群进行深入研究,根据研究成果,作者采用菜单式分类模式对住宅户型的选择与组合深入设计,以满足不同的年龄、职业、生活方式等各方面的需要。

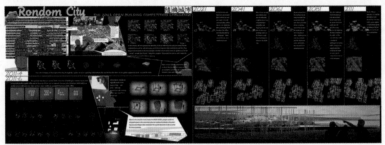

国际建筑竞赛专项设计——美国波士顿地区城市改造作业点评:

本方案在对未来城市发展预测基础上,基于四维度空间下满足不同使用需求,探讨一种可持续的拓展性、不确定性城市空间——随机城市空间模型,方案在构思与尺度上都做了较大的尝试,在空间组合上提出一定的思路与设计技巧。

不足之处在于建筑的概念过于抽象化,横数化的建筑空间略显单调与枯燥。

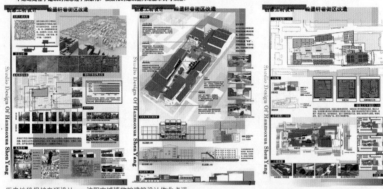

历史地段保护专项设计——沈阳方城博物馆建筑设计作业点评:

本设计充分挖掘了方城这一历史题材,对城市传统街道空间与现代发展趋势的冲撞进行深入的思考,在基地环境分析、新老建筑结合以及对传统庭院空间的发掘上都做了较深入的研究,并体现在设计方案之中;该设计空间尺度恰当,设计深度达标。

不足之处在于传统建筑文化与现代设计的结合较生硬,对大舞台历史的剖析与演变对其周围建筑改造的影响缺乏共鸣。

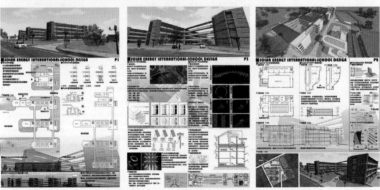

建筑技术专项设计——广州金山谷国际学校太阳能建筑一体化设计作业点评:

该设计运用院落式的空间组合方式将学校的教学区、运动区、生活区有机组合在较为缺小的用地范围内。方案运用了简洁的横向线条、大面积的遮阳板及屋面集热系统、风帽的太阳能技术应用,形成了校园建筑的一大特色。方案有太阳能技术对气候应用的可行性分析过程,并有太阳能技术应用的探索,虽技术应用的构造细节研究较粗浅,屋顶利用应加强推敲。

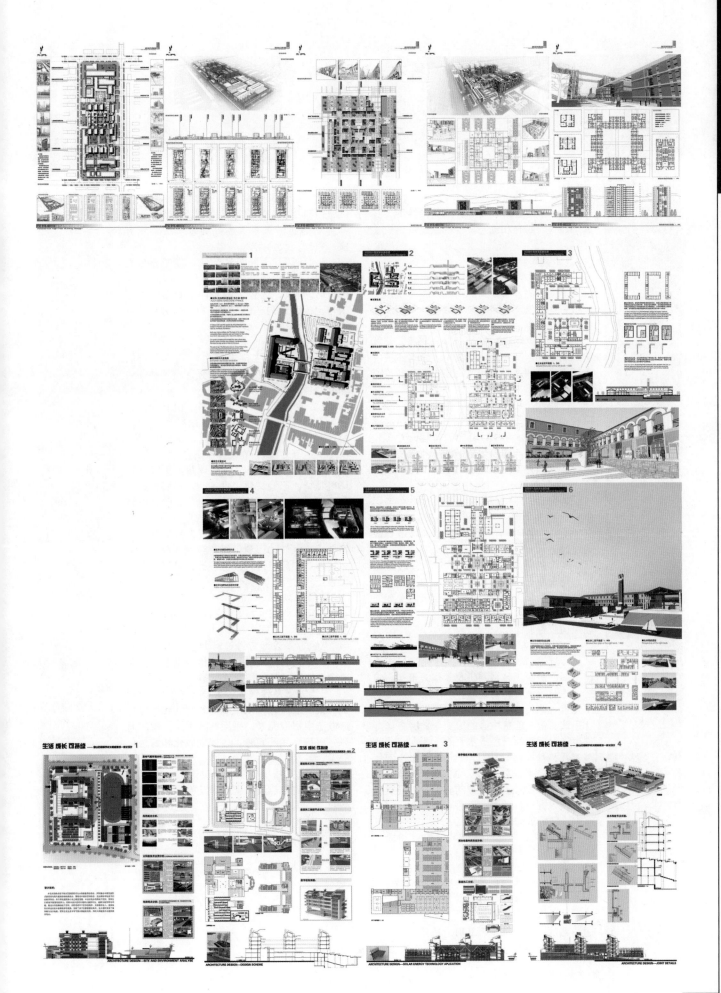

绿色与再生——图文信息中心设计教案

Design Studio:Information Center
（三年级）

教案简要说明

1.教学计划

在"适应性再利用"原则的指导下，强调地域性、绿色和动态发展的专题性建筑设计。

1.1 教学目标

首先，学习在限定条件下进行建筑改造设计。使学生理解建筑的再利用，不仅涉及建筑设计方法及材料、技术层面，更涉及建筑作为文化平台的地域性与多样性表达。

其次，以环境影响最小化为前提，理解建筑功能和空间的变化与重构，学习适应性设计方法，解决材料资源短缺，循环利用率低，建筑垃圾等问题。

最后，以绿色技术适宜性为评判标准，探讨材料构造技术，对原有建筑构件的取舍、周围环境的协调，提出设计理念并落实到建筑设计上。培养团队精神、独立思考和设计深入能力。

1.2 任务要求

结合REVIT杯竞赛，以"绿色与再生——图文信息中心设计"为题，对重庆507兵工厂中一座厂房及其周边环境进行改造设计。

改建的原则是：尽量利用原有建筑结构，尊重原有建筑形式和风格。为了适应新的功能使用要求，可以在原有建筑内部或外部适当加建或改建，加、改建的部分应遵循"可适应性设计原则"。

1.3 教学方法与课程进度

第1阶段，前期调研与方案构想。布置任务书、讲题。分组调研收集相关资料。包括：建筑资源再利用策略、厂房现状及可利用元素；绿色技术、当地民居气候适应性设计手法；图文信息中心的历史与发展方向。提出当地适宜的绿色技术手段。

第2阶段，确立设计理念和深化方向。根据调研结果，总结出三个方向：A适应性设计方向，B生态策略方向，C适应气候的传统技术方向。学生选择感兴趣的方向深化研究。教师安排专题讲座。

第3阶段，总体构思和建筑设计阶段。根据阅读介质和阅读方式的改变对流线、空间进行重组，确定建筑与环境、改加建部分与原有建筑的关系。中期要求学生介绍方案、答辩，教师点评。

第4阶段，深化表达阶段，要求充分表达自己的设计构思。

第5阶段，最终评图阶段，要求学生介绍自己的设计构思和方案，教师作最终的点评。

2.教学重点

2.1 锻炼学生自主提出问题、分析问题、解决问题的能力，同时强调资源共享和团队精神。

2.2 绿色技术适宜性选择。引导学生结合地方环境气候条件，不滥用绿色技术，解决通风、采光等问题。遵循REDUCE-REUSE-RECYCLE的设计原则。

2.3 强调对历史文化的理解。重庆地理环境独特，巴渝文化个性鲜明。吊脚楼建筑群高低错落、大小呼应，形成丰富的山城景观。

2.4 厂房墙体为青砖砌筑，桁架结构，吊车梁完好。如何利用原有结构并尊重原有建筑形式和风格进行改造设计，是第四个训练重点。

3.教学成果

几组作业都很好地达到了本课程设计深度的要求。

A组方案以适应性设计为主。选择可回收材料对内部空间进行适应性改造设计，解决资源短缺，建筑垃圾等问题。

B组方案从传统建筑和街巷空间气候解决方式汲取灵感，从吊脚楼的空间和竹材构造做法中提取元素，采用低技术手段解决通风、散热、除湿问题。达到地域化和绿色化的设计目标。

C组方案提出仿生学的动态设计概念，从植物蒸腾散热及液压原理获得绿色技术改造灵感，模拟植物实现改造后建筑的应激性，使建筑成为适应环境的"生命"体。达到人、建筑、自然的和谐统一。

读·街巷 设计者：蒋熠 郑媛 姚润杰 黄志松
含羞草 设计者：林楠 洪姗 许琦伟
动态·适应 设计者：罗声 林丰 黄晨松
指导老师：崔育新 朱卫国 马非
编撰/主持此教案的教师：崔育新 朱卫国

绿色与再生——图文信息中心 设计教案

1.教学计划

"绿色与再生——图文信息中心设计"是本科三年级的最后一个设计专题，结合REVIT杯全国大学生可持续建筑设计竞赛，在"适应性再利用"原则的指导下，强调地域性、绿色和动态发展的专题性建筑设计。

1.1教学目标

随着我国城市化进程的加快、城市功能与产业转型的逐步推进，大量位于城市建设中心区域的工业生产、仓储用地逐渐转化为开发用地，并遗留下大量类型多样的废弃、闲置工业建筑。当前我国对城市历史与文化的重新认识，以及老建筑所具有的独特魅力，使旧厂房等工业遗产的再生利用设计成为建筑界的一个设计研究的热点。

具体说来，教学目标有三：

首先通过本次课程设计，使学生理解废弃、闲置工业建筑的再利用，不仅涉及建筑设计方法及建筑技术、材料的层面，更涉及建筑作为文化平台的地域性与多样性表达。学习在限定条件下进行既存建筑改造设计，扩展建筑思考的范围和深度。

其次，让学生理解建筑功能改变带来的空间变化与重构。在延续文脉的基础上，以环境影响最小化为前提，要求学生理解建筑技术手段和时代发展而变化的建筑功能空间，学习适应性设计方法，应对该类型建筑的未来发展趋势。从而解决城市发展建设带来的材料资源匮乏，循环利用率低，大量建筑垃圾无法处理等问题。

最后，要求学生在分组调研、综合分析的基础上提出解决问题的思路，对既存建筑及周边环境的独特性进行分析，以绿色技术适宜性为评判标准，进一步探讨建筑材料构造的技术细节，通过对原有建筑构件的取舍、周围环境的协调，提出自己的设计理念并最终落实到建筑设计上。培养学生团队精神、独立思考能力和设计深入能力。

1.2任务要求

为了实现教学目标，2011年本课程结合REVIT杯全国大学生可持续建筑竞赛，以"绿色与再生——图文信息中心设计"为题，要求对重庆507兵工厂最大的一座厂房及其周边环境进行改造设计。

重庆有着悠久的军工基地的历史背景，抗战胜利前，重庆已成为中国国防工业的中心。507兵工厂库房位于虎溪电机厂内，为上世纪50年代由苏联援建的第二炮兵学校的一部分。基地位于重庆大学城巴渝职业技术学院新校区用地内，为原国有507库厂区，厂区内有保存完好的大空间厂房设施三座，厂区内生态条件优越，现状植被繁茂，古木参天。现取其中最大的一座厂房作为本次设计的范围，要求完成对该厂房的改造设计，并努力使建筑达到绿色低碳的效果。

课程规定507厂房改建的原则是：

尽量利用原有建筑结构，尊重原有建筑的形式和风格。为了适应新的功能使用要求，可以在原有建筑内部或部分加建或改建，加建和改建的部分应遵循"可适应性设计原则"。

具体功能要求表

房间分类及名称		数量(间)	建筑面积(m²)	备注
公共用房	门厅	1	150	含展览、宣传、新闻发布等
	读者休息处咖啡书沙龙	1	350	含小间式的、咖啡吧、加工间等，可根据部分设施或集中设置
阅览组成部分	目录室	1	250	可单独设置，也可合并设置
	借阅出纳处			
	咨询处			
	普通阅览室	2	共300	
	专业化阅览室	1	共300	
	期刊阅览室	1	30	
	专业研究阅览室	4	20/间	
书库	视听资料室	1	300	含大型视听室1间(150-200m²)(可兼时作为学术报告厅)、视听小间1间(30m²/间)、中小型视听室1间(30m²)、设施根据设计确定
	藏书库	1	600	设藏本书库300 m²以上，为类似设计其余书库部分分配控制阅览面积
信息中心用房	采编室	1	40	包括验收、分类、登记、编目、加工等
	中心机房	1	30	
	音像控制室	1	100	
	缩微室	1	50	
	中心控制室及机房	2	30	
办公及辅助用房	阅览室	1	50	
	会议室	1	30	
	馆长室	1	30	
	配电室	1	30	
	通讯控制中心	1	30	
其他辅助用房			自定	阅览(报刊)室使用人数参考不可超，男女60人1处大便器3个，小便器2个；女30人1处设1个大便器

1.3 教学方法与课程进度

该课程共8周，分为5个阶段：

第1阶段是前期调研与方案构想阶段。包括布置任务书、讲题、介绍重庆507厂概况，课下分三组分别调研收集相关资料。A组负责调研建筑资源的再利用策略与507厂现状及可利用的态势，B组负责调研绿色技术、当地民居的气候适应性设计手法；C组负责调研图文信息中心的历史与发展方向。通过分组调研集中汇报的方式在最短的时间内熟悉场地和周边现状；通过若干报告及课外文献阅读，了解国内、外工业建筑改造案例等环节，提出当地适宜的绿色技术环节。

第2阶段确立建筑理念和深化方向。根据调研汇报结果，总结出三个方向：A适应性设计方向，B的生策略方向，C适应气候的传统空间和时代方向。学生根据自己的理解，讲授感兴趣的方向深化研究。教师结合课程内容安排系列专题讲座：既存建筑适应性再利用"专题、"工业遗产保护、改造与再利用"专题、"建筑结构改造构思"专题、"既存建筑节能改造"专题、"建筑材料资源的可循环利用"专题。

第3阶段是总体构思和建筑设计阶段。根据阅读汇报和读者阅读方式的改变对现代图文信息中心的流线、空间组织提出的新的要求，确定建筑与环境之间的关系，确定改造和加建的部分与原有建筑的关系，进行改造和加建部分建筑设计。进行中期评图，要求学生以答辩的方式依托草图，介绍自己的设计构思和方案，其他同学提出问题，设计者回答，教师作相应的点评。

第4阶段是深化设计阶段。要求每组同学在设计图纸内充分表达自己的设计构想和具体方案。

第5阶段是最终评图阶段。要求学生在自己的图纸前口头介绍自己的设计构思和方案，教师作最终的点评。

01 任务书解读

竞赛主题： 绿色与再生-图文信息中心设计

图文信息中心是集图书馆藏、阅读、电子信息查询、多媒体展示等功能。

二、历史背景

重庆有着悠久的军工基地的历史背景，抗战胜利前，重庆已成为中国国防工业的中心。507兵工厂库房位于虎溪电机厂内，为上世纪50年代由苏联援建的第二炮兵学校的一部分。现民工厂仓库部分曾经是82所所在地。

三、场地特征

基地内部场地地势总体较为平坦，局部略有起伏。

四、建筑规模

a. 总用地面积：5728㎡左右(见原地及红线)
b. 总建筑面积：约4500㎡(可根据设计适当调配±10%)
c. 总藏书量：30万册；阅览总座位：600座
d. 建筑层数：由设计者根据设计需求自定

02 场景调查

调查结果1（当下图书馆的不同空间使用率）

阅览空间 — 图书空间
门厅空间 — 交流空间

调查结果2（人们对图书馆不同空间的需求）

读书空间 — 交流空间
娱乐空间 — 会议空间
休息空间

调查结果3（当下图书馆的主要信息载体）

纸质载体 — 电子载体
影像载体 — 传媒载体

调查结果4（你喜爱的信息载体）

纸质载体 — 电子载体
影像载体 — 传媒载体

门厅浏览读者分布
>50岁 8人
25~50岁 6人
12~25岁 12人
<12岁 2人

沙龙部分读者分布
>50岁 17人
25~50岁 19人
12~25岁 27人
<12岁 32人

阅览室读者分布
>50岁 13人
25~50岁 24人
12~25岁 31人
<12岁 4人

03 案例分析

发展定位 — 室外空间 — 室内空间

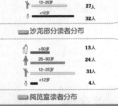

加一个门厅 — 加固构件 — 加建屋顶了

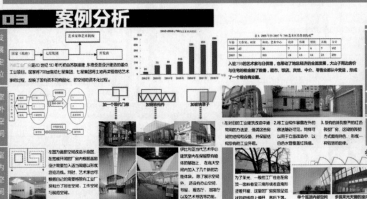

04 可行性探究

A 建筑是有生命的，这好比金龟草，有自己的系统，自有最好的流线能力组合为主。就是这样。

B 我必要求认，我觉得沉沦了。我要看到自己防波所出来影的发展，给我一条直线我就把它写写。

C 我是地球人，我也能踩，只不过是把曲线拾起回来，我觉得这次既然是改造项目，被地踏实实的改。

D 民居是硬道理。具象一下，走在现代的图书馆内，却能感受到传统的民居空间感受。多么简单，有没有？

E 通风嘛，重庆地区的特点是？那热服热热是硬道理。投解决嘛什么高科技节能技术都是浮云啊，通风才是王道。

这话说就太不爱听了，我就被那新技术让你如避浮云有时候就是王道。

G 什么是绿色？绿色是少生孩子，多种树。多种树OK？

小组讨论可行性分析
1 传统民居空间元素(绿色方法)
2 现代图文信息中心的流线、空间组织
3 根据适应气候的传统和时代方向
4 文脉(建筑融入环境)(针对形式风貌及原有的气候方向)

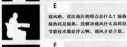

05 设计理念

001 动态适应设计

构思提炼

完整的保留旧有建筑的结构和青砖旧墙材，节材节人力引进的新材料以求与之相统一，而且是预期的，有预知的方式将废弃材而得重利用，长远角度看，是最为生态的。

环境适应性分析
空间适应性质
读者步龙
阅读空间

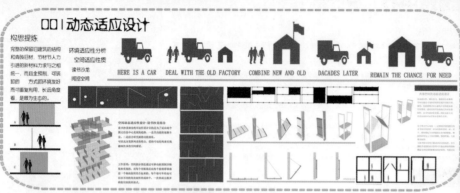

HERE IS A CAR　DEAL WITH THE OLD FACTORY　COMBINE NEW AND OLD　DACADES LATER　REMAIN THE CHANCE FOR NEED

空间动态适应所需设计，读者的身体份处处可见空间设计时随身行动动态不断之中设计方式适应自身份处处并依当份处处处的一连贯方式依份。二是设计时之建筑物部空间变化的方式所得不变空，使得可动性而随使随身所而随身。

002 街巷空间气候适宜性设计

灵感来源

Jane Jacobs在《美国大城市的生与死》中说道："当我们想到一个城市时，首先出现在脑海里的就是街道。街道沉闷城市也就沉闷。街道富有生气城市也就有生气。街道沉闷城市也就沉闷。"

传统民居的气候适应性分析

- 地板架空
- 街道转折的遮阳作用
- 内部开放
- 街巷的通风作用
- 阁楼空间
- "莲"的遮阳及空间限定作用

街巷空间在设计中的应用

适应方式：起伏
通过一系列丰富的台阶来适应山地高差的变化。

达到效果：
产生丰富的动感

适应方式：开合
街巷中不同功能的建筑往往是串连在一起的，也就决定了建筑的空间尺度的不同。

达到效果：
步移景异
层叠多样变化性

在原有核状状街巷中平面式的基础上，继续从街巷入手，丰富空间。为了适应地理环境，街道的错叠使得建筑前后都可以是街道，建筑上下错叠着不同的水平面，产生丰富独特的街巷形式和城镇空间。

街巷类型	商业街	居住街道	居住性巷道	交通性巷道
街道宽度	5~8m	3~5m	2~3m	1~2m
空间感受	舒适，精有矿产的感觉，可进行有目的的活动。	舒适，心里安全。可长时间停留，休息，闲聊。	亲切，心情放松，可短时间停留。	较压抑，可短时间通过。

民居尺度提取

003 含羞草仿生适应设计

初步构想之细胞生长

在对旧厂房的现有结构分析基础上，抓住生长和谐融合的切入点，通过对植物含羞草的系统研究提出仿生改造方向，从含羞草细胞组合入手，研究细胞功能与现有结构的共存统一。

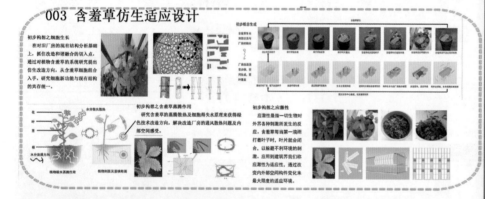

初步构想之含羞草蒸腾作用

研究含羞草的蒸腾散热及细胞得失水原理来获得绿色技术改造方向，解决改造厂房的通风散热与内部空间感受。

初步构想之应激性

应激性是指一切生物对外界各种刺激所发生的反应。含羞草每当第一滴雨打在叶子时，叶片就会闭合，以躲避不利环境的刺激。而应激性作为应激性，通过改变内外部空间构件变化来最大限度的适应环境。

06 初期成果

第一阶段 布置任务书 讲题 介绍507厂概况	第一周
	第二周
第二阶段 确立建筑理念和深化方向 选择感兴趣的方向深化研究 结合课程内容安排系列专题讲座	第三周
	第四周
第三阶段 总体构思和建筑设计 确定建筑与环境之间关系 确定地段内外的空间关系 确定改造和加建的部分与原有建筑的关系 进行改造和加建部分的设计 进行中期评图	第五周
	第六周
	第七周
第四阶段 深化表达阶段	第八周
第五阶段 最终评图阶段	

2.教学重点

2.1 分组调研与集中汇报。 锻炼学生自主提出问题、分析问题、解决问题的能力，同时强调资源共享和团队精神。

2.2 地域气候条件分析与绿色技术适宜性选择。 重庆气候的最大特点是湿热，设计过程中需要寻求适宜的方法解决建筑内部通风、采光等问题，从而提供优良的室内环境。绿色技术选择方面，引导学生尽量不滥用绿色技术的设计，排除太阳能光电板等不适宜且高成本的技术手段，探讨如何结合地方环境气候条件，遵循REDUCE REUSE RECYCLE的3R设计原则。

2.3 强调对历史文化的理解。 设计应充分尊重历史文化。重庆拥有独特的地理环境，巴渝文化个性鲜明。该地区中吊脚楼构成的整体建筑群高低错落、大小呼应，形成丰富的山城建筑景观。此外，这座近代崛起的城市里还有着军工文化的印记。

2.4 建筑改造设计。 厂房建于上世纪50年代，墙体为青砖砌筑，内部为钢筋混凝土框架结构，吊车梁保存完好。因此，如何尽量利用原有建筑结构并充分尊重原有建筑的形式和风格，根据任务书要求的功能，进行改造设计，是本课程第4个训练重点。

3.教学成果

几组学生作业都很好地达到本课程建筑设计深度的要求。

A组学生方案在对适应性设计理念研究之后认为，阅读介质和读者阅读方式的改变对现代图文信息中心的功能组织、空间组织提出新的要求。随着介质由纸张向电子化的过度，阅读方式愈趋灵活，相应的阅读空间将逐渐从单一的图书贮存、阅读空间向更为灵活多变的读者沙龙、城市休闲场所和人群交流场所所转坦。空间的需求性也随之发生变化。保留厂房的结构桁架和青砖墙体，对其外部围护进行保温改造，选择轻型可回收材料对内部空间进行适应性改造设计，很好的解决了我国城市发展建设带来的资源短缺，建筑垃圾等问题。

B组学生方案在对地域气候条件和山城传统民居研究之后认为，重庆地处多雾，因而太阳能光电技术不适宜，同时三峡水电站提供了清洁的绿色水电能源。因而向传统建筑和街巷空间寻求气候适宜解决方式作为研究重点，汲取灵感，从而采用低技术手段解决通风散热除湿等气候问题，以营造舒适的具有场所情感的阅读交流空间。从重庆传统吊脚楼的空间组织方式和竹材构造做法中提取所需元素，用于本课题的内外部空间组织和构造处理。达到地域化和绿色化的知识设计目标。

C组学生方案向自然界寻求解决方式为设计理念，通过研究植物含羞草的整个生命系统，提出建筑仿生学的动态设计概念，初步确定建筑改造的方向，利用含羞草的细胞生长特点来重组建筑新功能与原有建筑结构的联系，从细胞体构成的植物蒸腾换热及液压原理来获得绿色技术改造灵感，以建筑模拟植物来实现改造后建筑的应激性，使建筑形成一个能通过自身调节来适应不同环境的"生命"体，从而更好的为不同人群提供更加舒适的空间，达到建筑与人、与自然的融合统一。

4.教学启示

4.1 提高专业技能，关注学术前沿

工业遗产的改造和再利用是当今建筑界普遍关注的课题。随着城市扩张、功能转换，以及发展模式的转变，本课程将建筑设计专业教学与学术前沿相结合，让学生通过8周的学习，不仅获得了专业技能的训练，同时也对工业遗产改造这一学科发展新课题有了初步的了解和认识。

4.2 激发兴趣，提高学生解决问题的能力

本课程强调充分发挥学生的自主精神，锻炼学生自主提出问题、分析问题、解决问题的能力。从调研开始，设计理念、技术手段的选择均由学生自主讨论决定，极大地调动了学生的设计热情。教师从宏观角度掌握设计走向，真正起到导师的作用。大部分学生经过了8周的训练，都已经达到教学要求，设计成果优良。根据他们的反馈，该课题让他们对建筑的理解更为深入，是一个很好的设计训练环节。

4.3 学术讲座拓展教学维度

教学过程中，结合课程内容与进度安排系列专题讲座，包括"既存建筑适应性再利用"专题，"工业遗产保护、改造与再利用"专题，"建筑结构改造构思"专题，"既存建筑节能改造"专题，"建筑材料资源的可循环利用"专题。专题讲座作为课程教学的重要环节，使学生更为深入地了解了工业建筑改造的最新发展状况。

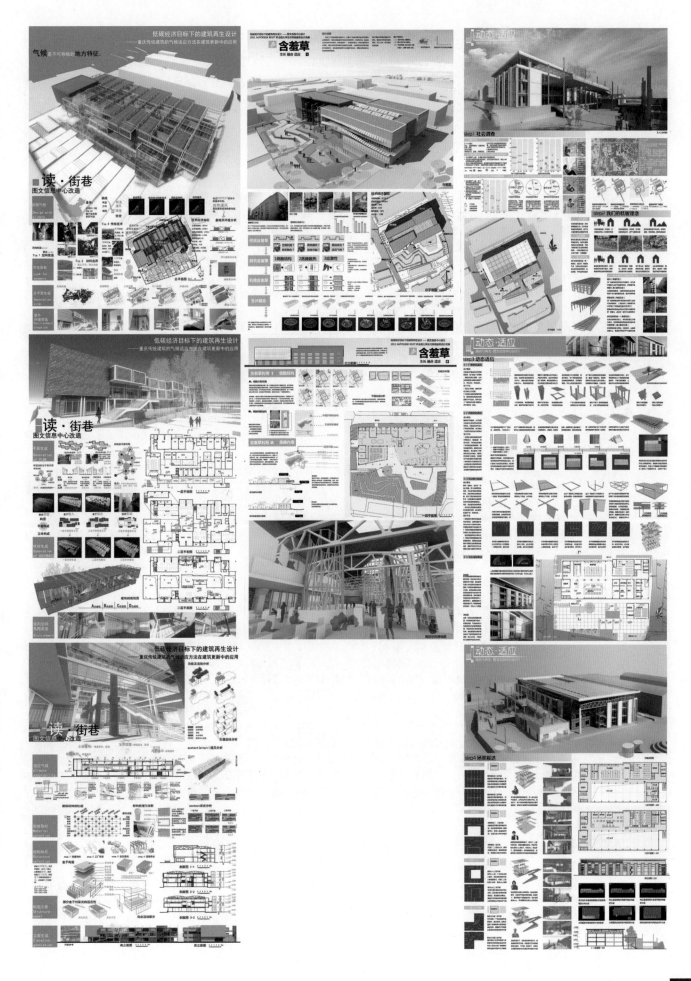

空间限定下的实际教学研究——别墅设计教案

Design Studio: Villas
（二年级）

教案简要说明

1.教学目标

别墅设计是我校二年级建筑设计系列课的第一个设计单元，是设计入门和设计基础阶段。该课注重专业基本功和设计构思训练，使学生逐步树立功能意识、空间意识和环境意识，掌握建筑设计的基本原理、基本程序和基本方法。

2.教学方式与教学流程

作为初学者，面对诸多设计中涉及的复杂要素往往比较茫然，难以把握设计重点，难以形成明确的设计构思。因此本教案重点在于从环境、功能、基础造型三个方面提出具体的限定要求，使学生有清晰的设计思路和设计方向，为今后开放性设计打下良好的基础。

3.教学周期与课时数

学期：二年级上学期（秋季）；

时长：第1周至第8周，共8周；课时：6学时/周，共48学时。

4.教学过程

4.1 问题的提出

在以往的教学中发现学生在做第一个建筑设计——"别墅设计"时，虽然积极性很高，但由于水平有限，在面对纷杂的设计要素时不知如何取舍，缺乏坚定的设计信念，往往有多个构思，无法从一而终，多是浮于表面，不能深入其中。这种状态下完成的设计，不免虎头蛇尾，收获有限。因此如何能对学生的设计思路和方向进行有效的控制，就成为这个阶段教学的重点。本教案拟从空间限定的角度，对学生的设计加以具体的控制，引导学生有一个明确的设计构思，以期有设计全过程的整体提高。

4.2 限定的作用

设计任务书从三个方面进行限定，首先限定设计思想。学生需选出所喜爱的大师作品及大师理论或设计方法，作为学习的范本，提出设计方向。其次，限定场景。本次设计将水面、树木等景观明确标出，要求设计对其作出呼应。最后，限定主造型。主功能空间为方盒子，通过方盒子的组合或切挖进行建筑的造型设计，避免学生忽圆忽方忽三角等等形状上的摇摆不定，潜心研究方体空间的虚实、主次、渗透等建筑变化。

4.3 设计的过程

思想与借鉴：见学生分析图；场地分析：见学生分析图；景观分析：见学生分析图；体块分析：见学生分析图；交通分析：见学生分析图。

4.4 深度的把握

在最后成图阶段，严把制图关，明确制图要求。

4.5 设计的效果

从教学成果来看，学生并没有因空间限定要求而不会做设计或做得千篇一律，而是丰富多彩，每个人角度既相似又截然不同，每个学生都基本设计思路清晰，收获很大。

5.教师点评

演绎流水别墅——空间限定下的别墅设计：该设计选择在溪水之上构筑建筑，以流水别墅为分析范本，将赖特的"有机理论"和中国传统的造园理论相结合，通过简单的大、小方体空间组合，完成与设定景观的对景呼应，功能合理，造型美观，结构清晰，很好地完成了设计题目给出的三个空间限定条件，是一份较优秀的设计作业。

机械·人·自然——空间限定下的别墅设计：该设计把建筑作为一种机械零件，从机械与人与自然关系的角度，探讨了看上去较为矛盾的主题，通过它们的交汇、碰撞，完成了方盒子的组合、穿插；完成了与周围环境的渗透；完成了机械材质与建筑的交融。

探究低年级利用空间构成进行别墅设计的方法——空间限定下的别墅设计：该设计从安藤的设计手法出发，探讨了低年级利用空间构成进行方体切割、穿插、渗透等完成建筑设计的方法，获得了良好的效果。步骤清晰、可行，建筑造型多变，虚实结合，对环境限定作出了明确呼应，是一份较好的设计作业。

演绎流水别墅   **设计者：**宋颖   张蕊蕊

机械·人·自然   **设计者：**沈忱

探究低年级利用空间构成进行别墅设计的方法   **设计者：**司丽琪   李铮崴

指导老师：刘寒芳   马明春   刘强   付佳

编撰/主持此教案的教师：刘寒芳

"空间限定下的设计教学研究"
——二年级上学期别墅设计教案

学生感悟

看到任务书中的地形以及景观限定，我们想起了莱特的一句话，一个建筑应该看起来是从那里生长出来的，并与周围的环境相谐一致。我们就开始思考，怎样让这个别墅自然的从山地中生长出来，我们借鉴了莱特的流水别墅的有机思想，利用与山地地形契合的纽带把三个功能盒子联系起来；同时融入中国古典园林思想，把盒子根据各个角度的对景进行了扭转，使每个房间都有良好的观景角度，而三个中国园林式小庭院也给整个建筑平添了许多情趣。经过我们两个人合作完成这一个设计，我们刚开始在思想上有过冲突与争执，但慢慢的我们发现各自的闪光点，更多的是合作的默契与彼此的信任，我们体会到团队精神的重要性，这样的合作经历对我们受益匪浅。

学生感悟

这次我的设计源于高技派的启发，试图让机械，人与自然三者融合共生，设计过程中我接触到了我以前少有了解的结构，机械等领域，阻碍自然少不了，而崭新事物的诱惑也促使我一直走下来，现在看来确实受益匪浅。

学生感悟

这次构思由探究方法出发，讨论一种构成与别墅设计结合的方式，为低年级同学初期接触建筑设计寻找一种简单易行的方法。由于不同于单纯进行设计，过程中不出意料遇到了各种难题，不期的时候也顿过，丧气过，不过坚持最后了，再回头看看这些日子所学到的，所锻炼的，真的是很值得。

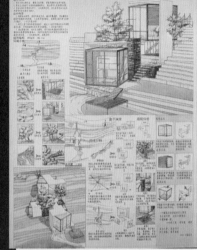

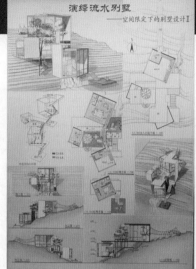

教师评语：

该设计选择溪水之上构筑建筑，以流水别墅为分析范本，将莱特的"有机理论"和中国传统的造园理论相结合，通过简单的大小方体空间组合，完成与设定景观的对景呼应，功能合理，造型美观，结构清晰，很好的完成了设计题目给出的三个空间限定条件，是一份较优秀的设计作业。

教师评语：

该设计从安藤的设计手法出发，探讨了低年级利用空间构成进行方体切割、穿插、渗透等完成建筑设计的方法，获得了良好的效果。步骤清晰、可行，建筑造型多变，虚实结合，对环境限定做出了明确呼应，是一份较好的设计作业。

教师评语：

该设计把建筑作为一种机械零件，从机械、人与自然关系的角度，探讨了看上去较为矛盾的主题，通过它们的交汇、碰撞，完成了方盒子的组合、穿插，完成了与周围环境的渗透，完成了机械材质与建筑的交融。

空间限定下的设计教学研究

-----二年级上学期别墅设计教案

一、教学目标

别墅设计是我校二年级建筑设计系列课的第一个设计单元，是设计入门和设计基础训练。该课注重专业基本功训练和设计构思训练，使学生逐步树立功能意识、空间意识和环境意识，掌握建筑设计的基本原理、基本程序和基本方法。

二、教学方法

作为初学者，面对诸多设计中涉及的复杂要素往往比较茫然，难以把握设计重点，难以形成明确的设计构思。因此本教案重点在于从环境、功能、基础造型三个方面提出具体要求，使学生有清晰的设计思路和设计方向，为今后开放性设计打下良好的基础。

整个课程分六个阶段：

1、理论讲述阶段
2、调研阶段
3、学生讲述阶段
4、草图阶段
5、成图阶段
6、设计总结阶段

三、教学周期与课时数

学期：二年级上学期（秋季）
时长：第1周至第8周，共8周
课时：6学时/周，共48学时

四、前后题目衔接

该题目为二年级第一个课题，是学生在经过一年级建筑设计基础训练的培训后，进行的首个建筑设计，是学生将一年级所学的空间构成与建筑功能、建筑环境相结合的尝试，也是对建筑结构、建筑技术的初次运用，还是对学生设计制图的考验，因此学生的工作量较大。下一个设计为幼儿园设计，训练学生重复建筑空间的使用以及小型建筑群的围合能力。

五、设计任务书

（一）、设计要求

拟在南方某风景区建筑别墅一幢，场地内有山坡、溪流可供利用，学生自选位置，使用者身份和职业特点由学生自定。建筑可做一~三层，结构形式和材料选择不限。建设地段内有水电设施，冬季采暖可采用壁炉或空调等。

空间要求

空间名称	功能要求	面积
起居空间	包含会客，起居并小型聚会等功能。	自定
餐饮空间	应与厨房有直接联系，可与起居间结合布置，空间相互流通。	自定
厨房	可设单独入口。	不小于5m2
主卧室（1间）	可考虑缓做成封闭式较理想布局，也可设为敞开。	自定
次卧室	可考虑缓做封等隔理空间。	也可不设或更多
工作空间	视使用者职业特点及特点需求，可做书房、绘画室、舞蹈室、琴房、健身房等多种空间。	自定
卫生间（1~2间）	可与主卧、次卧合置卫生间，亦可兼用。	自定
庭院	可考虑室景观设置若干景观等。	自定
停车位	可容纳小汽车二辆。	意向室露台可

以上内容供同学们参考，可根据使用者的不同特点自行调整，各部分房间面积亦可自定，总建筑面积控制在180-300 m2，平台不计面积，有柱外廊可采用柱外皮计100%建筑面积，阳台计50%建筑面积。

（二）、特殊限定要求

1、要求分析大师作品，解读名家思想，借鉴其建筑手法展开设计。
2、要求以方体盒子为基本形体构成单元空间，探讨建筑生成的理性过程。
3、要求在给定的景观条件下，自选建筑位置，使完成的建筑作品与该系列景观有内在的联系与融合。

（三）、图纸要求

总平面图（1：500），各层平面图（1：100），立面图（2个以上，1：100），剖面图（1个以上，1：100），外部透视图、室内透视图若干张，设计构思、分析、建筑经济指标，绘制在2张A1图纸上，可手绘，也可计算机出图。

（四）、时间要求 "别墅设计"进度表

阶段	周数	授课内容	教学要求
理论讲述阶段 1周	1	1、别墅的空间组成 2、别墅的功能分区 3、别墅的人流组织 4、分析国内外优秀别墅实例 5、任务书讲授	让学生了解别墅门课题的主要内容，教学安排、教学目标，要求掌握学习方法，掌握别墅设计原理。
调研阶段 1周	2	1、参观记述别墅 2、收集国内外别墅案例，解析各类别墅之关系，做小组交流。	要求学生学会自己搜集、整理资料。
学生讲述阶段 1周	3	整理参数、调查、收集的资料，制成PowerPoint文件，讲述大师作品思想，设计手绘草图草案。	锻炼学生口头表达能力
草图阶段 2.5周	4-5	辅导草图	绘制辅导草图，计算机辅助推敲空间
成图阶段 2周	6-7	专业素养上板绘图	2张A1图纸，可手绘可计算机出图
设计总结阶段 0.5周	8	学生设计汇报，教师集中点评图纸。	要求学生做设计过程总结点评总结，为今后设计打好坚实基础。

（五）、参考资料
1.《建筑设计资料集》
2.《室内设计资料集》
3.《小建筑的开始》
4、别墅、独院住宅及相关小型居住建筑实例等
5.建筑制图标准

六、教学过程

（一）、问题的提出：

在以往的教学中发现学生在做第一个建筑设计——别墅设计时，虽然积极性很高，但由于水平有限，在面对纷杂的设计要素时不知如何取舍，缺乏坚定的设计信念，往往有多个构思，无法从一而终，多是浮于表面，不能深入其中。这种状态下完成的设计，不免虎头蛇尾，收获有限。因此如何能对学生的设计思路和方向进行有效的控制，就成为这个阶段教学的重点。本教案拟从空间限定的角度，对学生的设计加以具体的控制，引导学生有一个明确的设计构思，以期自设计全过程的整体提高。

（二）、限定的作用：

设计任务书从三个方面进行限定，

首先限定设计思想。学生需选出所喜爱的大师作品及大师理论或设计方法，作为学习的范本，提出设计方向。

其次，限定场地。本次设计将水面、树木等景观明确标出，要求设计对其做出呼应。

最后，限定主题形。主功能空间均为方盒子，通过盒子的组合或切挖进行建筑的造型设计，避免学生忽圆忽方忽三角等等形状上的摇摆不定，潜心研究方体盒子的虚实、主次、渗透等建筑变化。从教学成果来看，学生并没有因空间限定要求而不会做设计或做得千篇一律，而是丰富多彩，每个人角度既相似又截然不同，每个学生都基本设计思路清晰，收获很大。

（三）、设计的过程：

思想与借鉴

设计任务书中要求分析大师作品，解读名家思想，并借鉴其建筑手法展开设计。下列三个作业从不同的设计出发点，灵活运用了大师的设计手法，并有所创新，达到了设计任务书的要求。

作品一

演绎流水别墅，借鉴其选址方式，做出位置选择，结合赖特在建筑中体现的有机思想，与自然景观相融合，使建筑充满天然气息和艺术魅力，将中国古典园林的造园方式与赖特的有机建筑理论相融合，为使用者提供良好的观景空间和赋有情趣的休憩场所。

作品二

此设计借鉴高技派思想，先从机械、人、自然，三者的关系入手，并探寻使其和谐的形式。

作品三

品味建筑大师安藤忠雄的作品，并探索其建筑平面中简单几何形体的穿插规律，安藤恰到好处得将建筑功能融于方盒子中，并赋予强大的生命力。使"几何""构成""功能"带我们迈出建筑设计的第一步。

景观分析

每个设计作业对景观的限定要求均作出了相应，根据借鉴设计手法的不同各有特点。

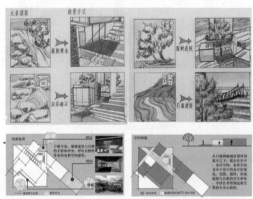

体块分析

尽管都是方形的体块，因设计出发点的不同，每个作业用方块组合、切割、联系的空间均有不同，形成高低错落、穿插渗透、各有千秋的建筑造型。

（四）、深度的把握：在最后成图阶段，严把制图关，明确制图要求。

（五）、计算机的使用：

这是困惑我们教学的一个问题，以前我们不提倡二年级使用电脑，坚持学生用手绘图，强调制作模型来辅助设计。然而随着计算机的普及，目前学生已经可以轻松的作出模型，在计算机上修改方案简单易行，因此，在此次设计中不再限制计算机的使用。

作品一

作品二

作品三

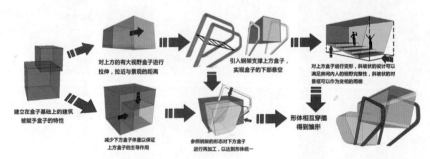

建立在盒子基础上的建筑被赋予盒子的特性

对上方的有大视野盒子进行拉伸，拉近与景观的距离

减少下方盒子体量以保证上方盒子的主导作用

引入钢架支撑上方盒子，实现盒子的下部悬空

参照钢架的形态对下方盒子进行再加工，以达到形体统一

对上方盒子进行变形，斜状的设计可以满足房间内人的视野完整性，斜状的对景框也可以作为遮挡的雨棚

形体相互穿插得到雏形

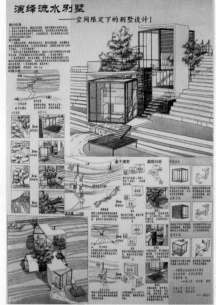

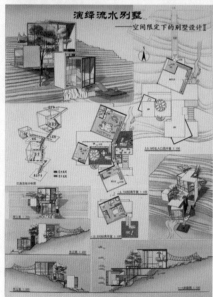

独院式小住宅设计教案
Design Studio: Detached House
（二年级）

教案简要说明

1.教学目标
结合环境的设计方法；
综合的设计方法；
完整的设计过程。
2.教学方法
集中授课与调研汇报相结合；
整体地块模型与个体方案模型相结合；
讨论汇报与公开评图相结合；
学生交流与教师辅导（师生互动）相结合。
3.本设计题目与前后题目的衔接关系
在该设计题目之前着重训练学生对环境、材料等单一问题的理解，安排了一系列关于空间环境、材料建构、造型设计方面的小型设计题目。
本设计题目是在其基础上，将环境与功能相结合，锻炼学生综合处理问题的能力。在环境设计上本题目要求学生具备从较大尺度环境入手进行方案构思的能力，了解城市规划对建筑设计的指导意义。
在掌握基本的设计方法和自然环境分析能力的基础上，该设计题目之后安排的是针对特定人群使用要求的幼儿园设计，使学生具备针对不同使用者生活规律、行为特点、心理特点展开设计的能力。
4.教学过程
8周的时间分为3个部分
第一部分：集中授课、调研汇报、任务书分析。
第二部分：包括初步构思、设计整合、深化完善。
第三部分：制图与评图。

生长　设计者：王健
环境·人·交流　设计者：古子奇
旋·影　设计者：刘明
指导老师：张洋　张天宇　宋晓丽　任娟
编撰/主持此教案的教师：刘辉　任娟　宋晓丽　张洋　闫力　张晟　张天宇

1. 教学目标：

■ 结合环境的设计方法：

　　了解建筑与环境相适应的设计原则，掌握建筑环境设计要点和设计方法，初步具备从**城市环境、地块周边环境及地块内部环境三个层面进行环境分析**，进而形成方案构思的能力，初步具备综合考设计能力。

■ 综合的设计方法：

　　巩固前三个设计题目中所学的**"环境与空间、材料与构造、建筑造型"**的设计方法，并将其综合运用于本设计题目。了解小住宅建筑的功能要求，妥善处理不同功能之间的关系；掌握小住宅室内空间尺度、家具设施的尺寸与布置方法，建立建筑尺度的基本概念。

■ 完整的设计过程：

　　逐渐熟悉并掌握建筑设计的基本过程和基本方法。初步具备方案设计的**图形表达、模型表达、语言表达**等基本技能。

2. 教学方法：

■ 集中授课与调研汇报相结合

　　教师通过集中授课讲解设计的基本知识、分析经典案例，使学生初步建立设计的基本框架。学生课下收集相关资料，调研建筑实例，分析整理后完成调研报告，并进行公开的汇报讨论。

集中授课　　　　　　　　　　资料收集与调研　　　　　　　　调研汇报

■ 整体地块模型与个体方案模型相结合

　　学生共同完成1:100的整体地块模型，对地块整体环境建立直观感受，了解所选地块与周边环境的关系，并用于以后的个体方案模型推敲。学生在设计过程中可将个人制作的方案模型放置到地块中，分析设计与地块环境及其他同学设计方案之间的关系。

1:100模型推敲　　　　　　　　模型与环境　　　　　　　　　草图构思

■ 讨论汇报与公开评图相结合

　　学生在设计过程中要进行2次左右的汇报和2-3次的组内评图，每次评图、汇报，学生都要完成一定的设计成果，评图后教师将布置下一阶段的设计目标，为设计的深化和进度的控制创造了条件。设计成果采取学生自述与教师点评的模式，学生既锻炼了表达能力，又了解了设计方案中的优点和不足，为后期的设计课程打下了基础。

公开评图　　　　　　　　　讨论汇报　　　　　　　　　讨论汇报

■ 学生交流与教师辅导（师生互动）相结合

　　鼓励学生之间的交流合作，方案讨论，在此过程中提高学生的理解能力、分析能力。在教学过程中，除少部分内容由教师详细讲解外，大部分内容教师只讲解一部分，其余内容由学生自学分析并展开讨论，或由学生按照教学思路自行寻找，再拿到小组进行讨论，教师加以综合引导，整个教学过程活跃而吸引学生。

师生互动　　　　　　　　　师生互动　　　　　　　　　工作模型展示

3. 本设计题目与前后题目的衔接关系：

　　在该设计之前着重训练学生对环境、材料等单一问题的理解，安排了一系列关于空间环境、材料建构、造型设计方面的小型设计题目，学生在该过程中只要求完成较为简单的功能。

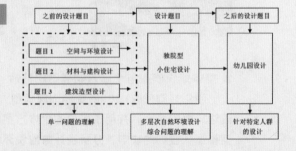

　　本设计题目是在其基础上，将环境与功能相结合，锻炼学生综合处理问题的能力。在环境设计上本题目要求学生具备从较大尺度环境入手进行方案构思的能力，了解城市规划对建筑设计的指导意义。

　　在掌握基本的设计方法和自然环境分析能力的基础上，该设计题目后安排的是针对特定人群使用要求的幼儿园设计，使学生具备针对不同使用者生活规律、行为特点、心理特点展开设计的能力。

4. 教学过程：

8周的时间分为3个部分

```
┌──────────────┐      ┌──────────────┐      ┌──────────────┐
│   设计准备阶段   │      │    设计阶段    │      │  制图、评图阶段  │
└──────────────┘      └──────────────┘      └──────────────┘
  ┌──┬──┬──┐          ┌──┬──┬──┐            ┌────┬────┐
  │集│调│任│          │初│设│深│            │制  │评  │
  │中│研│务│          │步│计│化│            │图  │图  │
  │授│汇│书│ ────▶    │构│整│修│ ────▶      │    │    │
  │课│报│分│          │思│合│改│            │    │    │
  │  │  │析│          │  │  │  │            │    │    │
  └──┴──┴──┘          └──┴──┴──┘            └────┴────┘
```

5. 任务书：

1、设计内容及要求：

（1）项目概况

拟在某一特殊环境内新建一独院型小住宅（南北方自定）。水边、山地和林地地形可任选(地形见附图)，规划要求三层以下，总建筑面积控制在280M2以内。设计要求功能合理，风格鲜明，形式多样。

（2）设计要求：

1) 从基地环境条件出发创造出具有鲜明特色的建筑形象与空间。各个地段的地形地貌特征、周边景观条件均不相同，应仔细分析地段环境特点，合理布置建筑物在地段中的位置，妥善协调建筑物与周边自然景观的关系。

2) 总平面布局合理，恰当的布置道路、室外活动空间、庭院绿化、小品及杂务院等，营造优雅舒适的居住环境。

3) 功能组织合理，布局自由灵活，空间层次丰富，尺度适宜。

4) 体型优美，尺度亲切，具有良好的室内外空间关系。

2、成果要求：

（1）图纸内容

总平面图　　1：200；　　　　首层平面图　1：100；
其它层平面图 1：100；　　　　立面图　　1：100（两个）；
剖面图　　　1：100（两个）；　　透视图不小于2#图幅，钢笔淡彩或墨线；
模型照片、前期调研及地形分析图、主要技术经济指标；
100字以内简要说明；

（2）图纸规格与要求

　　1#图纸两张。

6. 教师点评：

■ "生长"　该方案从山地、树林与湖面的环境入手，体现小住宅"生长"双方面的特性：其一是建筑"生长"于环境内，注重从外部环境到内部空间的引导；其二是环境"生长"于建筑外，注重从内部空间到外部环境的延伸。

■ "环境●人●交流"　该方案利用环境的方式较为独特，以贯穿山坡顶点、基地对角线交点以及湖面的景观轴线为方案的最大特色。此轴线将基地周边环境与内部环境串联起来，使山坡、湖面和庭院空间融为整体。

■ "旋影"　该方案的最大特点在于与环境的巧妙结合形成了丰富的内部空间，用内部的错层回应坡地环境，形成了错落有致的形体和丰富多变的空间，建筑内部仍是自然环境的一部分，将单一的小住宅设计转变为构建与自然交流的场所。

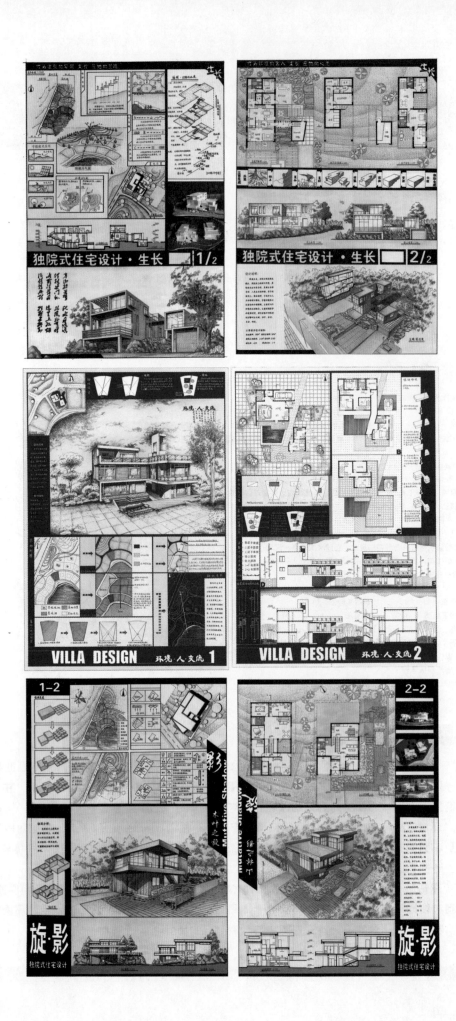

天空之下 ——空间叙事、模型表述空间

Design Studio: Introduction to Space Making & Model Training
（二年级）

教案简要说明

二年级下学期的"天空之下"教案是上学期的"从大地开始"教案的延续。二年级教案的整体设计思路是建立在：建筑是处于自然之中——大地之上，天空之下，是自然的一部分。由于它作为人类活动和社会生活的载体和传达者介入自然，从而改变着自然，使自然具有社会和历史的含义。

建筑以空间为核心，以其物质性作为成立的基础，以人的体验和感知为评判标准。空间的物质性涉及场地、结构、材料/构筑、功能计划。而人的体验以身体为参照物，以通感为基础，以时间为变量，以个体或集体的记忆为催化剂。

基础教学需要在分解训练和综合训练中寻求平衡。综合训练是为了帮助学生认识到设计是个研究的过程，是在一个系统里统筹考察和平衡的结果。而分解训练是因对教学对象的理解程度和对问题讨论的深入程度而决定的。

1."天空之下"教案的设计思路和与上学期的关联

教案分为三个阶段：诱导练习（文本与空间想象力，1.5周）、专项练习（光与展品的回响，5.5周）、综合练习（渔梁村的公共活动中心，9周）。三个练习是连续的和逐步递进的，其主导思想是以空间塑造为主体，空间训练从空间与自然的关系着手，强调空间的"叙事性"和可实施性。

教案设计以大地和天空（光、雨、水）为线索组织上学期和下学期的教案，强调的都是自然因素的社会和历史含义，强调它们是研究场地和阅读场所精神的重要组成部分。

空间的想象力是整个二年级训练的重点，但"天空之下"的教案在上学期的基础上引入1:50、1:20的模型和剖面，以及对真实材料的体验和研究，以加强空间真实建造的训练。

在场地选择上，"天空之下"教案从上学期的不可到达基地进入可到达基地研究，也从城市研究进入村落研究。

功能计划也从上学期的由教案设定，过渡到要求学生在研究基地和村落的基础上，自行确定。

结构在整个学年贯彻的是以空间结构带动力学结构的理解，教学中以结构的表达与空间概念和感知之间的关联作为研究的切入点。

材料与构筑在整个学年贯彻的是研究材料本身特性，发现其构筑潜力，与空间特征和设计策略建立关联。在下学期的教案中，强调的是对建立初步真实建造的概念，强调构筑策略与设计概念之间的关联。

2."天空之下"教案的教学目标、核心问题及训练手段

2.1 训练的目标：

（1）强调研究是设计的基础，强化学生自主分析和判断能力的培养；

（2）强化空间与自然（光、雨、水）在物质层面和社会层面上的关联；

（3）培养学生空间的想象能力，强调空间的"叙事性"。强调空间概念与空间建造之间的关联；

（4）强调模型作为推进设计的手段，而不是设计成果的表现。强调对材料的理解和运用，以及构筑方式对空间特征和空间体验的影响；

（5）培养学生阅读基地的基本方法，以及对场所的基本认知。

2.2 训练的核心问题：

（1）设计策略的来源是什么？

（2）设计策略是如何通过空间表达出来的？用何种构筑方式完成目的？

（3）如何以身体为参照物，检验空间特征？

（4）如何理解和建立建筑与自然（物质层面和社会层面）之间的互相回应？

2.3 训练手段：

（1）通过阅读和写作实现文献、理论研究与设计之间的互动，以强调设计的研究过程；

（2）不同设计媒介之间的互动；

（3）独立完成与小组合作之间的互动。

游客接待站——纬度·渔梁　设计者：卞雨晴
渔梁历史记忆——博物馆设计　设计者：朱治中
水迹——渔梁民俗展览馆设计　设计者：谭杨
指导老师：胡滨　周芃
编撰/主持此教案的教师：胡滨

天空之下　　空间叙事 模型表述空间

二年级学年 教案的设计基础

建筑系本科五年设计教学的总体目标是培养具有职业素质，同时具有创新精神的复合型人才。而二年级设计教学的定位是在一年级认知教学的基础上，引导学生进入设计学习的初步阶段。

基础教学的教案设计应该是建立在对建筑的本质和对基础教学活动的认知基础上，来设定设计题目，建立各设计题目之间的连续性和组织教学活动的。

1. 建筑是处于自然之中 - 大地之上，天空之下，是自然的一部分。由于它做为人类活动和社会生活的载体和传达者介入自然，从西次变着其栖息之中的自然，使自然"人工化"，使自然具有社会和历史的含义。正如左图升尼斯·奥本海姆 (Dennis Oppenheim) 《岩石手》所展示的，随时间的流逝，人的体验和记忆被记录、割在自然之中，浸到自然里面，进而成为自然的一部分。自然作为一个三维结构的特征不仅表现在物质层面上，而且还表现在文化和历史层面上。自然和人之间的相互作用对这两个层面都产生了影响，并且相互属于了烙印。正如卡塞 (Casey) 所强调的，记忆地点之间的联系也暗示着记忆与身体之间密切的联系，时间和空间赋予了记忆，以显示为记忆建立一个三维结构，记忆"层次"的累积与感知自然之间相互联系，从而也使自然变得"厚重"，同时因为人类活动作用于自然，自然始终处在不断改变的过程中，自然因而成为一个动态的三维结构，而非一个不变的物质实体。

2. 建筑具有自主性。它以空间为核心，以其物质性做为成立的基础，以人的体验和感知为评判标准，自然的物质性作为场地、结构、材料/构筑、和功能计划，以人的体验以人的身体为参照物，各身体感官的综合综合为基础，以时间为变量，以个体或集体的记忆为催化剂。

3. 基础教学需要在分解训练和综合训练中寻求平衡，综合训练是为了帮助学生认识到设计是个研究的过程，同时以设计策略直至细部设计是在一个系统里按筹考察和平衡的结果（包括对社会和历史的考察）。孤立思考一个问题会为设计带来很多弊端，而只分解训练是因教学对象的理解程度和对问题讨论的深入程度而决定的。

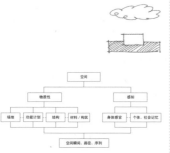

"天空之下"教案的设计思路和与上学期的衔接

1 教案的设计思路：
教案以天空为线索，主要是针对1）模型作为推动设计的手段，2）叙事性教案设计，3）设计概念生成训练等三方面而提出的，其主导思想是以空间塑造为主体，空间训练从自然与自然的关系着手，对概念来源进行分解训练，强调空间的"叙事性"和可实施性，"叙事性"和"制作"之间的关联。

2 教案的连续性和递进性：
二年级整个学年的教案是连续的，但上、下两个学期的侧重点又有所不同。

1）以大地和天空（光、雨、水）为线索组织上、下两个学期的教案，强调的都是自然因素的社会和历史含义，强调它们在研究场地和阅读体味时的重要组成部分。强化的是与自然建筑"锚固"在场地地里。

2）空间的想象力是整个二年级训练的重点，但"天空之下"的教案在上学期的基础上引入1：50、1：20的模型和剖面，以及对真实材料的体验和研究，以加强空间真实建造的训练，并建立起设计与设计策略的关联。

3）在场地选择上，以不可到达场地和可到达场地进行分类，"天空之下"教案与上学期的不可到达场地，（强调文本、影像研究）进入可到达基础地进行村落研究。

4）空间的功能计划也从单一递进到复合，从私密过渡到公共，从城市生活研究到渡到村落公共生活研究，和研究，功能计划也从上学期的教案设定，过渡到要求学生在研究基础地研究上，自行确定，其中强调、其中强调是以功能计划思想划入与人的关系，而不只是功能的便利和合理性。

5）结构在整个学年贯彻都是以空间结构带动力学结构的训练，以结构的表达与空间感知之间的关联做为研究的切入点，而不是以力学结构的分类作为教案设定的出发点，当然，在教学过程中需要针对学生在方案中采取的结构形式进行必要的训练。

6）材料与构筑在整个学年贯彻的是研究材料本身特性，发现其构筑潜力，与空间特征与设计策略建立起关联，在下学期的教案中，强调的是对真实材料的感知和塑造空间特征的潜力，同时引入构筑和节点设计，为学生建立初步的真实建造的概念。

"天空之下"教案的教学目标、核心问题、及训练手段

教案分为三个阶段，诱导练习（文本与空间想象力）、专项练习（光与展品的回响）、综合练习（渔梁村的公共活动中心），三个练习是连续的，和逐步递进的，为教学目标服务。

1 训练的目标：
1）强调研究是设计的基础，强化学生自主分析和断能力的培养；
2）强化空间与自然（光、雨、水）在物质层面和社会层面的关联；
3）培养学生空间的想象能力，强调空间的"叙事性"，以替代以往的空间组织方式。强调以身体为参照物检验给定空间的特征，并建立空间建造之间的关联；
4）强调模型作为推进设计的手段，而不是设计成果的表述，强调对材料的理解和运用，以及构筑方式对空间特征与空间体验的影响，而概念与其体的作为制作的目的；
5）培养学生阅读基地的基本方法，以及对场地所精神的基本认知。

2 训练的核心问题：
1）设计概念的来源是什么？如何生成？
2）设计概念是如何通过空间表达出来的？用何种构筑方式完成目的？
3）如何以身体为参照物，检验给定空间特征？
4）如何理解和建立空间与自然（物质层面和社会层面）之间的互相回映？

3 训练手段：
1）通过阅读和写作实现文献、理论研究与设计之间的互动，以强调设计的研究过程：
"场所"概念的初步"阅读"；
WORDS 的介入，引导学生对建筑基本概念的重新认识，以及对设计概念的抽象；
文学、影像与空间想象力之间的互动。
2）不同设计工作之间的互动。
模型为设计推进主要手段，学生在不同比例模型制作中研究不同问题；
模型与徒手手平面、剖面草图的结合，以推进设计；
模型、模型照片及空间渲染之间互动，以共同研究空间的特征；
模型表述与图纸精确表述之间互动。
空间剖面的研究。
3）独立完成与小组合作的互动。

表格：

	二年级设计课教案			
	从大地开始（上学年 16周）			天空之下（下学年 16周）
教案设计线索	抽象地形中的等候室	再现威尼斯高校	威尼斯路经中的工作室	光与展品的回响（包括诱导练习）　渔梁村的公共活动中心
	大地			光、雨、水
概念来源限定	功能计划	基地（坡地构筑、地理、生活）	基地·功能计划	材料·展品特征　基地（村落构筑、坡地、生活）＋功能计划＋材料
空间	空间的想象力			空间的想象力·空间的完成度
场地	抽象地形（抽记忆训练）	不可到达的场地·城市（抽象具有社会和历史记忆）		可到达基地（自定、抽象训练环境）　可到达的场地·村落（具有社会含义的而和水）
功能计划	单一、简化	城市生活	城市生活·私密·半公共空间	公共性：单一物品展示空间　公共性：复合性村落活动中心（功能自定）
结构		自定：空间结构、空间概念与结构的选择		自定：空间结构、空间概念与结构的选择
材料、构筑	模型材料的研究		场地·城市建造方式	真实材料、模型与空间氛围　村落建造方式＋真实建造、节点与空间氛围

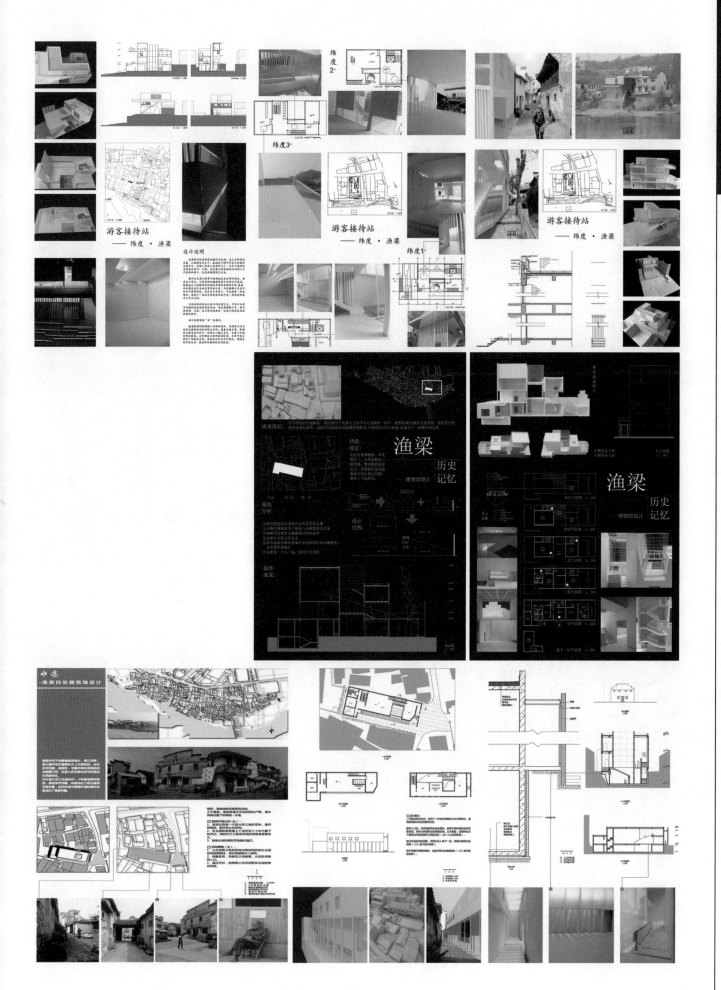

建造体验——装置制作教案
Introduction to Structure & Construction
（一年级）

教案简要说明

1.教学目的与要求

1.1 了解纸、塑料、木材、绳索、丝线等常见、常用材料的特性。

1.2 在平面构成、空间构成教学基础上，利用一定材料设计并制作有一定适用功能、视觉趣味的空间装置。

1.3 实践由材料选择到构件设计、再到模型制作的过程，巩固画法几何及阴影透视、建筑投影图式等原理，初步了解有关的结构力学、材料构造等知识。

2.教学内容与重点

2.1 讲述材料分类：软质与硬质、精质与粗质等材质，有形与无形、线材与面材等形态，自然与人工、透明与非透明等技术特点。

2.2 讲述材料特性：材料的弹性、韧性、脆性等自然本性，材料的拉伸、压缩、弯曲、剪切等力学性能，材料的可塑性、耐久性、承载力等使用特性。

2.3 指示材料形式转换过程：原生材料加工→线材、面材、块材等构件→支撑、围护、分隔、联系等构件组合→装置的结构骨架、空腔容器、界面表皮→装置。

2.4 指示材料加工及构造方式：裁剪、切割、折叠、编织、粘贴、绑扎、锯钻、穿插、榫卯、搭建等。

3.教学过程与方法

设计基础课教学计划：设置"空间构成"（形象思维训练）→"材料构成"（动作技能训练）→"建筑构成"（图式语言训练）三个阶段。

"材料构成"（建造体验—装置制作）教学程序：设置"讲述与解析"→"调研与踏勘"→"收资与选材"→"构思与物化"→"加工与测试"→"图解与交流"六个步骤。

4."装置制作"作业要求

4.1 分组：划分教学小组，5~6人/组。

4.2 踏勘：考察艺术楼中庭，选择有利于形态展示及视觉观赏的区域制作装置。

4.3 选材：建议选用纸筒、纸板、KT板、阳光板、PVC管、木条、胶合板等常用材料，采用折叠、编织、粘贴、绑扎、锯钻、穿插、榫卯、搭建等常见构造方式。

4.4 设计：构想装置形态，并提供装置设计草图与指导教师交流。

4.5 模型：根据装置设计草图制作装置空间、结构、构件、形体模型。

4.6 图式：图解装置模型。

5."装置制作"作业考评

考评内容及方式："装置制作"占作业考评成绩的50%；"模型测试"占作业考评成绩的25%；"图式解说"占作业考评成绩的25%。

作业1多功能台桌 设计者：马兰 高捷 邓俊 陈怡豪 查竹君 聂尊森
作业2三角宫殿 设计者：谢振宇 陈晓晨 马熙 韦文皓 董佳琪
指导老师：白旭 黎南 高蕾 唐黎洲
编撰/主持此教案的教师：唐黎洲

建筑学2010级 "建造体验—装置制作"

一、教学目的与要求

1. 了解纸、塑料、木材、绳索、丝线等常见材料特性。
2. 在平面构成、空间构成教学基础上，利用一定材料设计并制作有一定适用功能、视觉趣味的空间装置。
3. 实践由材料选择到构件设计，再到模型制作的过程，巩固画法几何及阴影透视、建筑投影图式等原理，初步了解有关的结构力学、材料构造等知识。

二、教学内容与重点

1. 讲述材料分类：软质与硬质、精质与粗质等材质，有形与无形、线材与面材等形态，自然与人工、透明与非透明等技术特点。
2. 讲述材料特性：材料的弹性、韧性、脆性等自然本性，材料的拉伸、压缩、弯曲、剪切等力学性能，材料的可塑性、耐久性、承载力等使用特性。
3. 指示材料形式转换过程：原生材料加工→线材、面材、块材等构件→支撑、围护、分隔、联系等构件组合→装置的结构骨架、空腔容器、界面表皮→装置。
4. 指示材料加工及构造方式：裁剪、切割、折叠、编织、粘贴、绑扎、锯钻、穿插、榫卯、搭建等。

三、教学过程与方法

设计基础课教学计划：设置"空间构成"（形象思维训练）→"材料构成"（动作技能训练）→"建筑构成"（图式语言训练）三个阶段。

"建造体验—装置制作"教学进程（第二学期、7周×8学时/=56学时）

教学环节	教学相关原理知识及技能方法	周次/学时
1.材料知识简介	讲述材料分类、特性、开发利用（如服装、家具、灯具、汽车等）。	1/4
2.相关知识讲座	建筑材料、结构、构造技术概要；	1/4
	云南乡土民居建造技艺概要；	2/4
	模型制作工具、工艺概要。	2/4
3.模型材料准备	材料市场参观、调研下模型材料选购。	课外
4.材料性能实验	分析并测试材料的自然本性、力学特性、使用性能等。	3/4
5.装置形态构想	徒手绘制装置的空间、结构、构件、形体等设计草图。	3/4
6.装置构成制作	以纸筒、PVC管、木条等线材加工、制作装置的支撑结构（骨架）	4/6
	以纸板、KT板、胶合板等面材加工、制作装置的围护构件（表皮）、分隔构件（界面）。	4-5/6
7.装置形态测试	绳索、丝线、铆钉等连接、加固线材与面材。	5/4
	查看装置的抗压能力、测试其结构承载能力。	6/4
	保护装置的结构安全与稳定、增加或减少其结构构件。	6/4
8.装置图式测试	工具线绘制装置的平面、立面、剖面等设计正图。	7/4
9.单元作业点评	综合考评装置的空间设置、结构形式、形体造型等。	7/4

"建筑设计初步课"与"建筑制图表现课"的教学单元对应

设计初步 / 制图表现	景观图象	空间构成	形式转换（暑假）	建造体验	先例解析	形态表现（短学期）
景观图例	专业概论 图案绘制					
建材图例		空间构成 模型制作				
空间图式（暑假）			形体组合 投影图式			
构件图例				装置制作 轴侧图式		
建筑图示					先例解析 透视图示	
环境图示（短学期）						作业通选 表现图示

研究问题
1. 材料性能与承载力。
2. 材料与构件的形式转换。
3. 构件与结构的形式转换。
4. 空间与结构的关系。
5. 空间的透明性、流动性、复合性等。

"平面构成"：研究图形元素、结构、变化等问题

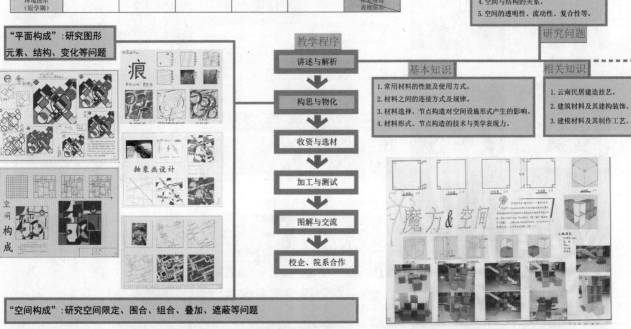

教学程序

讲述与解析 → 构思与物化 → 收资与选材 → 加工与测试 → 图解与交流 → 校企、院系合作

基本知识
1. 常用材料的性能及使用方式。
2. 材料之间的连接方式及规律。
3. 材料选择、节点构造对空间设施形式产生的影响。
4. 材料形式、节点构造的技术与美学表现力。

相关知识
1. 云南民居建造技艺。
2. 建筑材料及其建构装饰。
3. 建模材料及其制作工艺。

"空间构成"：研究空间限定、围合、组合、叠加、遮蔽等问题

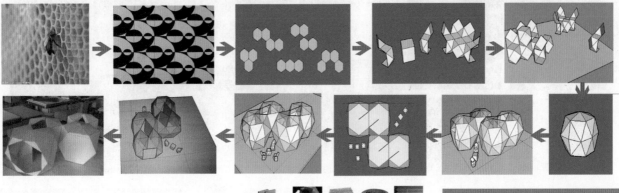

建筑学2010级 "建造体验—装置制作"

材料市场参观、调研与模型材料选购

财务明细	
瓦楞纸板	¥511
木条	¥96
玻璃胶+胶枪	¥170
五金	¥69
运费	¥121
打印费	¥26
总计	¥993

踏勘昆明理工大学艺术楼中庭

"材料构成"：以具体材料实践功能构成

一、材料的选择与加工

教学程序

- 讲述与解析
- 构思与物化
- 收资与选材
- 加工与测试
- 图解与交流
- 校企、院系合作

"板片"与"杆件"安装建造

二、构件制作

三、空间设施安装

从"板片"到"体块"安装建造

四、"装置制作"作业要求

1. 分组：划分教学小组，5~6人/组。
2. 踏勘：考察艺术楼中庭，选择有利于形态展示及视觉观赏的区域制作装置。
3. 选材：建议选用纸筒、纸板、KT板、阳光板、PVC管、木条、胶合板等常用材料，采用折叠、编织、粘贴、绑扎、锯钻、穿插、榫卯、搭建等常见构造方式。
4. 设计：构想装置形态，并提供装置设计草图与指导教师交流。
5. 模型：根据装置设计草图制作装置空间、结构、构件、形体模型。
6. 图式：图解装置模型。

五、"装置制作"作业考评

考评内容及方式："装置制作"占作业考评成绩的50%；
"模型测试"占作业考评成绩的25%；
"图式解说"占作业考评成绩的25%。

"装置制作"作业考评指标

考评等级	考评指标说明
A（90分以上）	"四项齐全"，如空间适用、结构稳定、构件精简、形体美观。
B（80~89分）	"四项合理"，如空间适用、结构稳定、构件较精简、形体较美观。
C（70~79分）	"四项较合理"，如空间较适用、结构较合理、构件较简单、形体较美观。
D（60~69分）	"四项不合理"，如空间不适用、结构不合理、构件不简单、形体不美观。
E（60分以下）	"四项不齐全"，如无适用空间，结构不稳定、构件不简明、形体不美观。

"建筑构成"：通过解析建筑先例 形式，引导建筑设计方法。

建筑分析—但丁纪念堂 DANTEUM
Architectural Analysis　Giuseppe Terragni

建筑分析—但丁纪念堂 DANTEUM
Architectural Analysis　Giuseppe Terragni

教学程序

讲述与解析 → 构思与物化 → 收资与选材 → 加工与测试 → 图解与交流 → 校企、院系合作

建构体验——多功能台桌 MULTIFUNCTIONAL DESK

【作业点评】：
以"杆件材料"和"板片材料"建造功能装置——多功能台桌。

【作业点评】：
以"板片材料"和"杆件材料"建造空间和形体——展览廊。

Triangle Palace —— 三角宫殿

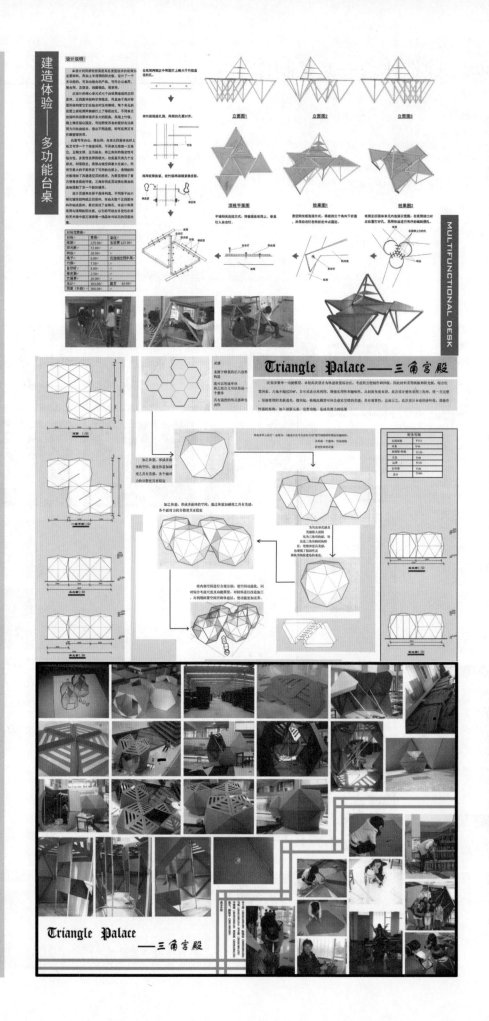

由"地方社区生活"导向基本建筑
——社区活动中心设计教案
Design Studio: Community Center

教案简要说明

二年级设计课由四个题目组成，分别是基本建筑、组合建筑、秩序建筑和逻辑建筑，都是围绕着"基本建筑"的设计来展开的，目的是通过这四个题目的训练教会学生一种基本设计的方法。其中逻辑建筑这个版块的具体内容是社区活动中心。

社区活动中心设计的教学目标是由"地方社区生活"导向"基本建筑"。

1.教学目的

了解社会学、环境心理学、行为心理学等相关知识，了解它们与建筑设计的关系并运用到设计中；

分析社区的各种特征，包括人群特征和相应的行为特征、环境特征等，了解它们与建筑设计的关系并运用到设计中；

学习场地布置和建筑外部环境的设计；

学习建筑的逻辑性，这也是本课题要重点学习的内容，包括：人的行为（尤其是人的群体行为）与建筑之间的逻辑关系；建筑与基地、建筑与周边环境之间的逻辑关系；建筑内部空间与外部空间的逻辑关系；建筑各个功能空间的逻辑关系；交通空间与功能空间的逻辑关系；建筑结构要素（梁、柱、楼板、墙等）与建筑空间及建筑构成的逻辑关系。继续进行地域建筑文化特色的探索和研究。

2.设计作业的特征和要求：

将社区生活与建筑设计结合起来，建造符合平民生活逻辑的社区中心，具体要求：

基于建筑学视角，对社区中人们的社会文化、行为心理进行较为深入的调研和分析；关注社区中的人员构成，了解不同人群的需要，发现问题并以建筑的方式予以解决：建筑、环境应满足社区居民的使用要求，反映当地气候，充分体现社区特有的文化，并反映出平民化、人性化的空间性质和氛围。

3.课程内容环节：

8个教学周+2个集中周。

第一周教学安排：前期调研、资料查询。成果要求：通过案例分析、场地调研完成调研报告。

第二、三周教学安排：方案构思。成果要求：确定场地、人群对象，完成场地模型制作、方案构思的工作模型，平面草图。

第四、五周教学安排：方案深化构思强调行为与地域环境的考虑。成果要求：明确各种空间组织的关系。

第六、七周教学安排：方案深化构思强调与地域适宜的技术。成果要求：关注建筑材料与构造、空间建构的表达。

第八周教学安排：完善深化方案。成果要求：完成定稿图。

集中周教学安排：设计表达与表现。成果要求：完成最终成果。

城中·新村——郎家营搬迁安置新社区活动中心　设计者：匡私衡
巷子情深——社区活动中心　设计者：邓丽威
肆·井——社区活动中心　设计者：杨蕊菲
指导老师：李晶源　张婕　廖静　张志军　肖晶　李武　谭良斌　徐婷婷　杨健　饶娆
编撰/主持此教案的教师：王冬

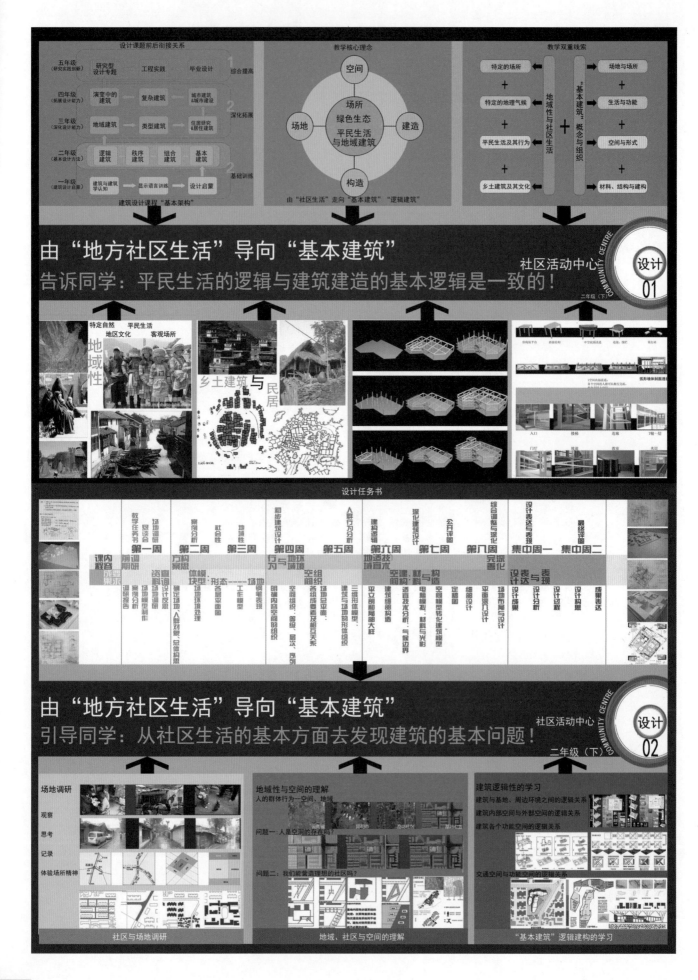

教学方法与过程

1. 教学分组
- 每个课题有两位主讲教师，每年轮换支持课题；小组教学，按照师生比，学生人数进行分组，每位教师主要负责一个小组。
- 每完成一个课程设计，小组同学不同，教师依次轮转，使每一位同学在二年教学中可分别接触4位教师。

2. 课堂组织
- 每次小组教学时间，教师必须设定一个适应该组同学的"课堂交流主题"，进行有针对性的指导。
- 教学中期与交图之前后设置"全班公开评图"和小教室内部公开评图。

3. 公开交流传统
- 每个课题结束之后或开始一个新的课题之前开展一次师生交流互动的"恳谈沙龙"。
- 每位教师轮流在课余给全年级学生做一次公开讲座。
- 每次学术交流后，更新教室内优秀作业的示范图纸。

4. 课程内容与教师科研的结合

【概念草图】

【前期方案】

【深化方案】

社区活动中心 COMMUNITY CENTRE

设计 03

由"地方社区生活"导向"基本建筑"

训练同学： 由人的基本生活切入进行建筑组织的基本方法！

二年级（下）

方案一

方案二

方案三

教师点评 通过分析该居住社区的人群特征和相应的行为特征、环境特征等等，确立了明确的设计概念，即在新的城市化社区中植入原村落的空间模式和交往空间，重塑场所记忆，营造良好的社区交往环境，消除社区的"冷漠化"危机。

教师点评 方案设计解析了这一空间现象，抽象出一种"巷"的空间结组模式，并由此生成了新的社区活动中心。设计方案在较好解决功能、流线、采光、通风、布局等基本问题的基础上，为涸畔中的企业和职工们带来了一个能够产生回忆、情感、共鸣和交往的文化活动场所。

教师点评 设计者意识到"四方街"模式与"社区活动中心"一致的"同类"关系，于是，衍生了一个以"四方街"为空间核心的乡村社区活动中心。方案基本功能、流线及空间关系良好，同时，也为乡民们提供了一个有活力的、属于他们自己的文化活动场所。

学生作业展示

空间意识下的建筑基础课题策划教案

Introduction to Building Space
（一年级）

教案简要说明

1.空间体验、认知与分析

通过用目测或身高、步幅、臂长等人体固有尺寸对校园建筑进行实物测量，体验测绘对象内外空间环境与人体尺度的关系，并考察测绘对象的人文、历史要素，作出测绘报告、空间认知、分析表达等阶段成果，并用模型还原的方法检验测绘的准确性。

在上半期对建筑二维形式表达和三维实体操作的基础上，开始对即成建筑及其内外环境进行实地测绘和空间认知，在此过程中体验建筑的空间生成与人体尺度的关系，并有意识培养学生对建筑的本体属性和历史、文化属性的初步认知，为下阶段学生进行空间操作和构成打下坚实的基础。所选作业思路清晰、条理清楚、解析准确，较好地还原了测绘对象的真实尺度与周边环境。在分析表达阶段，体现出了学生坚实的基本功。

2.限定环境的空间构成

在设定的200m²左右的基地范围（四种限定性环境要素：一树、一石、一泉、一墙），运用点、线、面、体等形式构成要素对环境进行空间的划分和创造，必须将已给定的环境要素融入整体的空间构成之中，从而为基地提供一个具有景观价值和满足人们某种视听需求的空间场所。

紧密"测绘与认知"和后一阶段"概念性建构设计"两个教学环节，由两位学生联合设计。方案强调模型在设计全过程中的推敲与运用，使学生能对空间的尺度、序列等方面展开模拟体验，同时方案重视设计的生成逻辑，始终围绕设计主题逐步推进，思路明确、条理清晰、基本功较强。

3.概念性建构

竹子四季青翠、凌霜傲雨，是古今文人墨客的象征，同时又是一种环保、节能、抗震的优质绿色建材。设计从竹材的力学性能、结构类型、空间造型等研究出发，以竹笋为空间原型，以竹构为空间结构，通过竹材的多样编织进行空间、结构、节点和形式的整体设计，体验"材料－结构－空间－形态"的互动关联及建构逻辑，力图创造一个简约、开放和优雅的竹林茶舍。

建筑认识与实地测绘　设计者：束逸天　朱丹
溯源——限定环境要素空间　设计者：游航　赵涵
幽竹轩——概念性建构　设计者：潘贵清
指导老师：阎波　刘志勇　杨威　胡俊琦　马跃峰　张翔
编撰/主持此教案的教师：阎波　马跃峰　宋晓宇

空间意识下的建筑基础课题策划 —年级空间训练教案

空间构成

教学目标
- 训练学生在限定的地形条件下，从环境分析入手进行空间组织和把握空间构成关系的能力；
- 初步培养学生在设计中的环境景观意识，体会空间、形体、人的行为以及环境要素在设计中的互动关系；
- 理解和掌握空间限定和空间组合的基本方法以及与空间关系相对应的形式审美规律。
- 认识空间尺度与人体尺度，建立尺度和比例的设计概念，运用专业图示语汇与工作模型，推进和表达设计构思与分析。

教学内容
- 在给定的环境条件下，考虑空间基本的使用要求、尺度，运用构成原理及点、线、面、体等形式构成要素，进行空间组合设计和形体设计，要求必须将已给定的环境要素——树、石、水、墙融入整体的空间构成之中，从而为基地提供一个具有景观价值和满足人们某种特定需求的空间场所。

- 在给定的基地条件中包含以下几种环境要素：
  树：一棵高10m，树冠直径为6m的古树。
  石：一块长宽高均不大于2m的奇石。
  墙：一片高2m，长6m的青石片墙，可加长。
  水：一条小溪（或一片水面），可用适当结构形式与水面产生联系。

- 环境与空间的组织应结合具体设定的行为模式进行考虑，结合点、线、面、体等形式元素的构成关系，运用连锁、邻接、向心、线性、辐射、群聚等方式对空间进行组织，建构以基本几何形体为基础的具有整体感的空间场所。

板块构架

```
          空间操作
    ┌────────┼────────┐
 空间与环境  空间与行为  空间与形态
```

课题定位：限定环境要素的空间构成
强调在环境要素的限制条件下进行空间环境的整体构成，试图解决以往"九宫格"空间构成中基于形式规律的抽象几何空间和建筑设计整体性、综合性、功能性相脱离的问题，加强构成教学与设计教学的关联度。

教学过程
阶段1：空间联想——借助文字性的空间想像与游历进行空间场景的预先感知与描述，为即将进行的空间设计勾勒一个若隐若现的轮廓。
阶段2：空间设计——通过不同比例、不同性质的模型制作来研究不同的空间设计问题，对空间、形体、人的行为、环境要素的互动关系展开思考，进而推动设计发展。
阶段3：空间体验——借助DV影像和系列照片等多种媒介进行模拟性空间体验，进而展开空间系列分析。

教学方法
- 感性与理性：采取感性与理性相交织的教学过程
- 思维与设计：从环境要素分析切入空间构成设计
- 草图与模型：借助草图和模型研究空间设计问题
- 分析与体验：模拟性空间体验辅助空间系列分析

空间生成 从环境分析出发进行空间构思与设计，将树、石、水、墙等环境要素融入整体的空间构成中

空间组织 认识一元空间的限定方式和多元空间的组织方式，结合起、承、转、合进行空间秩序的编排

空间限定 / 整体空间程序组织

空间行为 结合具体设定的行为模式进行环境与空间的划分和创造，认识空间尺度与人体尺度的关联性

空间体验 利用DV影像和系列照片等方式进行模拟性空间体验，结合分析图进行空间设计的分析与验证

下一阶段：空间建构

2

空间意识下的建筑基础课题策划 —一年级空间训练教案

空间建构

教学目标
- 通过典例分析关注"概念生成逻辑性"与"形式生成逻辑性"。
- 学习和掌握将"形式构成"原理与方法运用到具体的行为空间设计中。
- 强化环境意识与空间生成逻辑。
- 进一步学习空间与结构、材料、构造关系。

教学内容
- 对象：根据设计方案的概念生成，假定一处场所，或者选择给定的场所进行设计。
- 方法：通过对经典建筑的解析，了解方案的概念生成逻辑，并进行概念性建筑设计。
- 表达：建筑综合语汇表达（二维图示与三维模型）。

板块架构

空间建构
- 课题讲解
  - 经典建筑概念生成讲解
  - 讲解设计任务书
- 方案推敲
  - 组织分组讨论
  - 与学生一对一交流方案
- 分析表达
  - 中期评讲
  - 用讲解
  - 模型制作技法及仪器使
  - 方案表达讲解

教学组织

	课题讲解	方案推敲	分析表达
阶段目标	通过案例分析，了解设计方案概念生成的方法。	针对具体设计条件，提出方案的概念生成逻辑。掌握草图、体量模型等基本的沟通方法。	全面、清晰的表现设计概念，结合工程图纸的绘制和方案模型的制作，掌握方案表达的基本方法和逻辑。
学生任务	资料收集和整理经典建筑分析	构思方案，就设计概念与老师交流，确定设计思路。绘制草图，制作体量模型，分组讨论绘制二草。	正模制作，拍照正图绘制。
重点难点	重点：了解概念生成的意义。难点：理解经典建筑概念生成的意义。	重点：体验多方案比较的设计过程，了解方案构思生成和优化的过程。难点：理解设计概念对于方案生成作用。	重点：准确表达设计概念，工程图纸的规范性。
成果要求	模型（1:50），表现案例的空间组织和形体关系，表达必要的外部环境，必要时制作可拆装模型，材料不限。	体量模型（1:100），图纸1张A1图，设计构思及分析，总平面，平面草图。	图纸（1-2）张A1图方案总平面图（1/500-1/300）平、立、剖面图（1/50-1/100），分析图鸟视图或轴侧图，必要的剖轴侧图或剖透视图模型照片（7寸）。设计说明（100字左右）和各部分指标。

教学反馈
- 个人总结
- 班级总结
- 年级总结
- 教师发言
- 作业展示

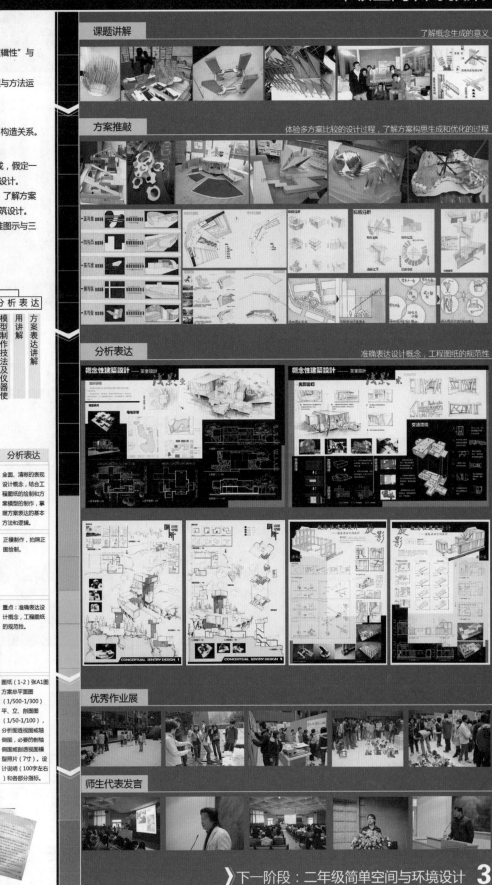

课题讲解 —— 了解概念生成的意义

方案推敲 —— 体验多方案比较的设计过程，了解方案构思生成和优化的过程

分析表达 —— 准确表达设计概念，工程图纸的规范性

优秀作业展

师生代表发言

》下一阶段：二年级简单空间与环境设计 **3**

空间意识下的建筑基础课题策划 一年级空间训练教案

核心目标

总体构架
空间与形式
- 讲解建筑基础理论知识
- 传授基本设计表达技能
- 建立初步抽象审美意识
- 培养基础三维造型能力
- 训练初级空间组织能力
- 引导适应环境整体观念

教学目标

空间认知
- 对建筑空间进行体验与认知
- 对建筑空间进行分析与表达

教学内容

1．对象：每班在以下校园建筑空间环境中选择一处或二处，进行体验、认知、测绘。
2．方法：用目测或人体固有尺寸（身高、步幅、臂长等），三角板，对建筑尺寸进行估量
3、表达：建筑综合语汇表达（二维图示与三维模型）。

板块构架

空间体验
- 人体尺度
- 实物测绘
- 模型复原

| 人体活动 | 空间尺度 | 测绘报告 | 空间认知 | 数据检验 | 模型体验 |

教学组织

	前期准备	实物测绘	模型复原	分析表达
阶段目标	了解人体尺度 熟悉测绘基本技能与方法	对测绘对象进行现场测量	模型还原测绘对象并检验绘测数据的真实性	全面、逻辑的表述测绘对象的空间、形体与环境的关系，掌握工程图绘制的方法，注意布局的形式美感
学生任务	绘制自己的人体尺度图并作出汇报	绘制测绘对象的平、立、剖面图，现场速写	手工模型制作复原测绘对象补充各种分析图	结合前几阶段的修改意见，进一步充实图纸内容，加强构图的整体效果
重点难点	重点：了解人体尺度与建筑关系 难点：掌握建筑测绘基本方法	重点：现场测绘的准确性 难点：三维实体转换为二维图纸	重点：模型制作的准确和精美程度 难点：二维图纸转换为三维模型	重点：全面、充分的展示测绘对象 难点：运用图式语言生动的展示测绘内容，图面效果的整体把握
成果要求	2#手绘一张，ppt汇报文件	1#草图纸一张绘制测绘对象的平、立、剖面图及其周边环境各种建筑内外部分析图	一：50模型还原测绘对象及其周边环境各种建筑内外部分析图	1#图纸一张，包括各种分析图；规范的总平立剖面图；建筑与环境的透视或轴测图

特色教学
- 多专业背景下的师资联合教学
- 注重学生基本功的培养
- 引导学生发现空间认知规律
- 在教学中实现对历史、社会等多重教学目标的讲解

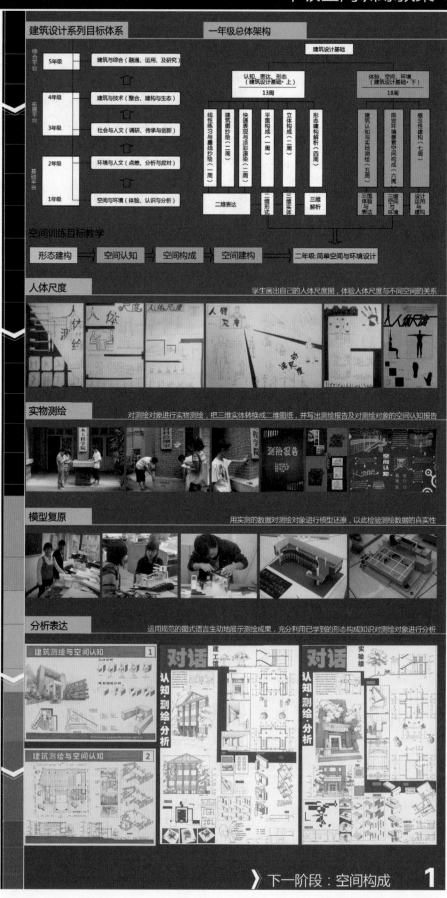

建筑设计系列目标体系　　一年级总体架构

空间训练目标教学

形态建构 ⟹ 空间认知 ⟹ 空间构成 ⟹ 空间建构　二年级：简单空间与环境设计

人体尺度
学生画出自己的人体尺度图，体验人体尺度与不同空间的关系

实物测绘
对测绘对象进行实物测绘，把三维实体转换成二维图纸，并写出测绘报告及对测绘对象的空间认知报告

模型复原
用实测的数据对测绘对象进行模型还原，以此检验测绘数据的真实性

分析表达
运用规范的图式语言生动地展示测绘成果，充分利用已学到的形态构成知识对测绘对象进行分析

建筑测绘与空间认知 1
建筑测绘与空间认知 2

下一阶段：空间构成　　1

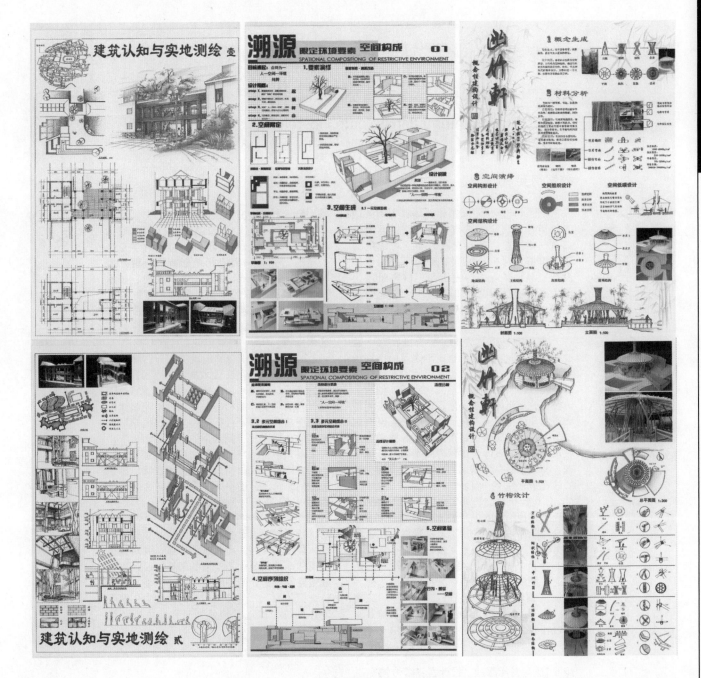

环境与空间行为研究
——国际青年旅馆建筑设计教案

Design Studio: International Youth Hostel
（二年级）

教案简要说明

1.设计选址位于城市传统场镇空间的边缘，用地一侧紧邻城市主要河流，场地内部有一定高差。项目旨在为游览古镇的青年人群提供住宿、餐饮等旅馆服务功能。设计以场地景观、历史街区、城市肌理为出发点，通过塑造西南地区传统山地院落空间，创造具有浓郁人文诉求和空间活力的场所精神。

以"三味院"为设计构思出发点，通过前院、中院、后院三进山地院落的空间组合建构旅馆空间框架。公共空间融入诸如展廊、民俗博物馆等主题性文化空间，创造了传统文化展示传承的场所，使得旅舍空间与城市文化紧密相连。设计保留的一条连接古镇与河岸的小路也让新建建筑更好地融入了城市的肌理。设计全过程思路清晰，目标明确，图纸以黑白为基调的表达方式也与方案的核心诉求保持一致。

2.设计场地位于某文化区一公园内部，场地为南面临湖的一片坡地，具备较为便利的交通条件和良好的周边自然景观。在该场地上进行国际青年旅社建筑设计，在建筑总体布局及功能设计上除应做到功能分区明确、方便管理、强调空间亲水性等要求外，还应注重环境性、经济性、自助性、文化性。强调室外休闲场地与内部建筑功能紧密结合，结合场地优势，为旅游者提供一个轻松、亲近自然、充满情趣的场所。

所选作业的设计者通过详尽的前期调研，对用地现状和青年旅社特点有了充分的了解。充分利用原始地形特征，置入旅社功能进行了设计。在建筑、景观、技术三者中取得较好的平衡。空间丰富同时能较好的满足功能要求。图纸表达到位，表现力强。学生有较强的设计水平和较好的艺术修养。

3.场地位于南方某山地城市一古镇的滨江区域，场地内存在较大高差，周围拥有良好的临江景观视野，在场地中选择适宜范围设计一国际青年旅社——可以为使用者提供舒适便捷的用餐及住宿环境。设计概念取自当地的建筑以及空间习俗的六个"印象"，将其融入于空间场所之营造及建筑造型设计中，并运用现代材料与适宜技术诠释传统建筑空间之意境，使得建筑整体既与古镇风格相互对话，又不失现代感。

学生在设计前期进行了详细的场地调研，所提出的设计概念及功能组织模式较好地体现了其对旅馆类建筑的理解，并对建筑与周边场地关系作了恰当的解答；设计方案建筑空间丰富，造型恰当地表达了新、老建筑之间的关系，并具有较强的表现力；图纸表达到位，体现了较强的研究能力以及设计水平。

作业1国际青年旅社　设计者：张恒恒
作业2国际青年旅社　设计者：杜百川
作业3国际青年旅社　设计者：尹鲲

指导老师：左力　林桦　陈静　刘彦君　陈俊　李骏
编撰/主持此教案的教师：李骏　刘彦君　左力

环境 与空间行为研究
—建筑环境意识进阶训练系列课程之四：**国际青年旅馆** 建筑设计教案 **2**

教学阶段：二年级下期	教学周期：9周	教学专业：建筑学、城市规划、景观建筑学	教学时间：第10教学周至第18教学周

教学阶段目标与课程选题

课题阶段目标：环境与空间行为研究

将对场地的适应作为建筑设计教学的基本任务，引导学生将设计的关注点从建筑外部环境的自然形态逐渐扩大到人文环境，并认识到自然环境要素人文环境要素的密切关联及对人们建造活动的影响，从而帮助学生建立整体的环境概念和与之对应的过程性设计方法。

课程选题要求：功能综合性、环境多重性、空间多样性

在课题设置上，建筑功能和场地景观条件随着教学训练目标的深入而逐渐复杂，选题和选址应有利于体现建筑本身所应具备的社会、时代与地域属性，体现设计思维与实际场地、实际建造之间的联系，将建筑设计教学与更加整体的环境概念相结合，为学生提供更广阔的设计视野和更具地域性的整体设计方法。

教学重点难点：

环境行为研究的深入、总体构思能力的加强、建筑核心问题的解决
基本技术概念的了解、设计基本方法的掌握、专业表达能力的深化

课程功能载体：

教学年份：

2002年	2004年	2008年	2008年	2010年
中型宾馆建筑设计	外国专家招待所	山地院落一旅游度假馆	滨水院落一会议培训中心	国际青年旅馆建筑设计

课程环境载体： 自然型环境/城市型环境（多地块自主选择环境类型和自主确定用地范围）

教学内容与教学组织模式

环境 与空间行为研究
—建筑环境意识进阶训练系列课程之四：国际青年旅馆 建筑设计教案

3

| 教学阶段：二年级下期 | 教学周期：9周 | 教学专业：建筑学、城市规划、景观建筑学 | 教学时间：第10教学周至第18教学周 |

教学支撑平台与教学组织特色

■ 双向选课制度和小组教学模式
从2年级开始在所有主干设计课程体系中实行教师与学生双向选择制度和以设计小组、多课题为主要特征的Studio教学模式。

■ 阶段目标教学责任制
以阶段教学目标为核心确定年级责任教师和课题组责任教师组织教学工作。

■ 阶段评图制度和年级评定制度
阶段评图以三位教师组成评图小组，分别在二草完成阶段和正图完成阶段对学生成果进行综合点评与评定。年级评定阶段综合全年级的课程设计成果，选取最优和最差的成果样本，年级内综合评定，并组织年级优秀作业汇展。

■ 跨专业混合教学模式
二年级设计课教学采取建筑、规划、景观三个专业学生混合编组制度，专业教师的设置同样采取建筑、规划、历史、技术、景观背景的教师混合教学的模式，发挥教学专长，满足训练需求。

■ 集体备课的团队教学制度
全体任课教师集体参与教学组织与教学改革讨论，每4-5个教学小组形成成一个教学团队，在年级责任教师的组织下，各团队教师共同备课和授课，形成统一的教学计划和教学安排。

■ 教学实践环节
二年级假期的美术实习和聚落调研环节；学校组织的大学生科研训练计划及学院的计算机实验室、模型实验室、陶艺实验室对设计课形成实践支撑。

■ 相关课程支持
在二年级同期开设的《建筑设计理论与方法》、《建筑构造1》、《建筑表现》等课程从理论基础、技术概念和表现能力上对设计课形成理论支撑。

课程衔接关系

作为二年级教学的最后一个课程设计，国际青年旅馆设计在二年级的教学体系中具有承上启下的作用。课程的题目设定增加了一定的人文背景，课程训练过程既强化环境与建筑这一主题，又涉及一定的人因因素和社会背景，引导学生综合运用二年级所学知识应对相对复杂的设计背景，抓住设计要点，把握设计节奏，树立环境意识，建构环境与建筑关系。

学生作业点评

课程设计任务书摘要

一、教学目标：
1、进一步培养学生在特定环境挑战下以整体环境观念为出发点的空间组织能力与塑造能力。
2、了解旅馆建筑的选址、策划及设计程序，熟悉相关的技术规范，掌握旅馆建筑设计的基本要点及其背景知识。
3、进一步加强学生设计思维、设计程序与设计方法的综合训练。
4、提升设计深入能力与设计综合表达能力。

二、设计用地条件：
本项目用地处于某文化区临江（湖）地段，具备较为便利的交通条件和良好的周边自然景观。在给定的用地范围内选择8000 M2左右作为项目建设用地（建筑密度不大于30%）。

三、设计规模：
总用地面积：8000M²   总建筑面积：4500M²（允许5%的面积出入）
建筑层数：四层及以下
建筑间距及后退要求按当地《城市规划管理技术规定》执行

四、设计内容：
关键词：环境性、经济性、自助性、文化性
本项目是以青年人群为主要服务对象的国际化旅游度假，文化交流、考察访问等活动提供相关服务，从经济角度考虑，国际青年旅社尽量简化常规酒店的复杂公共服务设施，注重经济性，深化环保概念，推崇自助和互助的简约式高素质生活体验，并强调不同文化间的交流互动。

五、建筑主要功能及面积参考指标：
1、客房部分：建筑面积约2500M2
2、公共用房部分：建筑面积约1200M2
公共卫生间、库房、工作间等各项面积根据需要设置，其面积相应纳入各部分建筑面积之中，娱乐设施的内容及规模可根据需要增减，但应保证主要公共用房使用面积
3、后勤用房部分：建筑面积约650M2
4、设备用房部分（考虑全部进入地下部分，不列入本课题设计内容）
5、停车位：3个大型车位（地面）
公共部分功能可在保证面积的前提下根据设计具体要求作出相应修改。

六、教学阶段成果与节点控制：
二年级教学成果主要包括图纸、实体模型和数字成果三个部分。
教学阶段节点控制表

内容	开始时间	结束时间	四月		五月			六月			
			第10周	第11周	第12周	第13周	第14周	第15周	第16周	第17周	第18周
1. 熟悉题目	4.25	4.30									
2. 现场踏勘	4.25	4.30									
3. 实例分析	4.25	4.30									
4. 前期调研汇报	4.25	4.28									
5. 场地分析	4.25	5.07									
6. 构思草图	4.28	5.07									
7. 一草评图	5.03	6.11									
8. 方案深化	5.03	5.14									
9. 空间组合	5.03	5.14									
10. 二草评图	5.12	5.12									
11. 方案深化	5.16	6.11									
12. 二草评图	5.23	5.23									
13. 制图成果	5.30	6.18									
14. 模型正图	6.04	6.22									
15. 绘制正图	6.06	6.22									
16. 主要评图	6.23	6.23									

■ 主要设计构思
选取临江湖口地段，布局横跨溪流两岸，以古典诗词营造的意境为线索，采用院落式围合空间打造环境氛围。

■ 课程目标完成情况
基本完成教学目标，通过设计过程掌握了以环境与行为研究为基础的空间建构模式与应对策略。

■ 反映出的普遍问题
总体环境意识尚欠缺，设计过程中表现出从构思创意到空间建构再到空间表达全过程整体把握能力有待提高。

教学总结与反馈

■ 教学总结
在课程设计过程中，各教学小组按年级组的安排，尽量排除教师主观喜好和空间判断对学生的影响和限制，以环境和空间策略为教学核心，以引导和启发为主要教学手段，养成了学生主动调研环境、查阅规范、研究资料的习惯，培养了学生通过多方案比较形成自主的创造和判断能力，在循序渐进的学习过程中初步掌握了正确的设计程序和良好的学习习惯，同时，使学生养成通过收集和研究大量设计案例丰富自身建筑空间组织技巧和空间营造手法的学习习惯。

■ 教学反馈
课程结束后，安排了优秀作业展评和年级总结大会，组织二年级参与本课程教学的老师集体讨论，回顾教学过程，分享教学经验。任课老师也与组内学生进行交流，总结得失。对课题提出了针对性的意见。
青年旅馆与综合性旅馆功能上的区分不够明确，综合性旅馆在设计中所涉及的知识点较多，对学生综合能力要求过高，师生建议对课题规模和内容进行优化，以更明确地突出阶段教学重点。

启发式教育模式下的
空间创新思维训练

空间共享与场所活力

空间组织与环境链接

空间释放与行为融入

空间延续与文脉继承

重庆大学

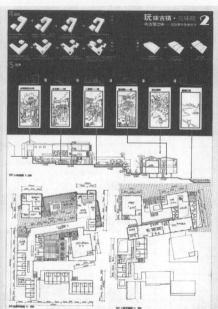

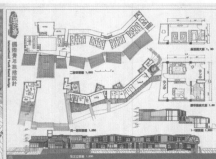

基于建筑技术与城市特征的整体设计训练
——高层建筑设计教案
Design Studio: High-rise Building
（四年级）

教案简要说明

1.设计用地位于某市中心广场，地段处于功能混合区，集文化教育、商业娱乐于一体，基地中原有动线丰富，交通便捷，人流稠密，商业氛围浓郁。设计出发点在于保留原有动线，还原人的行为。在高密度城市广场里还原人的活动。在协调大尺度城市关系的基础上，从三方面强调高层绿色节能技术：高层塔楼以可呼吸式表皮配合竖向遮阳实现塔楼本身的节能；地景式裙房以屋顶还原场地原有活动，体现节地；中心张拉膜雨水收集器结合广场喷泉形成中水系统，实现节水。在满足自身建筑低碳节能的基础上，尽力协调与周围环境的关系，减少对不同城市区域内眩光和辐射热的影响。并尝试以数字化技术配合相关软件进行定量分析对比，结合结构选型及设计，筛选不同参数控制下的建筑形体，力求实现城市环境提升。

2.设计用地位于某市商业核心区，中心商业步行街相接，基地地势南北向有一定高差，交通便捷，人流稠密，商业氛围浓郁。设计强调高层技术亦重点追求绿色环保概念，同时以该城市自身发展所具有的独特的天际轮廓线作为形态的出发点，将当代高层建筑的信息论美学价值贯穿其中，并试图加以体现。而且对建构技术以及建筑表皮技术进行了进一步的探究，并运用了相关软件对其合理性进行分析。

3.基地位于某市CBD中心区，地处繁华地带的边缘区域，周围新、旧建筑林立，两极分化明显。设计是包含高级酒店、休闲办公、商业等多种功能的综合体。方案通过集中服务的综合体连接各个功能体，来满足不同人群在不同使用时间段的需求，以达到城市最高的运作效率。其中核心体是包含饮食、超市、娱乐、会展、健康美容、疗养等功能的服务体，它不仅是一个单独的完整体系，还对其他各个功能体有着最高的可达性与服务性。最终各个功能体块组合，形成追求品质与高效的城市综合体。

契合 城市综合体设计　设计者：祝乐　俞策皓
矩阵革命 城市核心区高层商务中心建筑设计　设计者：陈功　蒋力
盒子城市 城市中央商务区高层综合体建筑设计　设计者：戴林娜　Do Hai Yen（杜海燕，越南）
指导老师：王琦　褚冬竹　黄颖　陈纲　孟阳　田琦
编撰/主持此教案的教师：褚冬竹　王琦　黄颖

重庆大学

基于建筑技术与城市特性的整体设计训练
TEACHING PLAN AND SCHEDULE OF HIGH-RISE BUILDING DESIGN

知识整合
四年级高层建筑设计教案

基本指导原则
教学总体目标
课程内容
设计步骤及训练
教学结构组成
教学方法
设计任务书

教学体系 》》 SYSTEM
五年的教学规划

建筑设计系列目标体系	综合平台	五年级	时间与综合	融合 运用 研究
	拓展平台	四年级	城市与技术	整合 构建 生态
		三年级	社会与人文	调研 传承 创新
	基础平台	二年级	环境与行为	调查 分析 应对
		一年级	空间与形式	体验 认知 分析

在四年级教学中,"高层建筑设计"是一个极为重要的环节,对于学生理解城市的复杂性、系统性并提出解决方案起着关键性的作用。教学开展需按照循序渐进、专题讲授的形式进行。

教学总体目标 》》 GOALS

📥 教师教学目标
巩固发展基本能力 ········ 强化技术地域意识
逻辑关系和理性进程 ········ 整体与研究意识

📥 学生训练目标
提高思维多向扩展 ········ 相关专业综合协调
综合设计与创意能力 ········ 强化计算机专业软件

本课程的设置,是为了使学生了解和掌握高层建筑设计的相关设计理论与设计方法:认识高层建筑设计和城市空间环境的相互关系及影响,提高在建筑设计中综合运用结构、设备等相关专业知识的能力,培养学生与其他工种的配合意识。

课题背景 》》 BACKGROUND

(1) 高层建筑的发展历史和概况

(2) 高层建筑与城市空间形象的关系和高层建筑的分类原则

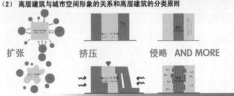

扩张   挤压   侵略 AND MORE

本设计在四年级教学体系中的关系   STRUCTURE 》》 课程构架表

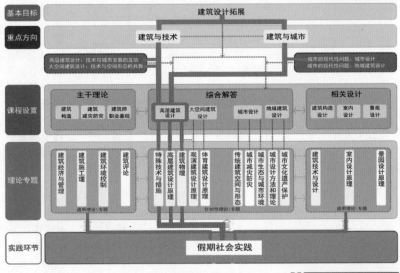

基本目标 —— 建筑设计拓展
重点方向 —— 建筑与技术 —— 建筑与城市
课程设置 —— 主干理论 / 综合解答 / 相关设计
理论专题
实践环节 —— 假期社会实践

PRINCIPLES 》》 基本指导原则

1 整合性 需引导学生明确,四年级是整个五年建筑学教育整体框架中重要的一个环节,紧密依托于前三年的基础教育。

3 系统性 课程设置围绕总体目标,系统性地选择设计类型,使学生逐步、系统、全面地掌握设计知识和提高设计能力。

2 相关性 四年级目标重点在于强化学生"建筑设计的拓展";课程的贯彻与实施需与其它相关工程学、社会学和人文学等的教学相配合,并应经常保持各学科间教学信息的互通。

4 多样性 课程设计的选题围绕教学目标,在每一大类课题的范围内允许内容的多样化,以使学生可以根据各自的兴趣做出个性化的选择。

(3) 高层建筑设计中的总体布局和环境的关系、标准设计基本原则、地下车库设计基本原则、形体设计基本原则、主体与裙房的关系、结构体系、设备系统 和《高层民用建筑防火规范》等系列知识;

(4) 高层建筑在当今城市建设和发展中存在的问题与建筑设计所面临的新挑战;

PROBLEM ? & CHALLENGE !

(5) 高层建筑设计案例分析。

关于造型、空间、结构、表皮、色彩、技术的解析

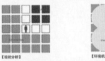

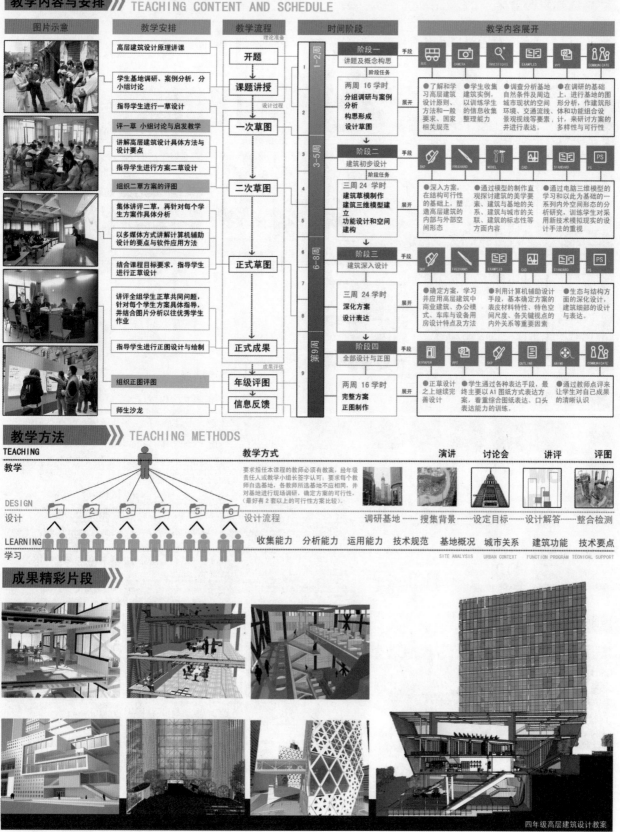

KNOWLEDGE INTERGRATION

基于建筑技术与城市特性的整体设计训练
TEACHING PLAN AND SCHEDULE OF HIGH-RISE BUILDING DESIGN

知识整合
四年级高层建筑设计教案

基本指导原则
教学总体目标
课程内容
课程步骤及训练
教学结构组成
教学方法
设计任务书

2

重庆大学

教学内容与安排 ▸ TEACHING CONTENT AND SCHEDULE

| 图片示意 | 教学安排 | 教学流程 | 时间阶段 | 教学内容展开 |

理论准备

图片示意	教学安排	教学流程	时间阶段	教学内容展开

教学安排:
- 高层建筑设计原理讲课
- 学生基地调研、案例分析,分小组讨论
- 指导学生进行一草设计
- 评一草 小组讨论与启发教学
- 讲解高层建筑设计具体方法与设计要点
- 指导学生进行方案二草设计
- 组织二草方案的评图
- 集体讲评二草,再针对每个学生方案作具体分析
- 以多媒体方式讲解计算机辅助设计的要点与软件应用方法
- 结合课程目标要求,指导学生进行正草设计
- 讲评全组学生正草共同问题,针对每个学生方案具体指导,并结合图片分析以往优秀学生作业
- 指导学生进行正图设计与绘制
- 组织正图评图
- 师生沙龙

教学流程:
开题 → 课题讲授 → 一次草图 → 二次草图 → 正式草图 → 正式成果 → 年级评图 → 信息反馈

设计过程 / 成果评估

时间阶段:1-2周 / 3-5周 / 6-8周 / 第9周

阶段一 讲题及概念构思
两周 16 学时 分组调研与案例分析 构思形成 设计草图
●了解和学习高层建筑设计原则、方法和一般要求、国家相关规范
●学生收集建筑实例,以训练学生的信息收集整理能力
●调查分析基地城市现状的空间环境、交通流线、景观视线等要素并进行表达
●在调研的基础上,进行基地的图形分析,作建筑形体、功能组合设计,来研讨方案的多样性与可行性

阶段二 建筑初步设计
三周 24 学时 建筑草图制作 建筑三维模型建立 功能设计和空间建构
●深入方案,在结构可行性的基础上,塑造高层建筑的内部与外部空间形态
●通过模型的制作直观探讨建筑的美学要素、建筑与基地的关系、建筑与城市的关联、建筑的标志性等方面内容
●通过电脑三维模型的学习和以此为基础的一系列内外空间形态的分析研究,训练学生对采用新技术模拟现实的设计手法的重视

阶段三 建筑深入设计
三周 24 学时 深化方案 设计表达
●确定方案,学习并应用高层建筑中商业建筑、办公模式、车库及设备用房设计特点及方法
●利用计算机辅助设计手段,基本确定方案的表皮材料特性、特色空间尺度、各关键视点的内外关系等重要因素
●生态与结构方面的深化设计,建筑细部的设计与表达

阶段四 全部设计与正图
两周 16 学时 完整方案 正图制作
●正草设计之上继续完善设计
●学生通过各种表达手段,最终主要以 A1 图纸方式表达方案;着重综合图纸表达、口头表达能力的训练
●通过教师点评来让学生对自己成果的清晰认识

教学方法 ▸ TEACHING METHODS

TEACHING 教学

教学方式 —— 演讲 讨论会 讲评 评图

要求担任本课程的教师必须有教案,经年级责任人或教学小组长签字认可;要求每个教师自选基地,各教师所选基地不应相同,并对基地进行现场调研,确定方案的可行性。(最好有 2 套以上的可行性方案比较)。

DESIGN 设计 —— 1 2 3 4 5 6

设计流程 —— 调研基地 — 搜集背景 — 设定目标 — 设计解答 — 整合检测

LEARNING 学习 —— 收集能力 分析能力 运用能力 技术规范 基地概况 城市关系 建筑功能 技术要点

SITE ANALYSIS   URBAN CONTEXT   FUNCTION PROGRAM   TECNICAL SUPPORT

成果精彩片段 ▸

四年级高层建筑设计教案

207

KNOWLEDGE INTERGRATION

基于建筑技术与城市特性的整体设计训练
TEACHING PLAN AND SCHEDULE OF HIGH-RISE BUILDING DESIGN

知识整合
四年级高层建筑设计教案

基本指导原则
教学总体目标
课程内容
设计步骤及训练
教学结构组成
教学方法
设计任务书

3

特色教学展示 》》 DISTINGUISHED FEATURES

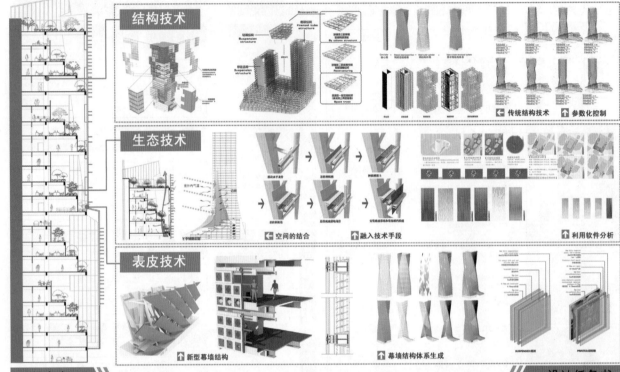

结构技术
传统结构技术　参数化控制

生态技术
空间的结合　融入技术手段　利用软件分析

表皮技术
新型幕墙结构　幕墙结构体系生成

课程内容 》》　　ASSIGNMENT CONTENT 》》　设计任务书

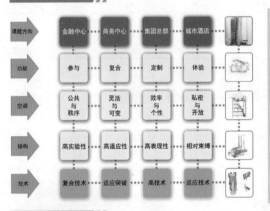

课题方向	金融中心	商务中心	集团总部	城市酒店
功能	参与	复合	定制	体验
空调	公共与秩序	灵活与可变	效率与个性	私密与开放
结构	高实验性	高适应性	高表现性	相对束缚
技术	复合技术	适应突破	高技术	适应技术

成果展示 》》 COURSE RESULT EXHIBITION

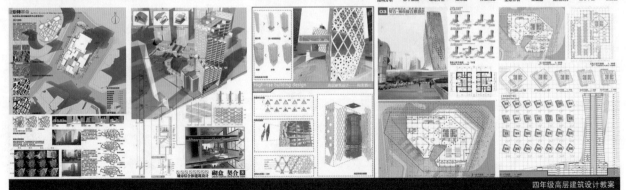

结构分析　思考图册　场地分析　效果图　方案构思　生态分析　立面图　结构大样　核心平面　剖面图

四年级高层建筑设计教案

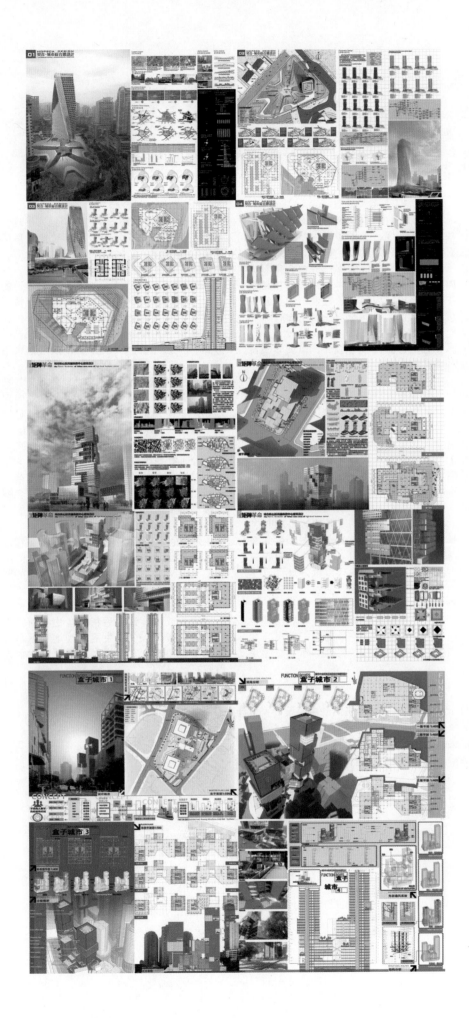

大学生活动中心设计

Design Studio: Community Center

（四年级）

教案简要说明

1.课题特点与教学重点：

本设计题目的选择着眼于对学生建筑设计基本功的训练，力图使学生掌握对功能较复杂的大型公建的设计能力，并对各功能间的衔接、交通流线安排等内容得到充分训练。针对目前很多学生过于看重建筑外在形体表皮等内容而忽略建筑内在空间及功能深入设计等问题，在此次设计中希望能尊重传统教学理念，将功能设计和平面深化等内容放在教学首位，以使学生提高对建筑功能和细节设计的掌控能力。

为了能使学生充分意识到场地设计的重要性，特地选取了真实基地，采取"假题真做"的形式，着重培养学生对建筑单体设计和场地设计间的协调能力。在场地设计越来越被重视的现在，为了避免学生只看重建筑单体而忽视周边环境设计，题目特别在基地基础上留出充分的空间以供学生进行场地设计，以充分训练学生对场地的认识和设计能力。

不同于办公建筑、商业建筑等题目，"学生活动中心"题目的选取与学生本身生活息息相关，不仅可以让学生从自身生活中寻找设计灵感，更可以很好地调动学生的设计兴趣。建筑师好的设计灵感往往来自于对生活的体验与观察，于是特别选取了对于学生来说很有生活经验的"学生活动中心"的题目，使学生更好地学习如何加强对生活的观察并将这些作为灵感来源充分融入到建筑设计中去。

2.课题任务与目标：

由于很多学生在方案过程中经常出现全盘否定而后重新开始的情况，致使最后的成果缺少深度，针对这一问题特别考虑，力求确保方案的完整性和深入程度。

学生在课时结束后，由于缺少对设计的再次审查和思考，往往对自身的设计情况理解不够深入，此次课题着重引导学生在课时结束后再重新审视自我，了解自己的方案、学会评价他人的方案，以帮助学生多层面地得到水平提升。

学生首次设计剧场这样功能性独特、技术要求较高的建筑体，因此在此课题中对剧场的基本功能、基本构造等内容着重进行讲授，以确保设计在技术层面无差错。

3.教学方法与创新尝试：

为训练学生快速表达设计构思并方便学生与教师间的沟通，鼓励学生运用草图进行初期设计表达，并在设计初期结合概念模型的制作来进行建筑体形与空间的推敲。

为避免学生"闭门造车"的情况，增加学生间的交流很重要，利用组内和组间不同的互评方式，让学生听取更多意见的同时也可增进彼此间的学习。

为使学生更充分和全面地认识自己的设计过程与成果，评图后指导学生重新审视和反思自我，以使学生更客观地理解自己的优势与不足，更好地做到设计课程的前后衔接。

Transparency—大学生活动中心设计　设计者：孙贻昭
大学生活动中心设计　设计者：赵一舟
指导老师：盛海涛　刘云月　李哲
编撰/主持此教案的教师：盛海涛　刘云月　李哲

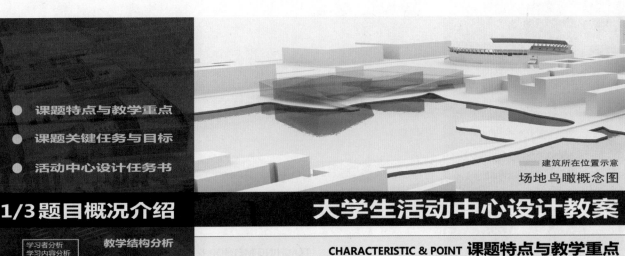

建筑所在位置示意
场地鸟瞰概念图

- 课题特点与教学重点
- 课题关键任务与目标
- 活动中心设计任务书

1/3 题目概况介绍

大学生活动中心设计教案

学习者分析
学习内容分析
教学结构分析

教学目标

教学重点和难点 → 解决措施

教学设计 → 理论依据

反馈 确定教学流程

教学反思

设计大纲

基本概念及总平布置

学生活动中心功能流线与面积组成

学生活动总平布局及规划要求

停车位安排及出入口基本要求

学生活动空间安排

设计重点深入

专业教室功能及设计要求

专业教室流线设计

休闲功能与公共空间

多功能空间灵活使用方式

礼堂设计

设计重点深入

礼堂形式选择与设计规范、要求

礼堂设计规范及结构形式

舞台与观众厅视线声响基本要求

CHARACTERISTIC & POINT 课题特点与教学重点

● **建筑功能组织的训练 平面深入设计的训练**

本设计题目的选择着眼于对学生的基本功能训练,力图使学生掌握对功能较复杂的大型公建的设计能力,对各功能间的衔接、交通流线安排等内容得到充分训练。

对传统教学与深化设计的重视 ■

针对目前很多学生过于看重建筑外在形体表皮而忽略建筑内在空间及功能设计等问题,在此次设计中提出尊重传统教学理念,将功能设计和平面深化等内容放在首位,力图使学生提高对建筑功能和细节设计的掌控能力。

● **选取真实存在的场地 培养场地设计的意识**

为了能使学生充分意识到场地设计的重要性,特别选取了真实存在的基地,采取"真题假作"的形式,着重培养学生对建筑单体设计和场地设计间的协调能力。

场地设计与单体设计的新融合 ■

在场地设计越来越重要的现在,为了避免学生只看重建筑单体而忽视周边环境设计,题目特地选取真实存在的基地并留出充足的空地以供场地设计。学生可在此基础上对建筑单体设计、场地设计及二者的协调得到充分锻炼。

● **学生熟悉的建筑类型 可引入自身生活感受**

不同于办公建筑、商业建筑等题目,"学生活动中心"的题目与学生本身生活息息相关。不仅可以从自身生活寻找设计灵感,更可很好地调动学生的设计兴趣。

灵感来自对生活的体验与观察 ■

好的建筑师的设计灵感往往来自于对于生活的体验与观察。于是特别选取了对于学生来说很有生活经验的"学生活动中心"的题目,使学生更好地学习如何加强对生活的观察,并将这些作为灵感来源充分融入到建筑设计之中。

ASSIGNMENT & GOAL 课题任务与目标

◆ **对功能复杂的大型公建的掌握**

题目重点在于设计功能复杂的大型公建,在着眼于功能的同时,使学生对场地与单体设计有更深层次认识,并学会处理好不同功能间的关系。

◆ **注重方案的深化及设计成果的完整**

由于很多学生在方案过程中经常出现全盘否定而后重新开始的情况,致使最后的成果缺少深度。针对这一问题特别考虑,力求确保方案的完整性。

◆ **对剧场基本功能与构造的掌握**

学生首次设计剧场这样功能性独特、技术要求较高的建筑体,因此对剧场的基本功能、基本构造等内容需要加强了解,以确保设计无差错。

◆ **学生对设计作业的二次审查与思考**

学生在课时结束后,由于缺少对设计的再次审查和思考,往往对自身的设计情况理解不够深入。引导学生重新审视自我,以帮助学生更快进步。

基地位置示意图

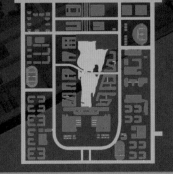

PROJECT ASSIGNMENT 设计任务书

● **题目概略**

天津工业大学新校区拟建一万平米左右的学生活动中心。设计包括内容建筑单体及室外场地。要求建筑造型考虑与校园周边环境的协调关系及景观效果,同时应使建筑单体与室外空间能够真正成为学生课余活动和休闲的场所。

主要经济技术指标:
用地面积:2.9万平方米
容积率:0.3

● **成果要求**

完成总时间:60课时
图纸尺寸:设计成果为A1
图纸3张以上
图纸内容:总平面图
各层平面图
立面和剖面图,
各不少于两个
功能分析图
交通分析图
建筑透视图
设计说明:500字以内,
包括经济指标

● **功能要求**

学生艺术团训练及演出场所(总计4500㎡)
礼堂约2000㎡ 配标准舞台
报告厅 约800㎡
艺教办公室
多媒体音乐教室
排练室
勤工助学区(总计1500㎡)
办公区 商务区 休闲区
就业服务区(总计800㎡)
面试大厅及面试室
信息中心 测评室 网络维护室
事务管理与办公区(总计600㎡)

TO BE CONTINUED.......

- 教学方法与创新尝试
- 教学流程与时间安排

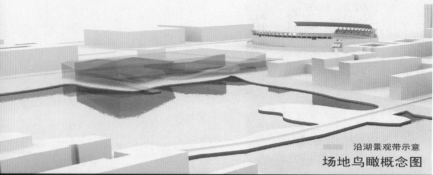

沿湖景观带示意
场地鸟瞰概念图

2/3教学过程介绍

大学生活动中心设计教案

信息技术应用分析

知识点	学习水平	内容与形式
◆相关资料收集	◆应用	◆网络电子资料库
◆场所的调研与分析	◆分析运用	◆幻灯片展示调研结果与分析
◆概念讲解	◆分析运用	◆幻灯片展示电子课件及讲义
◆草图构思与表现	◆应用	◆制作构思模型幻灯片展示

使用方式	使用效果
◆课下搜集	◆◆◆◆
◆课堂展示	◆◆◆◆◆
◆课堂展示	◆◆◆◆◆
◆课堂展示	◆◆◆◆

```
年级大课布置任务 → 布置题目 ----- 学生进行基地调研,查找相关资料
分组任务书辅导,概念辅导 → 讨论答疑
讲解分析任务书 → 构思讲评并确定 ----- 学生进行概念的推敲 概念的逻辑性表达
理解基地分析
讨论成功案例 → 草图讲评 ----- 学生进行草图推敲,通过模型、软件等
总平面图、建筑形态 → 深入设计辅导 ----- 总平深入 环境设计
结构选型、技术考虑
建筑平面设计功能安排 → 深入设计辅导二 ----- 平立剖面深入设计
→ 设计表达辅导
```

教学流程简图

成果讲评 ----- 非本组老师公开评图

设计草图与模型推敲

TEACHING METHOD & TRY 教学方法与创新尝试

◆**强调功能与平面深化的教学**

为培养学生深化平面的能力,在教学过程中运用大量的时间与精力帮助学生认识功能与平面设计的重要性,培养学生严谨的思维和全面设计的意识。

◆**增加各学生间的互评与交流**

为避免学生"闭门造车"的情况,增加学生间的交流很重要。利用组内和组间不同的互评方式,让学生听取更多意见的同时也增进彼此间的学习。

◆**利用草图与概念模型来快速初期表达**

为训练学生快速表达设计想法并方便学生与教师间的沟通,鼓励学生运用草图进行初期表达,并在设计初期结合概念模型的制作来进行建筑体形与空间的推敲。

◆**评图后引导学生反思自己的设计成果**

为了使学生更充分和全面地认识自己的设计过程与成果,评图后指导学生重新审视和反思自我,使学生更客观地理解自己的优势与不足,做到更好的前后衔接。

TEACHING PROCESS & SCHEDULE 教学流程与时间安排

● **设计任务的布置与前期准备** _____ 2011.2.28——2011.3.06 资料与调研

对全体学生集中布置题目,进行教师分组,并讲授设计要求。让学生明确设计方向,并在调研的基础上充分地理解基地的现状与相应的校园文化。

教师活动:
布置选题,介绍背景
针对选题讲授相关设计知识

学生活动:
初步明确设计方向
进行基地调研与资料收集

1 WEEK

● **调研汇报的进行与构思讲解** _____ 2011.3.06——2011.3.13 汇报与构思

学生分组进行调研结果及分析的汇报,向教师讲解初步的设计概念构思。并在以收集的资料和对基地的充分理解的基础上来进行概念的初步确定。

教师活动:
分析学生的调研报告
对学生的概念构思进行辅导

学生活动:
组内汇报调研结果
对设计方向进行修改深化

1 WEEK

● **初步方案的设计与组内初评** _____ 2011.2.13——2011.3.20 草图与模型

指导学生利用手绘草图或概念模型来快速提出设计方案构思,并在小组内进行初步汇报。以互评方式使学生了解他人的设计并在评价讲评中学习。

教师活动:
对学生的设计问题进行解答
帮助学生确立正确设计方向

学生活动:
对自己的方案进行讲解
基本确定建筑形体与功能

1 WEEK

● **对初步方案进行修改与深化** _____ 2011.3.20——2011.3.27 功能与空间

对学生的初步方案进行针对性的讲解与指导。在初步方案的基础上开始着手以功能为基础来进行平面设计,指导学生确立空间表达的意图与方式。

教师活动:
针对不同学生情况进行讲解
引导学生解决设计中的问题

学生活动:
在初步方案基础上来深化
合理安排功能,确定流线

1 WEEK

● **设计方案的深化与组间互评** _____ 2011.3.27——2011.4.03 评价与修改

对于学生的初期深化结果进行针对性的指导与讲解,鼓励学生进一步深化平面等内容。利用跨组互评的方式使学生听取更多人对自己方案的意见。

教师活动:
帮助学生解决建筑功能问题
以跨组互评了解各学生方案

学生活动:
在教师的帮助下继续深化
听取不同教师的相应意见

1 WEEK

● **设计方案的再次修改与深化** _____ 2011.4.03——2011.4.17 确定与深化

在互评后方案进行一定程度的修改的基础上,指导学生对方案开始进行最终深化,以平面设计为基础,对建筑室内外等内容全方位完成最终设计。

教师活动:
及时了解学生的设计进度
针对各学生进行专门辅导

学生活动:
不断深化方案与平面设计
进行建筑室内外最终设计

2 WEEKS

● **方案的最终表现与评后反思** _____ 2011.4.17——2011.4.24 评图与反思

完成设计成果绘制表现。全体教师公开评图,学生在评图过程中对自己的设计进行讲解。评图后学生在教师指导下对自我设计重新进行审视反思。

教师活动:
对方案的最终表现进行打分
评图后指导学生对成果反思

学生活动:
绘制图纸,进行方案讲解
事后反思自己的设计优劣

1 WEEK

TO BE CONTINUED.......

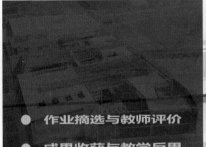

● 作业摘选与教师评价

● 成果收获与教学反思

沿湖转角标志性位置
场地鸟瞰概念图

3/3教学成果评价

大学生活动中心设计教案

DESIGN SELECTION & JUDGEMENT 作业摘选与教师评价

◆ 深入的平面设计

该设计很好地完成了对于功能训练和平面深化能力的练习。建筑设计与周边环境结合较好，充分考虑了基地沿湖的特质和湖边转角处标志性的处理，并做好了场地设计。

建筑的功能结构合理，室外空间设计丰富。平面深化程度令人满意，做到了整体大关系的协调以及空间功能细节设计的深入。

◆ 细致的外观设计

该设计充分体现了学生设计作业的大胆与灵活，在尊重基地环境的基础上，建筑功能体块与场地设计很好地结合在一起，营造丰富的室外空间效果和景观环境氛围。

设计深度充足，立面设计与平面功能相协调，并保证了足够的外观细节处理，图面表达兼具清晰准确与美观的双重标准。

◆ 活泼的空间设计

该设计很好地遵循了由题目性质出发的原则，充分考虑了"学生活动中心"建筑的文化特点，由学生的丰富课余生活出发，在结合场地环境特点的情况下设计了丰富而活泼的室外活动空间和别具风格的建筑外观。

建筑的空间活泼有趣、与学生的日常使用联系紧密，建筑外观也与周边环境协调。

◆ 严谨的功能设计

该设计秉持以功能设计为先的原则，强调合理完整的功能安排、空间配合等因素，其中使用不同风格的庭院穿插来丰富严谨的功能序列，使室内外空间有效结合。

功能合理而严谨，方案深入程度较好，并做好了平面、立面、室内等方面的细节设计，制图严谨，认真的设计态度值得称赞。

● 优秀作业 1

● 优秀作业 2

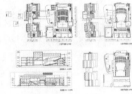

● 作业摘选 1

● 作业摘选 2

ACHIEVEMENT & INTROSPECTION 成果收获与教学反思

◆ 教学内容——文化与技术

教学内容的选取适合四年级学生的水平，大学生活动中心作为综合功能性的文化建筑同时也是校园建筑，不论是建筑设计文化内涵层面，还是所需的基本设计技能，都能与学生能力相适应。

同时存在的问题有教学内容与教学时间的限制，在对于概念的扩展设计和初期创意的发挥等方面存在进一步提升的空间。

◆ 教学过程——交流与互评

教学过程包括教师讲述课程、通过组内和组间的联合汇报等形式让学生进行方案交流、以及师生课堂讨论等，都基本达到了预期的教学效果，坚持"以学生为主体，教师引导教学"的原则。教学方式灵活多样，教学计划安排有效。

由于教学时间的限制，教师与学生的沟通和交流有待进一步的加深，课堂效率也需要进一步提高。

◆ 教学策略——功能与深化

教学策略符合学生的认知结构和设计思维的过程，根据不同学生的自身情况进行了针对性的辅导。在秉持对建筑功能的把握与平面深化能力的培养这一基本初衷的基础上，通过不断训练使学生的全面设计能力得到了显著提高。预期目标的完成程度令人满意。

对于学生对设计的积极性的提升可以考虑运用丰富的课堂形式。

评图掠影

THANKS FOR YOUR ATTENTION

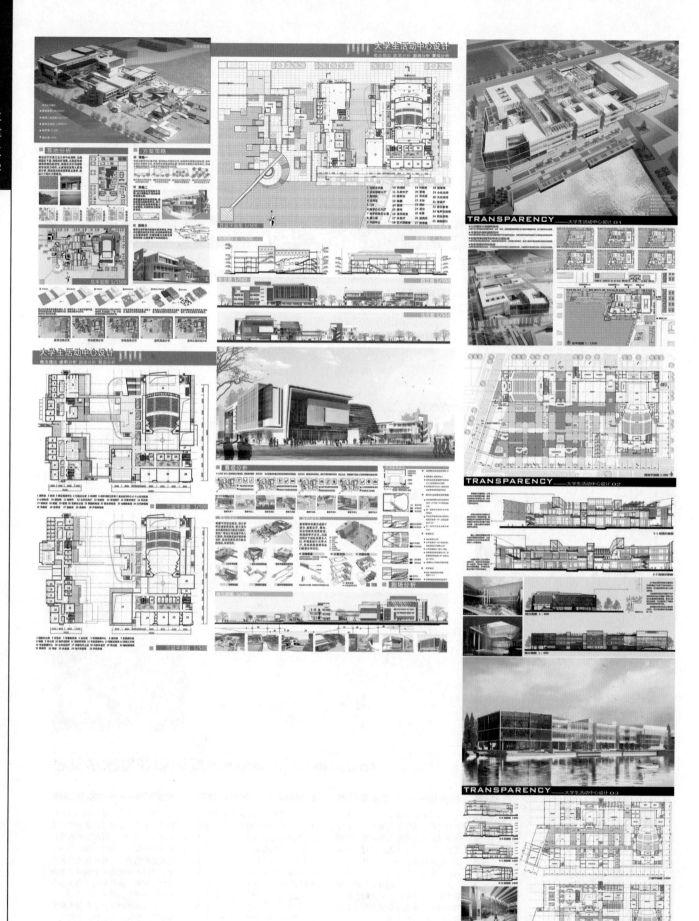

独院式小住宅设计教案

Design Studio: Detached House
（二年级）

教案简要说明

教学目的

1.掌握建筑空间及其构成的一般原理和基本知识。

2.了解建筑方案设计的程序与正确的设计构思基本方法。

3.了解建筑的功能、空间和建造技术的相互关系。

4.了解建筑的基本结构与构造特点。

5.初步掌握设计构思草图、工具草图的技能。掌握运用模型推敲方案的设计方法。

教学方法：运用系统观念将建筑设计中的基本问题分解为：功能/空间、场所/环境与材质/建构，围绕这3个核心问题设计不同的题目进行针对性训练；这些内容由浅入深，让课程训练在不同层面展开，形成一个由易到难的过程；最后通过一个综合性的题目——独院式住宅设计，将建筑设计中的基本问题进行整合，使学生对建筑设计有一个清晰、完整的认识，从而完成建筑设计基础的整体教学。

学时安排：80学时+K

作业1建筑设计基础1——独院式小住宅　设计者：朱嗣君
作业2建筑设计基础1——独院式小住宅　设计者：周正
指导老师：陈静　许晓东　李建红
编撰/主持此教案的教师：陈静

建筑设计基础I 独院式小住宅设计教案[1]

课程简介：

建筑设计基础I是建筑设计系列课程的一部分，它是从建筑初步转向建筑专业设计的衔接课程，是专业培养的第一阶段。

教学目的：

*掌握建筑空间及其构成的一般原理和基本知识
*了解建筑方案设计的程序与正确的设计构思基本方法
*了解建筑的功能、空间和建造技术的相互关系
*了解建筑的基本结构与构造特点
*初步掌握设计构思草图、工具草图的技能。掌握运用模型推敲方案的设计方法

教学方法：

运用系统观念将建筑设计中的基本问题分解为：功能/空间、场所/环境与材质/建构，围绕这3个核心议题设计不同的题目进行针对性训练，这些内容由浅入深，让课程训练在不同层面展开，形成一个由易到难的过程；最后进行一个综合性的题目——独院式住宅设计，将建筑设计中的基本问题进行整合，使学生对建筑设计有一个清晰、完整的认识，从而完成建筑设计基础I的整体教学。

学时安排： 80学时+K

教学体系与课程体系

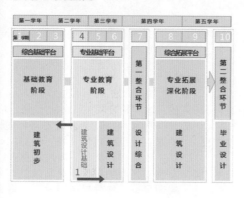

教学环节

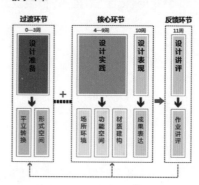

教学过渡单元1： 平立转换

教学目的：

本环节教学内容注重课程与建筑初步课程的衔接与过渡，使学生在理解与熟悉住宅功能关系的同时，通过模型的制作，观察功能—空间—形式之间关系。

设计要求：

赖特在不同地点为不同业主设计的三幢住宅，它们具有同一功能关系图的对偶图。以这三个平面为基础，完成其空间与造型的模型。

表达方式：

模型制作，1:100。材质不限。

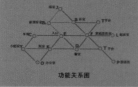

功能关系图

赖特的平面示意图　功能（FUNCTION）→ 形式（FORM）/空间（SPACE）　　平立转换单元学生模型展示

Ralph Jester 住宅，1938

Vigo Sundt 住宅，1941

Life 住宅，1938

教学过渡单元2： 形式空间

教学目的：

柯布西耶曾说平面是造型之母，同时，我们也看到了抽象艺术对现代建筑的影响。由此，我们试图将抽象艺术家们对于平面几何形式的理解运用到空间与造型中。试图以此为媒介去发现型的生成方式，我们将建筑的基本物质要素：梁、板、柱还原成抽象艺术中的点、线、面，试图从中寻找由初步课程中构成设计向建筑空间设计的过渡。

设计要求：

本次作业根据马列维奇/蒙特里安绘画，节选出片段，在15x15x15M的空间内完成居住功能空间模型设计。

表达方式：

模型制作，1:100，材质不限。

蒙特里安 & 马列维奇抽象绘画　平面构成（FORM）→ 立体空间构成 → 建筑空间构成（FORM/SPACE）　形式空间单元学生模型展示

蒙特里安，百老汇

马列维奇

马列维奇

马列维奇

建筑设计基础Ⅰ 独院式住宅设计教案[2]

*设计任务书

1.训练目的：

场所/环境：认识建筑与环境的关系，初步掌握从基地环境、条件出发的设计分析方法，从总体入手，注重建筑与环境结合的设计方法。

功能/空间：认识建筑的功能与空间的关系，建立尺度概念，了解居住建筑中人体活动对家具尺寸与布置、空间大小，高度的影响。

材质/建构：认识建筑材料、构造与结构的基本概念。从材料的建造角度理解建筑立面的美学表达。

2.时间安排：

80学时（讲课：10学时）

3.题目内容：

今拟在某别墅开发区建独院住宅（ONE——FAMILY HOUSE），学生根据现场调研选择用地。使用者身份和职业特点由学生自行拟定。建筑层数限定为2~3层，结构形式和材料选择不限。建筑面积330平米。建设地段内有供水、供电、通讯设施。冬季采暖方式需学生自行设计。

4.功能构成：

-生活部分：

起居空间（>20㎡）：包含会客、家庭起居和小型聚会等功能
卧室（15㎡）：主卧室 内设独立卫生间和化妆间
小卧室2间（>10㎡）：根据使用者的要求设置成儿童卧室或其他。
客卧（>12㎡）：侧卧面积自定
餐饮空间（>10㎡）：与厨房有直接联系，可与起居空间组合布置。
工作空间（自定）：根据使用者的职业特点而定，可做琴房、画室、舞蹈室、娱乐室、健身房和书房等，可单独设置亦可与起居室结合。

-服务部分：

厨房（>6㎡）：可设独立出入口，设后勤庭院
卫生间（自定）：至少设三件卫生设备（浴缸、座便器、盥洗池）
洗衣房（自定）：可与卫生间结合设置
贮藏间（自定）
车库（3.6m*6m）：放小汽车1_2辆

-交通部分：

门厅、楼梯、走廊、过厅面积自定

以上内容仅供参考，可根据使用者的不同特点作相应的调整。建筑使用面积控制在300平方米（±5%）、平台不计面积，有柱外廊以柱外皮计100%建筑面积，阳台计50%建筑面积。地形图另附。

5.作业要求：正式图

图纸规格：

1#图纸（两张）594x841mm.

表达方式：

墨线图，附建筑模型照片

图纸内容：

-平面图：比例1：100，明确表示建筑结构、各房间门、窗位置及大小，厅廊、阳台、楼梯、雨棚等；图示室内固定家具、装饰绿化以及房间名称。
-立面图：比例1：50（1个）。表达出立面材质色彩及配景。
-剖面图：比例1：100（1个）。明确表示剖切位置的结构、空间、构造的关系并标注注层标高和标高。
-总平面图：比例1：500。表示出地段周围环境与建筑物关系、周边道路、主要出入口、建筑物周围的活动场地、铺面、绿化小品。
-节点详图：实体搭建过程，及其详图设计，附模型照片若干。
-透视图：自定视点及视角自选。
-设计说明：图示说明本方案的意图和特点。
-技术指标：总建筑面积、建筑占地面积、主要房间使用面积、K值

场所\环境：通过实地踏勘，使学生对基地有一个直观的认知，通过调研完成基地分析图纸，其重点在于使学生理解环境要素对建筑功能布局的影响；在此基础上完成建筑的体块模型。

基地现状图

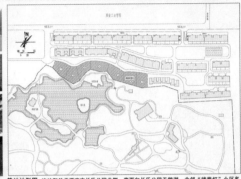

基地地形图：该地形位于西安市长乐公园北侧，南面向长乐公园天鹅湖，北邻"就掌灯"小区多层叠拼住宅。该基地属"就掌灯"小区二期别墅开发用地。

功能\空间：在建筑体块模型的基础上，通过结构模型推敲空间与建筑造型。

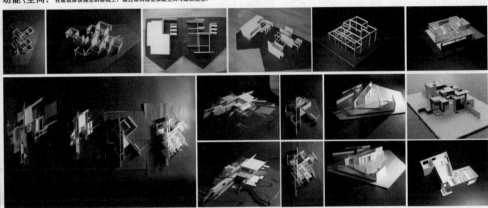

材质\建构：该环节希望学生从实体搭建的过程中体验建筑材料-构造与建筑美学的关系。以此，构筑理解建筑设计与技术设计的桥梁。该环节根据课时安排在谋外，以兴趣小组的形式完成。

模型表达

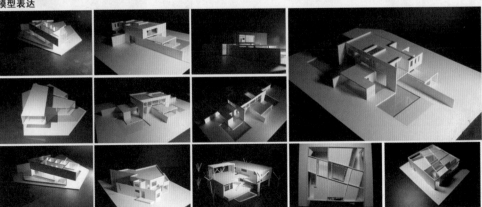

建筑设计基础I 独院式住宅设计教案[3]

学生作业A

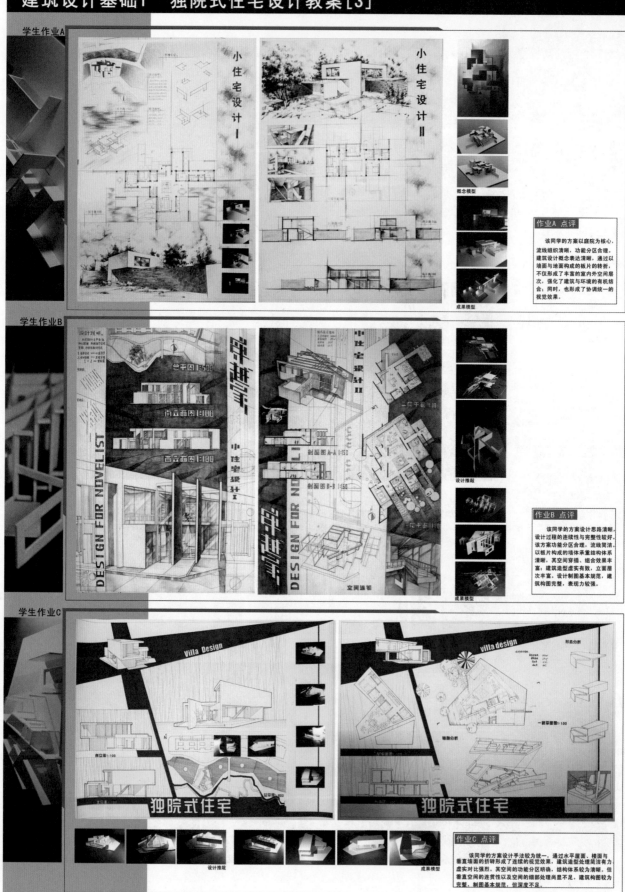

概念模型

成果模型

作业A 点评

该同学的方案以庭院为核心，流线组织清晰，功能分区合理。建筑设计概念表达清晰，通过以墙面与地面构成的板片的转折，不仅形成了丰富的室内外空间层次，强化了建筑与环境的有机结合；同时，也形成了协调统一的视觉效果。

学生作业B

设计推敲

空间模型

成果模型

作业B 点评

该同学的方案设计思路清晰，设计过程的连续性与完整性较好，该方案功能分区合理，流线简洁，以板片构成的墙体承重结构体系清晰，其空间穿插，组合效果丰富；建筑造型虚实有致，立面层次丰富，设计制图基本规范，建筑构图完整，表现力较强。

学生作业C

Villa Design

villa design

独院式住宅

独院式住宅

设计推敲

成果模型

作业C 点评

该同学的方案设计手法较为统一，通过水平屋面、楼面与垂直墙面的折转形成了连续的视觉效果，建筑造型处理简洁有力，虚实对比强烈，其空间的功能分区明确，结构体系较为清晰。但垂直空间的连贯性以及空间的细部处理尚显不足。建筑构图较为完整，制图基本规范，但深度不足。

以空间体验为主线的分解设计
——摄影博物馆设计教案

Design Studio: Photography Museum
（三年级）

教案简要说明

1. 作业命题在整体本科教学环节中的设置定位

以空间体验为主线的分解设计课程是此次我校一项新的教学改革尝试。课程开设于建筑学本科三年级第二学期，该阶段是建筑学专业由低年级建筑基础训练向高年级专业课程培养过渡的重要环节，作业命题关注该阶段学生关于建筑设计方法的养成与引导，在建筑学专业课程教学体系中起到承前启后的重要作用。

2. 作业命题的教学目标和教学方法

课程主要由分解设计和设计整合组成，其目的是使学生在低年级建筑观念的养成与建筑基础的训练之上，开始关注建筑设计的方法，如何从自我的经历与经验中获得设计的源泉，如何做打动自己的设计，建筑设计应该考虑与解决哪些问题，了解建筑与基地环境因素的相互关系，最终建立较为系统的建筑设计观念与评价标准。

教学方法将理论教学与实践环节相结合，通过分解着重建筑设计方法中的关于场地体验与认知、同类建筑的调研与认知、建筑空间的塑造、建筑的光与影、声音节奏与空间以及建筑材料体验与美学表现力、照片与展示、展线与空间、空间实体搭建等方面的分解训练，以建筑手工模型与电脑模型相结合的建筑设计推敲方法贯穿教学过程，通过最后的博物馆设计整合前面的单项训练，培养形成系统的建筑设计方法观。

3. 作业命题的特征和规模

本次命题是我校关于设计方法培养的一次新尝试，命题摒弃原有建筑教学培养中随年级增加建筑设计题目面积逐渐增加、功能逐渐复杂的方式，转而选择面积小、功能简单的题目——500m²的博物馆，选择学生熟知的环境——校园内日常途经的场地，控制陈列内容与数量——仅为10张摄影作品、控制对原有建筑的改动——禁拆禁改，转而关注相互关系，其目的是单纯设计条件，让学生打开所有器官，倾听自然与历史的回声；仰望"上帝"与"先人"的创造，编制文化的"壁毯"；以智慧及灵巧 的方式释放自我的能量。返回自我，关注具体问题与设计本身，探讨如何做设计、培养设计方法。

4. 分解设计题目

（1）现场 在场 入场；（2）博物馆对比解析；（3）看与被看；（4）光影魅力；（5）发现材料之美；（6）声音与空间；（7）照片与展示；（8）展线与空间；（9）模型与推敲；（10）空间实体搭建。

5. 摄影博物馆设计任务书

为摄影爱好者提供一个学习、交流经验的场所，拟在大学校园内建立一所"摄影博物馆"，以促进摄影作品交流、展示，并吸引国内外摄影家、艺术家来馆进行短期研究、交流。摄影博物馆建设场地位于校史馆用地内。（1）保留原校史馆，不对其进行改动；（2）保留设计场地内的绿化；（3）利用原校史馆的架空部分及室外空间进行建筑设计，使其与老建筑发生关系；（4）展示内容仅限于10张摄影作品。

以空间体验为主线的分解设计——十件作品的摄影展馆设计的·消隐　设计者：初子圆
白涟雾园——摄影博物馆设计　设计者：张斌
迷径层叠——摄影博物馆设计　设计者：陆星辰
指导老师：刘宗刚　段婷　刘克成
编撰/主持此教案的教师：刘克成

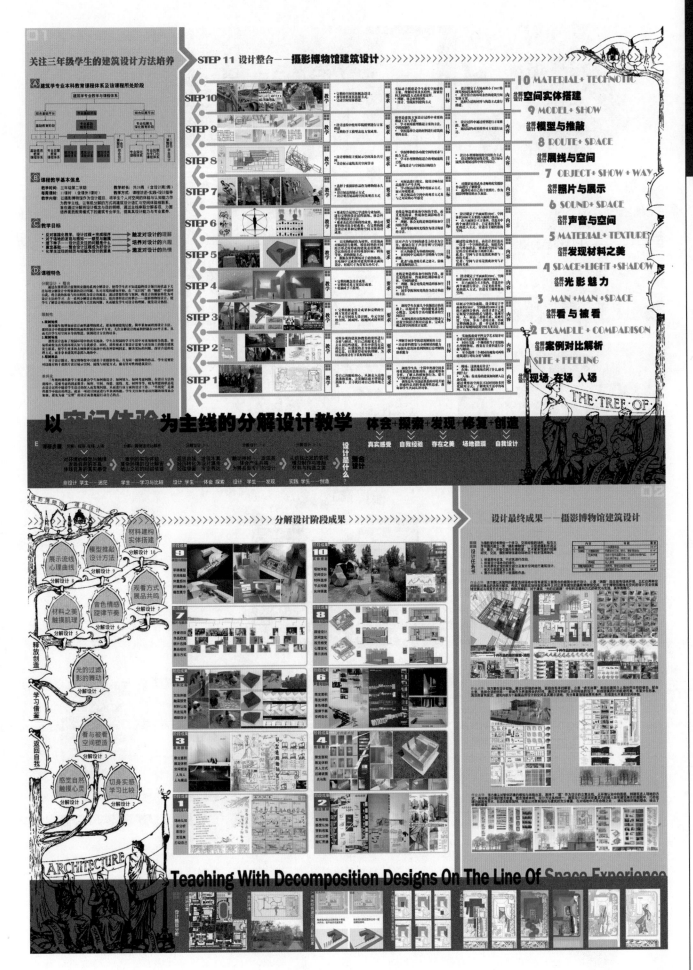

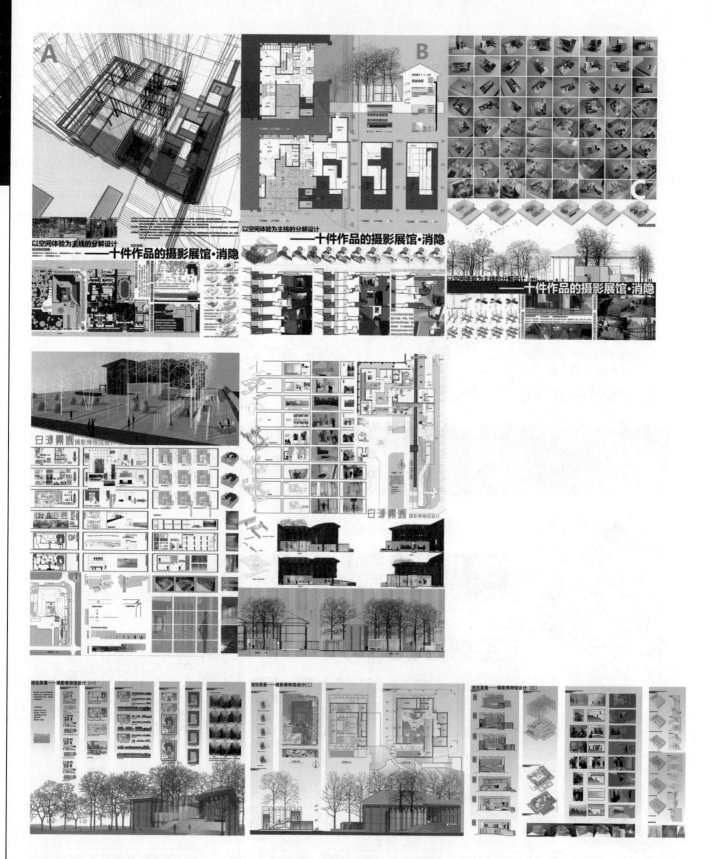

居住环境规划与设计教案

Design Studio: Housing & Living Environment
（四年级）

教案简要说明

教学目标：居住环境规划与设计系列课是建筑学专业综合训练环节的主干课程之一，其目标是培养学生树立人居环境建设的整体观念，掌握人居环境的整体规划设计、居住建筑群体组合设计的基本原理和方法。

课程特色：考虑居住环境的整体性与系统性，将居住环境规划、住宅建筑设计以及住区公共中心快题等课程有机融合，体现设计教学的综合连贯性以及设计成果的有机整体性。

顺应21世纪"低碳"的发展趋势，将生态技术极其理念融入居住环境规划与住宅建筑设计，成为课程的创新点。

教学方法：采用课内、课外相衔接，设计与实践相结合的教学方法，贯穿多种教学方式，如实地踏勘、小组讨论、课堂讲授、设计辅导、集中讲评、个别评述、实体空间搭建等。

教学环节：整个教学分为三大阶段七个环节，三大阶段即前期准备阶段、课程教学与研究阶段、后期反馈阶段，七个环节包括教学研究与课题选择、观念设计、规划结构研究、总平面布局研究、住宅建筑设计、邻里生活院落空间环境设计、作业讲评。

设计任务：教学顺应社会发展趋势、政策导向、居民生活需求，选择多类型课题，使学生能够认识和理解居住环境及居民需求的多样性和差异性；有助于学生根据自身的兴趣特点选择课题，有针对性地分析和解决所选地块的关键性问题，并在住区规划与住宅建筑设计中加以体现，形成多样化的教学成果。

所选择的设计课题包括适应地域气候的住区、单位性住区、普通商品住区、旧城改造类住区、保障性住区等多种类型。

重塬·桥·叠院——适应干旱地区气候的居住环境规划与建筑设计　设计者：朱怡平
井院深深 水脉相承——西安市甜水井地段居住环境规划与建筑设计　设计者：吉策
指导老师：张倩　王芳　王璐　邸玮　王代赟　何泉　刘大龙
编撰/主持此教案的教师：惠劼

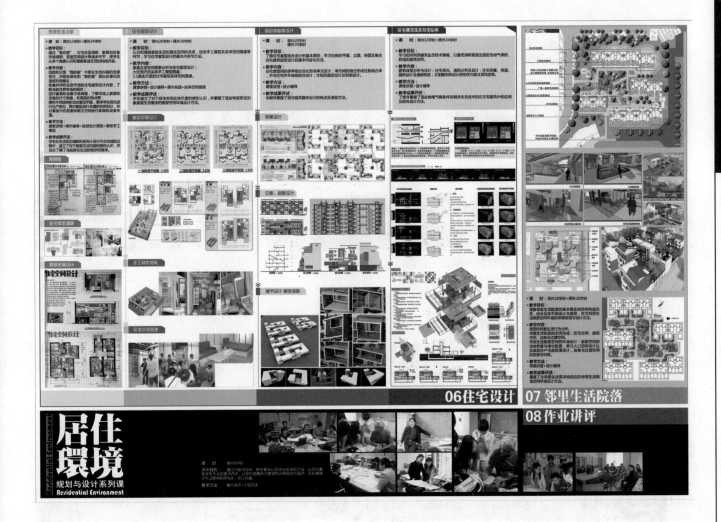

居住
環境
规划与设计系列课
Residential Environment

06住宅设计

07 邻里生活院落

08作业讲评

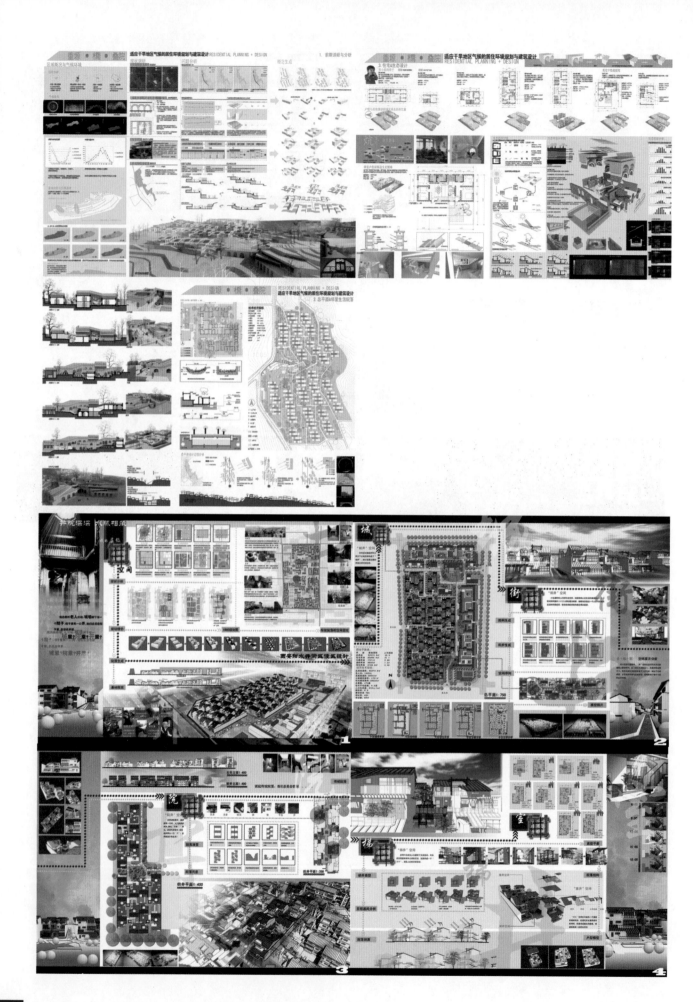

九龙湾山地建筑设计教案

Design Studio: Hillside Building
（二年级）

教案简要说明

1.教学目的

通过自主命题与自主选择建筑所在的地块，希望能够在给学生一定设计自由度的基础上，使他们更好地发挥对建筑设计的创造力与想象力，以及对地形空间与建筑功能的控制力。

2.教学要点

掌握功能相对复杂的小型公共建筑的设计方法；对复杂的地形地貌与建筑形态和建筑空间的关系进行有益的探索，并且强调空间的趣味性与多变性。

3.教学方法

刚性和弹性结合：学生可以选择给定的任务书；也可以参考人数的规模与功能空间，进行新的建筑类型与功能的选定，老师在选择建筑类型与功能定位的过程中给予建议与意见。

课外调研与课内辅导相结合：组织学生集体进行场地踏勘，切身体会图纸中地形、地貌的真实形态与真实空间体验。

4.教学安排

本设计共8周，每周2次课，8学时，共16次课，64学时。1周：设计题目；2~3周：概念生成；4~5周：空间功能；6周：形体形成；7~8周：整体完善、设计表达。

5.教学内容

设计命题一

本次设计是在一个真实项目的基础上进行规模缩小。度假村的功能形式对二年级的最后一个题目来说比较适合，功能及流线相对复杂，规模相当。同时加上基地的复杂性，题目具有相当的难度，是对二年级一学年学习的良好总结，也是二年级的教学重点；空间与功能中，最浓墨重彩的一笔。

设计命题二

可以参照度假村的功能空间组成进行增减，并确定不同的建筑功能定位。建筑的所在位置可以根据功能及建筑空间的需要自行进行选样。

6.教学成果

图纸内容：总平面图、隔层平面图、立面图、剖面图。

图纸要求：图纸大小为550mmx840mm，至少2张。

成图表现为徒手成图，同时允许有其他的表现方法对方案的设计进行特别的表达。

7.设计题目前后衔接关系

二年级的建筑设计专业课是建筑设计系列课程的设计入门和设计基础阶段。该课程注重专业基本功训练和设计构思训练，使学生树立整体的建筑观，建立空间与功能的基本概念，逐步树立功能意识、空间意识，逐步建立建筑设计的基本原理、基本程序和基本方法，具备小型建筑方案设计的能力。

这一阶段我们的主线即为空间与功能，希望学生能在具体功能的依托下，对空间有多样的认识并达到能够创造空间的目的。所以在二年级的4个作业中，我们在逐步使功能复杂的前提下，也对空间的塑造和多样提出了更多的要求。

摇滚公社　设计者：刘子安　海日罕
势——九龙湾休闲会所　设计者：刘杰
山院　设计者：任东旭
指导老师：齐卓彦　范桂芳　贺龙
编撰/主持此教案的教师：王卓男　范桂芳　齐卓彦　贺龙

A

九龙湾

山地建筑设计

功能多样　　自主命题
空间多变　　自主选择

2011年AUTODESK杯
全国高等学校建筑设计教案和教学成果评选

一、 教学目的

通过自主命题与自主选择建筑所在的地块，希望能够在给学生一定设计自由度的基础上，使他们更好地发挥对建筑设计的创造力与想象力，以及对地形空间与建筑功能匹配度的控制力。

二、 教学要点：

掌握功能相对复杂的小型公共建筑的设计方法；对复杂地形地貌与建筑形态和建筑空间的关系进行有益的探索，并且强调空间的趣味性与多变性。

三、 教学方法

1、 刚性和弹性相结合：以度假村的公共建筑类型作为给出任务要求，学生可以选择给定的任务书；同时学生也可以参考度假村任务书的规模与功能空间，进行新的建筑类型与功能的选定，老师在学生选择建筑类型与功能定位的过程中给予意见与建议。

2、 课外调研与课内辅导相结合：组织学生集体进行场地踏勘，切身体会图纸中地形、地貌的真实形态与真实空间体验，在对基

四、 教学安排

本设计共八周，每周两次课，八学时，共16次课，64学时。进度安排如图：

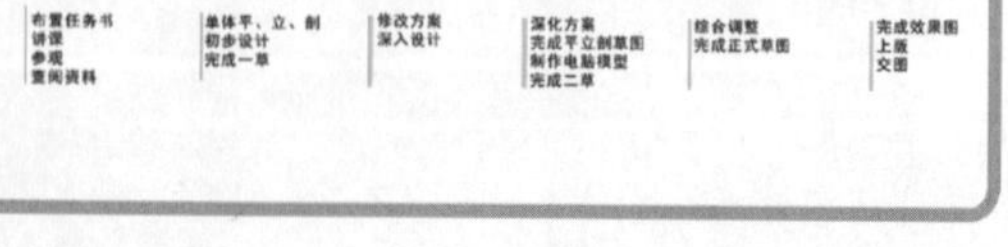

五、 教学内容：

设计命题一：

九龙湾度假村是在一个真实项目的基础上进行规模缩小。度假村的功能形式对二年级的最后一个题目来说比较适合，功能及流线相对复杂，规模适当。同时加上基地的复杂性，题目具有相当的难度，是对二年级一学年学习的良好总结，也是在二年级的教学重点：空间与功能中，最浓墨重彩的一笔。

给出的各类功能面积指标为

(1)、餐厅、厨房　500m²（6间30m²雅间）

(2)、活动室　300 m²　（KTV、棋牌）

(3)、多功能厅　300m²（包括一个会议室100 m²）

(4)、标准间客房　600m²　（30 m²x20间）

(5)、咖啡厅（或酒吧、或茶室）　100 m²

(6)、管理用房　200 m²　（至少划分5间）

(7)、公共部分　1000 m²（包括门厅、大厅、走廊、卫生间等公共空间）

设计命题二：

可以参照度假村的功能空间组成进行增减，并确定不同的建筑功能定位。建筑的所在位置可以根据功能及建筑空间的需要自行进行选择。

六、 教学成果：

图纸内容	总平面图　（要表达周围建筑物、环境及道路关系） 各层平面图　（一层平面要把场地内的环境关系表达清楚） 立面图 剖面图
图纸要求	•图纸大小为550*840至少2张 •成图表现为徒手成图，同时也允许有其他的表现方式对方案的设计特别的表达。
模型照片(尺寸、数量不限)	

七、 设计题目前后衔接关系：

二年级的建筑设计专业课是建筑设计系列课程的设计入门和设计基础阶段。该课程注重专业基本功训练和设计构思训练，使学生树立整体的建筑观，建立空间与功能的基本概念，逐步树立功能意识、空间意识，逐步建立建筑设计的基本原理、基本程序和基本方法，具备小型建筑方案设计的能力。

这一阶段我们的主线即为空间与功能，希望学生能在具体功能的依托下，对空间有多样的认识并达到能够创造空间的目的。所以在二年级的四个作业中，我们在逐步使功能复杂的前提下，也对空间的塑造和多样提出了更多的要求。

例如二年级下半学期的第一个作业是经典题目幼儿园，建筑规模及流线关系都要比上半学期的题目要复杂一些，同时在这个基础上，建筑空间更加多样，人体尺度也增加了难度——幼儿尺度。接下来的本题目：九龙湾山地建筑设计，我们提供了一个度假村的建筑形式，功能空间种类更加复杂，最重要的是我们在影响空间的外部环境上选择了山地的形式，并且还鼓励学生在一定的范围内进行基地的自主选择，这样就让一部分有想法的学生更好也更充分地发挥了他们的能动性与创造力。

通过这样的训练，我们希望学生能够对功能和空间的塑造逐步形成一定的控制力，也为三年级的课程做了良好的铺垫。

B

作业一：摇滚公社

九龙湾

山地建筑设计

功能多样	空间多变
自主命题	自主选择

作业三：势——九龙湾休闲会所

2011年AUTODESK杯
全国高等学校建筑设计教案和教学成果评选

八、学生作业点评

在本次设计过程中，正如我们所预料，一部分学生选择了老师提供的任务要求——九龙湾度假村，而另外一部分对功能做了相应的调整，建筑的主要针对人群也有所变化，建筑的选址上，也能够根据自身建筑所需要的空间做相应的选择。这些正是我们所期望的，也达到了本次设计的教学目的。下面我们对三份典型作业做重点评。

作业一：摇滚公社

该作业把使用建筑的人群限定在摇滚乐及喜欢摇滚的人群中，认为远离城市的喧嚣，并且能够减少摇滚乐对别人的干扰是进行这一定位的初衷。方案同时为玩摇滚和看摇滚的人提供所需要的功能空间，也为不同的功能空间选择了相应的基地状态。作者体会了山间的感受，并且在ROCK（摇滚）和ROCK（石头）之间找到了这一感受的迸发点。整个方案逻辑性强，对基地的选择，对使用的人群都有比较理性的思考。室内外空间一气呵成，空间的流畅与变换，室内外空间的交错以及整个建筑形态与基地的默契相依都成为该方案的亮点。

作业二：山院 九龙湾度假村

该学生的方案以中国传统院落的空间意向的延续为切入点，汲取传统四合院中三进院的空间形态，与基地山坡走势相结合形成了山地上的新型院落空间。这种以传统院落空间形态来组织山上建筑的内外部空间的设计手法，对于山地建筑设计具有一定创新性。

作业三：势——九龙湾休闲会所

该方案创意新颖，构思巧妙。作者通过对环境与建筑间关系的揣摩，利用等高线这一线元素进行创意发挥——"以线的动势呼应山的气势"。营造出的空间富有动态，变化多样而又平衡协调。设计手法简单利落，对功能、流线的把握也比较成熟。

作业四：洞之水韵 九龙湾度假村

作业四：洞之水韵——九龙湾度假村

该方案在山与水之间进行立意，把基地中心的两大环境特色很好的在建筑中进行体现，建筑形态自由多变，很好的迎合了地势的变化，建筑空间丰富趣味。以山洞的形态和整个山势融为一体，具有良好的地域性。想法极具特色，手法运用巧妙灵活，方案整体感很强。

作业二：山院——九龙湾度假村

二年级建筑设计课教案

内蒙古呼和浩特历史文化街区
（蒙元文化街区）城市设计教案

Studio: Urban Design
（四年级）

教案简要说明

1.教学定位

"城市与建筑"教学主题安排在四年级下学期的第二个作业，由呼和浩特历史街区和蒙元文化街区两个课程设计组成。学生可以以个人或分组的形式对这两个设计进行选择。意在培养学生对于建筑创作理念与方法的探讨，从建筑的视角扩大到城市的视角。理解建筑作为城市的基础，城市作为建筑的背景的相辅相成的关系。通过对于城市设计的整体把握，进一步提高学生对于整体环境，关系处理的能力。

2.教学结构

本题目为建筑学专业四年级第二学期的课程设计题目，学生已完成了"城市设计概论"、"建筑设计原理"、"建筑设计1~5"、"中国建筑史"、"外国建筑史"、"城市规划原理"等基础理论课程，基本掌握了建筑单体设计及场地、环境设计的基本方法。

3.教学目标

3.1 教学总体目标

城市设计的目的是为了提高和改善城市空间环境质量，根据城市总体规划及城市社会生活、市民行为和空间形体艺术对城市进行的综合性形体规划设计。引导在功能空间上的设计，发展方案的整体感知。通过建筑与周边城市环境关系互动的设计训练，认识建筑与城市环境及景观的关系和设计方法。进而了解建筑与城市的关系，了解城市设计的基本知识。通过对物质空间及景观标志的处理，创造一种物质环境，既能使居民感到愉快，又能激励其社区精神，并且能够带来整个城市范围内的良性发展。同时着重处理地域文化与现代化城市的融合共生关系，展示民族文化的独特魅力，并力求与城市传统建筑形式协调发展，处理好个体与整体之间的相互关系，突出城市的整体印象与整体美。

3.2 教师教学目标

巩固发展基本能力，强化技术地域意识，逻辑关系和理性进程，整体与研究意识。

3.3 学生教学目标

提高思维多向扩展，综合设计水平与创造能力，相关专业与综合协调，强化计算机专业软件。

4.教学难点

4.1 感性——理性

采用从感性分析到理性分析的教学过程，从简单的异想天开，追求灵感，虚假基地等感性特征到真实基地条件，深入调查研究，理性分析各种条件等理性特征的过渡，以缜密的逻辑思维引导学生建立理性的思维方法。建立真实的可具体操作的空间形态分析过程，为即将进入业务实践教学环节打下良好的基础。

4.2 个人——团队

从发展个性的基础上，逐步过渡到团队合作，综合集体的智慧，让学生了解一个设计项目的完成是发挥每个学生的优势，共同完成的，发扬互助合作，彼此尊重的团队精神。

4.3 虚假——真实

四年级的设计题目来源于教师的实际工程项目，让学生从"假题"向真题过渡，具有丰富实战经验的教师带领学生实地进行考察，调研相关项目，改变思考方式，对症下药，处理不同功能之间的关系，培养学生提出问题，分析问题，解决问题的能力。

"记忆植入inception"——大召历史街区城市设计　设计者：姬煜　任向鹏　郭华　郭鹏
原·谷——蒙元文化街区城市设计　设计者：布音敖其尔　刘旭
指导老师：贾晓浒　吴晓君　杨春虹　田柱
编撰/主持此教案的教师：贾晓浒

四年级教案展示 1

内蒙古呼和浩特 历史文化街区 蒙元文化街区 城市设计

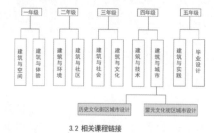

1. 教学定位

1.1 四年级教学定位

一年级	二年级	三年级	四年级	五年级
入门	提高	拓展	深化	综合
空间形式	环境行为	社会人文	城市技术	文化历史
认知体验分析	调查发现解决	社会分析应对	整合传承应用	融合研究运用

1.2 四年级下学期教学主题

"城市与建筑"教学主题的安排在四年级下学期的第二个作业，由呼和浩特历史街区和蒙元文化街区两个课程设计组成。学生可以以个人或分组的形式以该两个设计进行选择。意在培养学生对于建筑创作理念与方法的探讨，从建筑的视角扩大到城市的视角，理解建筑作为城市的基础，城市作为建筑的背景的相辅相成的关系。通过对于城市设计的整体应用，进一步提高学生对于整体环境，关系的能力。

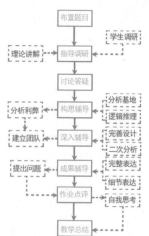

2. 教学流程

3. 教学结构

3.1 此设计在教学体系中的关系

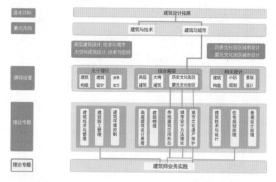

3.2 相关课程链接

本题目为建筑学专业四年级第二学期的课程设计题目，学生已完成了"城市设计概论"、"建筑设计原理"、"建筑设计1~5"、"中国建筑史"、"外国建筑史"、"城市规划原理"等基础理论课程，基本掌握了建筑单体设计及场地、环境设计的基本方法。

为使学生对城市设计的内涵和原则建立更为深刻的理解，本次课题选址为呼和浩特市内两块各具特色的用地，（详见设计任务书），从不同角度体现城市设计的实际意义和文化价值，诠释城市设计的广泛内涵。既尊重历史沿革，又顺应时代变迁，同时力求促进城市良性发展。培养学生尊重历史、传承传统文化、彰显民族特色的品质。

通过对两块地形的现场调研及随后展开的分析和讨论，允许学生根据自身对题目的理解和意愿，选择其中之一进行城市设计。完成任务书所要求的各项内容，提倡创新意识的同时培养学生解决问题的能力，为下半年的业务师实践和毕业设计打下坚实的基础。

4. 教学目标

4.1 教学总体目标

城市设计的目的是为了提高和改善城市空间环境质量，根据城市总体规划及城市社会生活、市民行为和空间形体艺术对城市进行的综合性形体规划设计，引导在功能空间上的设计，发展方案的整体感知。通过建筑与周边城市环境关系互动的设计训练，认识建筑与城市环境及景观的关系和设计方法。

进而了解建筑与城市的关系，了解城市设计的基本知识，通过对物质空间与景观标志的处理，创造一种物质环境，即能使居民感到愉快，又能激励其社区精神，并且能够带来整个城市范围内的良性发展。同时着重处理地域文化与现代化城市的融合共生关系，展示民族文化的独特魅力，并力求与城市传统建筑形式协调发展，处理好个体与整体之间的相互关系，突出城市的整体印象与整体美。

4.2 教师教学目标

巩固发展基本能力	强化技术地域意识
逻辑关系和理性进程	整体与研究意识

4.3 学生教学目标

提高思维多向扩展	综合设计水平与创造能力
相关专业综合协调	强化计算机专业软件

5. 教学难点

5.1 感性——理性

采用从感性分析到理性分析的教学过程，从简单的异想天开，追求灵感，深入调查研究，理性分析各种条件等理性特征的过程，以航增的逻辑思维引导学生建立理性的思维方法。建立真实的可具体操作的空间形态分析过程，为即将进入业务实践教学环节打下良好的基础。

5.2 个人——团队

从发展个性的基础上，逐步过渡到团队合作，综合集体的智慧，让学生了解一个设计项目的完成是发挥每个学生的优势，共同完成的，发扬互助合作，彼此尊重的团队精神。

5.3 虚假——真实

四年级的设计题目来源于教师的实际工程项目，让学生从"假题"向真题过渡，具有丰富实战经验的教师带领学生实地的考察，调研相关项目，改变思考方式，对症下药，处理不同功能之间的关系，培养学生提出问题，分析问题，解决问题的能力。

6. 课程任务书

6.1 项目背景

项目一：呼和浩特拟建这一及文化、商业为一体的综合商务区片区，要求在保护原有片区内文物建筑（可改造）的前提下，新建观演，建影类等建筑并且考虑高业在片区中位置，新建建筑造型要与周边环境协调统一。

项目二：呼和浩特拟建商业为主体的综合商务区，要求在中通过设计手法，体现蒙元文化的特色，新建一条具有蒙古民族特色的街区。

6.2 课程要求

城市设计要在三维的城市空间坐标中化解各种矛盾，并建立新的立体形态系统，以视觉秩序为探寻、容纳历史积淀，铺起地域文化，表现时代精神，并结合人的感知经验建立起具有整体结构性特征、易于识别的城市意象和意图，以共中沿街的商业段作为深化的内容，完成其在城市设计层面的方案训练。考虑新建筑、旧有建筑和城市更大区域整体的关系，完成其空间形体环境的设计。

6.3 成果要求

完成总时间：60课时
图纸尺寸：A1（三张以上）
图纸内容：总平面图
鸟瞰图
功能分析
交通分析
其他分析
设计说明：500字以内，阐述设计理念

7. 教学过程

	●教学方式	●教学内容	●教学重点	●成果内容
前期调研 先以布置的任务书为教学计划，以小组的形式到实际基地调研，了解基地的情况后，通过分析开始前期构思。	**调研阶段**（8学时）：课堂讲解城市设计理论；课堂讲解相关案例指导调研；讨论调研结果拓展任务书	●解析任务书 ●基地现状介绍 ●调研内容 ●调研结果与案例分析 ●调研汇报	●调研的方式 ●现状分析 ●项目定位	●以小组的形式，利用多媒体总结汇报调研结果
讨论方案构思 深入方案，在基本路网可行性基础上，对建筑与基地，建筑与城市的关系进行进一步的分析。 设计深化	**设计构思阶段**（16学时）：小组讨论；学生各自方案，一对一指导，提供个性；讨论、汇报结果（手绘）	●提出问题，针对设计任务要求，学生表达各自思路 ●分析问题，针对学生不同思路分析、交流讲解和相关理论 ●考虑基地的历史与周边环境之间关系	●培养学生独立思考、发现问题、分析问题的能力 ●提高学生语言表达能力 ●提高学生图纸表达能力	●总平面设计 ●整体的空间形态 ●组团之间的关系 ●策划书
设计深化	**设计深化阶段**（12学时）：集中讲解构思阶段存在问题；分析利弊，确定主创，建立团队；再调研；分析优秀作品	●通过再次调研查看补缺，二次分析 ●通过案例分析历史街区的保护与改造的方式方法	●让学生理解规划、城市设计、建筑设计中的各类关系 ●培养学生在旧城改造中的新旧建筑的衔接、过渡的分析和解决问题，运用文脉、技术、展示、环境等相关知识进行整合的能力	●方案整体构思（团队）●各类分析图 ●总平面图 ●模型草图 ●计算机图纸表达
方案点评 完成最后成果之后，通过公共评图的方式，让学生自身对于方案的设计，有正确的认识。	**成果展示阶段**（8学时）：集中讲解深化阶段存在问题；讨论、交流，确定最终方案	●进一步讲解人文、社会、环境之间的关系，拓展学生知识面	●培养学生的创新思维，训练学生的团队合作解决细节问题的能力 ●培养学生整体方案的表达能力	●设计成果，按照任务书要求表达

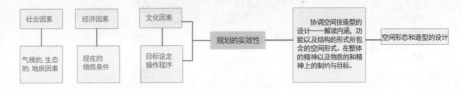

内蒙古呼和浩特 历史文化街区 蒙元文化街区 城市设计

8. 课程描述

选择具有历史文化特征的塞上老街为中心地块，通过对街区肌理的处理，并且能够带来整个城市范围内的良性发展。同时着重处理新建筑旧建筑的共生关系，展示呼和浩特建筑历史文化特色，并力求做到城市环境的协调统一，求得新、旧建筑之间的和谐与风格一致，展露城市的整体印象与整体美。这门课程需要采取多人合作的方式，由3-4位同学完成最后的方案设计与表现。

```
社会因素 ──→ 气候的、生态的、地质因素
经济因素 ──→ 现在的物质条件
文化因素 ──→ 目标设定操作程序 ──→ 规划的实效性 ──→ 协调空间按造型的设计──解读内涵，功能以及结构的形式所包含的空间形式。在整体的精神以及物质的和精神上的制约与目标。──→ 空间形态和造型的设计
```

9. 作业点评 (4学时)

作业1：大召历史文化街区城市设计

教师评语

通过深入设计调查、研究与分析，针对呼和浩特市大召旧城区商业街区的改造与更新的要求，同时对非物质文化遗产保护及延续，提出了合理化的建议，功能分区合理，建立了旧有建筑与新建筑的有机联系，肌理关系和谐，对城市设计的理解较为深入，疏密相间，动静分区分明。在满足城市对物质生活需求的同时，着重处理地域文化与现代化城市发展的融合，较好的完成了空间形态、景观环境的设计。适宜的尺度，完善的功能，丰富的景观要素共同诠释了城市设计的广泛内涵。

11. 项目对比

城市设计要在三维的城市空间坐标中化解各种矛盾，并建立新的立体形态系统，以视觉秩序为媒界、容纳历史积淀、铺垫地区文化、表现时代精神，并结合人的感知经验建立起具有整体结构性特征、易于识别的城市意象和氛围，以其中沿街的商业区段作为深化的内容，完成其在城市层面的方案训练。作业（一）考虑新建筑、旧有建筑和城市更大区域整体的关系，完成其空间形体环境的设计。同时强调空间环境，造就有创意的设计。作业（二）将成吉思汗大街区的文脉特征，将广阔的"草原"引入繁杂的城市居住区段，创造舒适的生活空间，为城市及居住区的发展创建新的模式。

作业2：蒙元文化街区城市设计

教师评语

该作业以独特的视角分析，理解城市设计，在满足城市对物质生活需求的同时，着重处理地域文化现代化城市发展的融合，较好的完成了空间形体的环境的设计，将居住区段的商业空间与城市环境巧妙结合。同时体现成吉思汗大街区的文脉特征，将广阔的"草原"引入繁杂的城市居住区段，创造舒适的生活空间，为城市及居住区的发展创建新的模式，极具创意。同时设计中将民族的元素与现代的元素很好的结合在了一起，使得很多建筑的使用者能够找到属于自己的归属感。

10. 教学总结

（一）整体设计

本次城市设计作业很好的完成了对于城市历史，文化街区总平面中组团，交通系统，功能结构的合理设计。建筑的形态与组合方式充分考虑周边环境的肌理关系，通过合理的分析得到了符合不同片区各具特色的城市设计。

建筑组团之间的联系合理，路网根据不同道路等级进行区分，合理的将人车分流，同时改造区域中的停车状况，将地面停车与地下停车相结合。

（二）创意空间设计

本次作业充分体现了学生设计创作中的大胆与灵活，通过对原有环境及建筑的合理分析，推理得到具有创造性的城市空间。在尊重建筑基地环境的基础上，充分考虑了非物质文化遗产的展示以及文化空间的特点。

从学生的设计兴趣出发，调动学生自身的积极性，不同地块，分成不同的设计小组，充分的激发每个学生对于方案设计的兴趣。

（三）功能分区设计

在进行整体设计的同时，秉承以功能的合理性为优先原则，强调合理、完整的功能分区，空间组合，在不同组团中利用围合与开放的公共空间。

每个组团，单体空间的功能合理面严谨，方案深入程度较好。每个空间的推敲都与组团的体块组合关系相结合。

（四）景观节点设计

基于传统民居文化，蒙古族特色文化，改造设计中运用拆，改、扩的手法将建筑的外部公共空间开放。将不同的道路与组团之间连接部分的景观节点着重设计，处理。

在提升每个组团的景观品质的同时，将公共空间的展示，演艺功能相结合。景观空间对于市民来说，不只是视觉的设计，也是对于自然空间的体验。